高等职业教育城市轨道交通系列新形态一体化系列教材

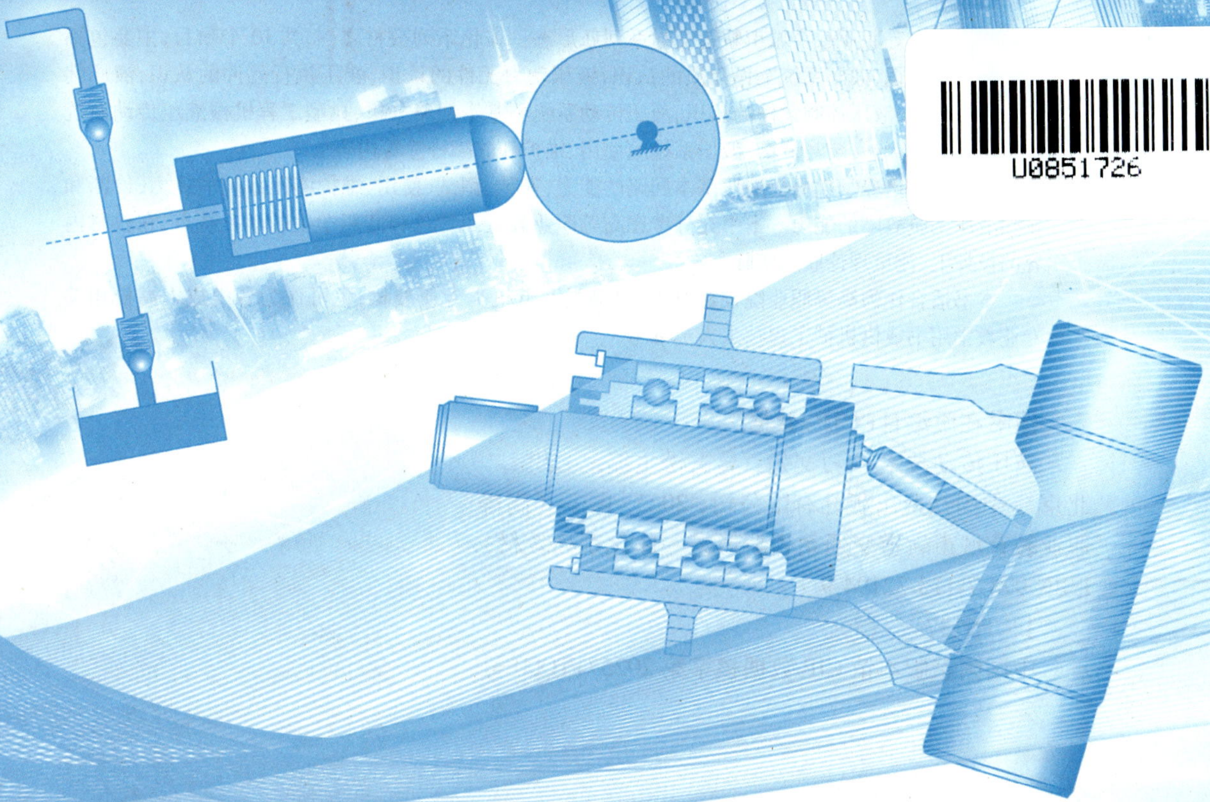

液压传动技术

（第二版）

刁文婧　吴雪松◎主　编
李　洋◎副主编
李永军◎主　审

微课版

中国铁道出版社有限公司
CHINA RAILWAY PUBLISHING HOUSE CO., LTD.

内 容 简 介

本书为高等职业教育城市轨道交通系列新形态一体化系列教材之一，共10个项目，主要包括液压传动的认识，液压系统工作介质的认识，液压动力元件的认识，液压执行元件的认识，液压辅助元件的认识，液压控制元件的认识，液压传动系统的基本回路分析，典型工程机械液压传动系统分析，液压系统的安装与调试，液压系统的使用、维护和故障排除等内容。

本书着重培养学生分析液压基本回路的能力，安装、调试、使用、维护液压系统的能力，诊断和排除液压系统故障的能力。本书充分考虑高等职业教育的特色和高职学生的学习特点，在教材内容的设计上，注重理论联系实际。

本书适合作为高等职业院校机电类、机械类及近机类专业教材，也可作为各类成人高校相关专业教学用书或供机械工程技术人员参考。

图书在版编目(CIP)数据

液压传动技术 / 刁文婧，吴雪松主编. -- 2版.
北京 : 中国铁道出版社有限公司，2025. 6. --（高等职业教育城市轨道交通系列新形态一体化系列教材）.
ISBN 978-7-113-32194-9

Ⅰ. TH137

中国国家版本馆CIP数据核字第202571TQ00号

书　　名：液压传动技术
作　　者：刁文婧　吴雪松

策　　划：何红艳　　　**编辑部电话：**(010)63560043
责任编辑：何红艳　包　宁
封面设计：刘　颖
责任校对：安海燕
责任印制：赵星辰

出版发行：中国铁道出版社有限公司(100054，北京市西城区右安门西街8号)
网　　址：https://www.tdpress.com/51eds
印　　刷：北京鑫益晖印刷有限公司
版　　次：2020年8月第1版　2025年6月第2版　2025年6月第1次印刷
开　　本：850 mm×1 168 mm　1/16　**印张：**14　**字数：**349千
书　　号：ISBN 978-7-113-32194-9
定　　价：49.80元

前　言

党的二十大后，中共中央办公厅、国务院办公厅印发《关于深化现代职业教育体系建设改革的意见》，立足人才全面发展规律，以培养高素质技术技能人才为导向，明确要"打造一批核心课程、优质教材"，着力建成中国特色职业教育高质量教材体系。

习近平总书记强调，要"用心打造培根铸魂、启智增慧的精品教材，为培养德智体美劳全面发展的社会主义建设者和接班人、建设教育强国作出新的更大贡献"，注重以文化人、以文育人，追求春风化雨、润物无声的效果。职业院校学生在具备更扎实的专业知识和实践能力的同时，加强思政学习，培育良好的职业素养，才能更好更快地适应岗位的需求。因此本修订版教材在内容上主要进行了以下变动：

项目1至项目10增加了"素养园地"，其内容主要包括液压元件和系统相关的安装、维护、调试、安全使用等典型案例；增加了液压行业大国重器、大国工匠的介绍。增加了液压油的选用与使用等微课视频二维码；更新附录常用液压元件职能符号［摘自《流体传动系统及元件　图形符号和回路图　第1部分：图形符号》(GB/T 786.1—2021)］；以GB/T 786.1—2021为参考标准，修订了教材中的职能符号。

本书共10个项目，项目1讲述液压传动的工作原理、特点、发展方向；项目2介绍液压工作介质的参数、使用要求及流体力学的基本理论；项目3和项目4分析各类液压泵、液压缸及液压马达的结构、工作原理及常见故障的排除方法；项目5讲述各类液压辅助元件的结构、类型、应用等相关知识；项目6和项目7分析各类液压控制阀（包括新型阀）的结构、工作原理及常见故障的排除方法，以及各类液压控制回路的功能、组成方法、工作原理等相关知识；项目8介绍几种典型工程机械（起重机、挖掘机、装载机、盾构机、全断面岩石掘进机）液压传动系统的工作原理及特点；项目9和项目10讲述液压系统的安装与调试、使用、维护及常见故障的分析和排除方法。

本书具有以下特点：

(1) 充分融入课程思政的内容。通过液压行业大国重器、大国工匠等的介绍，全面贯彻落实立德树人的根本任务。

(2) 充分考虑高等职业教育的职业特色和学生的学习特点。在教材内容的设计上，注重理论联系实际，在内容的取舍上以必需、够用为度，力求做到少而精。全书简明、全面地讲述了液压传动的主要内容，讲解了目前常用的工程机械（起重机、挖掘机、装载机、盾构机、全断面岩石掘进机）液压传动系统的工作原理及特点。

(3) 注重学生职业能力的培养。着重培养学生分析液压基本回路的能力，安装、调试、使用、维护液压系统的能力，诊断和排除液压系统故障的能力。

(4) 采用国家标准及新技术内容。全书贯彻执行国家标准，融入新标准、新技术、新规范、新工艺。

(5) 配套丰富的数字化资源。本书配套建设了丰富的数字化资源，微课视频中穿插动画演示模拟等，可通过扫描书中二维码观看。

本书由哈尔滨铁道职业技术学院刁文婧、吴雪松任主编，哈尔滨铁道职业技术学院李洋任副主编，中铁工程装备集团有限公司王鹏举、中国铁建大桥工程局集团有限公司韩明参与编写，由中铁工程装备集团有限公司李永军主审。具体编写分工如下：项目1、2由刁文婧编写，项目3、4由李洋编写，项目5、6、7由吴雪松编写，项目8由王鹏举编写，项目9、10由韩明编写。

由于编者所掌握的资料有限，且时间较紧，书中难免存在疏漏和不妥之处，敬请使用或参阅本书的师生及工程技术人员批评和指正。

编　者

2025年1月

目 录

微课二维码索引表

续表

序 号	微 课 名 称	页 码
30	二位三通电磁换向阀的工作原理	107
31	三位四通电磁换向阀的工作原理	107
32	三位四通液动换向阀工作原理	108
33	电液换向阀的工作原理	108
34	直动式溢流阀的工作原理	112
35	先导式溢流阀的工作原理	114
36	顺序阀的工作原理	115
37	先导型减压阀的工作原理	117
38	节流阀的工作原理	124
39	调速阀的工作原理	126
40	插装阀的工作原理及应用	130
41	开式循环系统与闭式循环系统	137
42	液控单向阀的应用回路	142
43	二级调压回路	146
44	二级减压回路	150
45	溢流阀的缓冲回路	154
46	电液换向阀的缓冲回路	154
47	压力继电器控制的顺序动作回路	163
48	用等量分流阀的同步回路	165
49	带补偿装置的串联液压缸同步回路	165
50	双缸并联互锁回路	166
51	双泵供油与二位五通电磁换向阀快慢防干扰回路	166
52	起重机液压系统	171
53	WY40 型挖掘机液压传动系统分析（一）	175
54	WY40 型挖掘机液压传动系统分析（二）	175
55	盾构机刀盘驱动液压系统（一）	181
56	盾构机刀盘驱动液压系统（二）	181
57	盾构机推进装置液压系统（一）	184
58	盾构机推进装置液压系统（二）	184
59	液压系统的调试	195
60	液压系统的维护和故障排除	197

项目1 液压传动的认识

一部完整的机器由动力装置、传动装置和工作机构组成。其中,动力装置(包括电动机或内燃机)是整个机器的动力来源;工作机构是完成机器工作任务的直接工作部分(如车床的车刀、压力机的压头、挖掘机的铲斗等);由于能量从动力装置经过传动装置传递到工作机构,因此传动装置用来实现机器动力的传递、转换与控制,以满足工作机构对操作力、工作速度和位置的不同要求。

根据工作介质的不同,传动装置可分为四大类:机械传动、电力传动、液压传动和气体传动。其中,液压传动是以液体(油或油水混合物)作为工作介质,靠密封容器内的液体压力能来进行动力的传递、转换与控制的一种传动方式。

任务1 了解液压传动的工作原理及组成

任务目标

1. 学习液压千斤顶的工作过程,了解液压传动的工作原理,掌握液压传动的特点。

2. 学习简单机床的液压传动系统,了解液压职能符号的作用及重要性,掌握液压传动系统的组成。

素质目标

1. 通过对液压传动原理的深入探究,鼓励学生敢于质疑传统认知,提出创新性的见解,培养学生突破常规的科学思维品质。

2. 引导学生将液压传动原理知识与日常生活中的液压设备实例相结合,培养学生观察生活、学以致用的工程实践意识。

任务导入

以液压千斤顶和简单机床的液压传动系统为例,学习液压传动的工作原理、液压传动的组成、液压职能符号的作用及重要性。

任务实现

一、液压传动的工作原理

学习液压传动的工作原理可以从最简单的液压千斤顶工作原理入手,图 1-1 所示为液压千斤顶的工作原理。液压千斤顶由手动柱塞泵和举升缸两部分构成。手动柱塞泵由杠杆 1、小活塞 2、小缸体 3、单向阀 4 和 5 等组成,举升缸由大活塞 7、大缸体 6、卸油阀 9 组成,另外还有油箱 10 和重物 8。

工作时,先提起杠杆 1,小活塞 2 被带动上升,小缸体 3 下腔的密闭容积增大,腔内压力降低,形成部分真空,单向阀 5 将所在油路关闭,油箱 10 中的油液则在大气压力的作用下推开单向阀 4 的钢球,沿吸油孔道进入并充满小缸体 3 的下腔,完成一次吸油动作。接着压下杠杆 1,小活塞 2 下移,小缸体 3 下腔的密闭容积减小,其腔内压力升高,使单向阀 4 关闭,阻断了油液流回油箱 10 的通路,并使单向阀 5 的钢球受到一个向上的作用力,当这个作用力大于大缸体 6 的下腔对它的作用力时,钢球被推开,油液便进入大缸体 6 的下腔(卸油阀 9 处于关闭状态),推动大活塞 7 向上移动,将重物 8 顶起一段距离。反复提压杠杆 1,就可以使大活塞 7 推举重物 8 不断上升,达到起重的目的。将卸油阀 9 转动 90°,大缸体 6 下腔与油箱 10 连通,大活塞 7 在重物 8 的推动下往下移动,下腔的油液通过卸油阀 9 排回油箱 10。

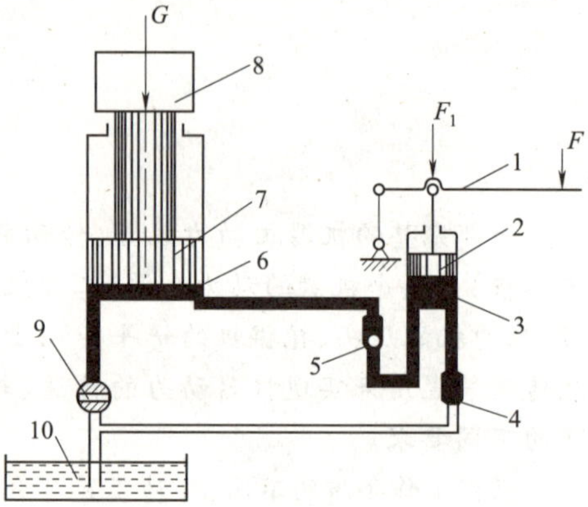

1—杠杆;2—小活塞;3—小缸体;
4、5—单向阀;6—大缸体;7—大活塞;
8—重物;9—卸油阀;10—油箱。

图 1-1　液压千斤顶的工作原理

从液压千斤顶的工作过程可知,液压传动具有以下特点:

①液压传动中的液体是传递能量的工作介质,而且传递过程中必须经过两次能量转换。首先,通过动力装置把机械能转换为液体的压力能,然后再通过执行装置把液体的压力能转换为机械能。

②液压传动必须在密闭的系统(或容器)中进行,且密封的容积必须发生变化。如果系统不密封,就不能形成必要的液体压力;如果密闭容积不变化,就不能实现吸油和压油,也就不能利用受压液体传递运动和动力。

二、液压传动装置的组成

微课

液压传动系统的组成

机床的液压传动系统要比千斤顶的液压传动系统复杂得多。图 1-2(a)所示为一台简单机床往复运动工作台的液压传动系统。我们可以通过它进一步了解一般液压传动系统应具备的基本性能和组成情况。

液压缸 8 固定在床身上,活塞 9 连同活塞杆带动工作台 10 做往复运动。液压泵 3 由电动机驱动,从油箱 1 中将通过过滤器 2 过滤的油吸出,并送入密闭的管路内,经节流阀 4 到换向阀 6。当换向阀阀芯处于图 1-2(a)所示的中间位置时,阀孔 P、A、B、T 均互不相通,液压缸两腔被封闭,活塞和工作台停止不动。

若将换向阀手柄 7 向右推,使阀芯处于图 1-2(b)所示位置,则阀孔 P 通 A,B 通 T。此时,压力油经 P→A 进入液压缸的左腔,缸右腔的油经 B→T 流回油箱,在左腔液压力的推动下,活塞9连同工作台10向右移动。

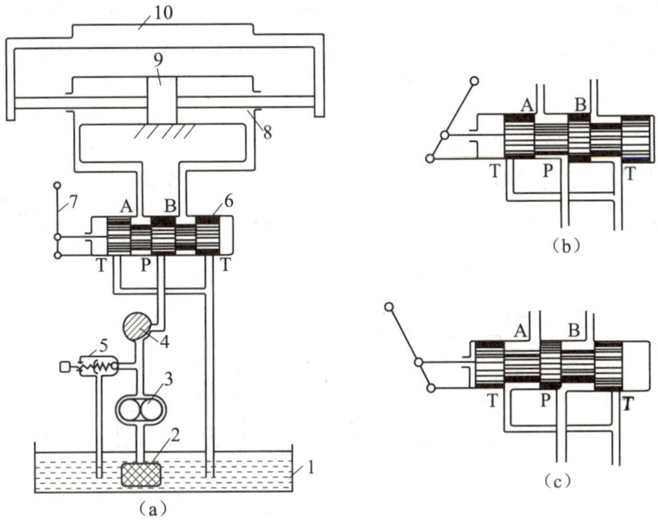

1—油箱;2—过滤器;3—液压泵;4—节流阀;5—溢流阀;
6—换向阀;7—换向阀手柄;8—液压缸;9—活塞;10—工作台。

图1-2　简单机床的液压传动系统

若将换向阀手柄7向左推,使阀芯处于图1-2(c)所示位置,则阀孔P通B,A通T。此时,压力油经P→B进入液压缸的右腔,缸左腔的油经A→T流回油箱,在右腔液压力的推动下,活塞9连同工作台10向左移动。

工作台移动的速度通过节流阀4调节。当转动节流阀的捏手使阀开口增大时,进入液压缸的压力油流量增大,工作台的移动速度提高;关小节流阀,工作台的移动速度即减慢。

转动溢流阀5的调节螺钉,可调节弹簧的预紧力。弹簧的预紧力越大,密闭系统中的油压就越高,工作台移动时能克服的最大负载就越大;预紧力越小,其能得到的最大工作压力就越小,能克服的最大负载也越小。另外,在一般情况下,液压泵输给系统的油量多于液压缸所需要的油量,多余的油须通过溢流阀及时地排回油箱。所以,溢流阀5在该液压系统中起调压、溢流的作用(一般为常开状态)。

从机床工作台液压系统的工作过程可以看出,一个完整的、能够正常工作的液压系统,应该由以下几个主要部分组成。

1. 动力元件

动力元件供给液压系统压力油,把原动机的机械能转化成液压能。常见的是液压泵。

2. 执行元件

执行元件是把液压能转换为机械能的装置。其形式有做直线运动的液压缸,有做旋转运动的液压马达。

3. 控制调节元件

控制调节元件完成对液压系统中工作液体的压力、流量和流动方向的控制和调节。这类元件主要包括各种液压阀,如溢流阀、节流阀以及换向阀等。

4. 辅助元件

辅助元件是指油箱、蓄能器、油管、管接头、滤油器、压力表以及流量计等。这些元件起散热、储油、蓄能、输油、连接、过滤、测量压力和测量流量等作用,以保证系统能正常工作,是液压传动系统不可缺少的组成部分。

5. 工作介质

工作介质在液压传动及控制中起传递运动、动力及信号的作用,包括液压油或其他合成液体,工作介质直接影响液压系统的工作性能。液压系统中各元件之间的关系如图 1-3 所示。

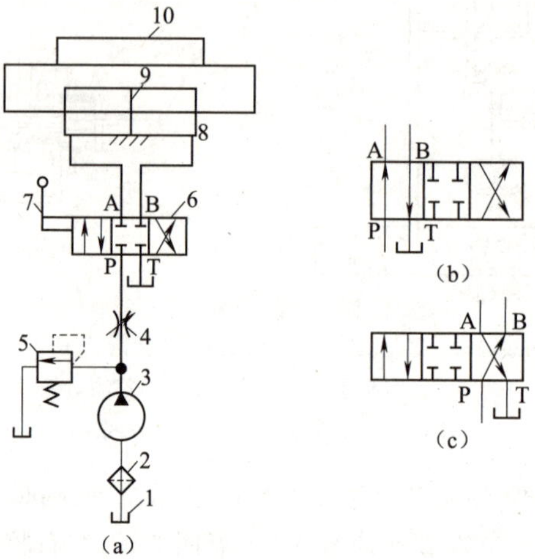

1—油箱;2—过滤器;3—液压泵;4—节流阀;5—溢流阀;
6—换向阀;7—换向阀手柄;8—液压缸;9—活塞;10—工作台。

图 1-3　简单机床的液压传动系统(职能符号表达)

三、液压传动系统的职能符号

图 1-1、图 1-2 所示的液压传动系统图是一种半结构式的工作原理图,其直观性强,容易理解,但难于绘制。为便于阅读、分析、设计和绘制液压传动系统,在工程实际中,国内外都采用液压元件的职能符号来表示。按照规定,这些职能符号只表示液压元件的功能,不表示液压元件的结构和参数,并以元件的静止状态或零位状态来表示。若液压元件无法用职能符号来表述,则仍允许采用半结构原理图示。《流体传动系统及元件　图形符号和回路图　第 1 部分:图形符号》(GB/T 786. 1—2021)中最常用的部分可参见附录 A。图 1-3 所示为用职能符号表达的图 1-2 所示的简单机床往复运动工作台的液压传动系统工作原理图。

任务 2　液压传动特点的认识

任务目标

1. 从结构、输出参数、调速、响应速度等方面了解液压传动具有的优点。
2. 从系统中油液的泄漏、能量损失、故障的诊断与排除等方面了解液压传动的缺点。

素质目标

1. 分析液压传动的优点，引导学生关注这些优势背后所依托的精密机械结构与严格的参数要求，培养学生严谨对待工程细节的职业素养。

2. 探讨液压传动技术在新能源领域的应用潜力，激发学生思考如何通过技术创新推动液压传动朝着更加节能环保的方向发展，培养学生的可持续发展理念。

任务导入

为什么液压传动在工程装备领域中得到了广泛的应用？与其他传动方式相比，有哪些优缺点？

任务实现

一、液压传动的优点

液压传动与其他传动方式相比，有以下优点：

①液压传动装置的体积小、质量轻、结构紧凑（如液压马达的质量只有同功率电动机质量的15%~20%），因而其惯性小，换向频率高。液压传动采用高压时，能输出大的推力或转矩，可实现低速大吨位传动。

②液压传动能方便地实现无级调速，且调速范围大（调速比可达2 000），而机械传动实现无级调速较为困难，电气传动虽可较方便地实现无级调速，但其传动功率和调速范围都比液压传动小（如中小型直流电动机调速比一般为2~4）。

③液压元件之间可采用管道连接或集成式连接，其布局、安装有很大的灵活性。

④液压传动能使执行元件的运动即使在负载变化时仍保持均匀稳定，可使运动部件换向时无冲击。而且由于其反应速度快，可实现快速启动、制动和频繁换向。

⑤液压传动系统操作简单，调节控制方便，特别是与机、电、气联合使用时，能方便地实现复杂的自动工作循环。

⑥液压传动系统便于实现过载保护，使用安全、可靠，不会因过载而造成液压元件的损坏。各液压元件中的运动件均在油液中工作，能自行润滑，故使用寿命长。

⑦由于液压元件已实现了标准化、系列化和通用化，故液压传动系统的设计、制造、维修过程都得到了大大简化，而且周期短。

二、液压传动的缺点

与其他方式相比，液压传动具有以下缺点。

①液压传动中的泄漏和液体的可压缩性会影响执行元件运动的准确性，因此液压传动系统不宜在对传动比要求严格的场合使用（如螺纹和齿轮加工机床的内传动链系统）。

②液压传动对油温的变化比较敏感，其工作稳定性很容易受到温度的影响，因而不宜在高温或低温的条件下工作。

③液压传动系统工作过程中的能量损失（泄漏损失、溢流损失、节流损失、摩擦损失等）较大，传动效率较低，因而不适宜作远距离传动。

④为减少泄漏，液压元件的制造和装配精度要求较高，因此液压元件的制造成本较高。而且

液压传动系统中相对运动的零部件间的配合间隙很小,对液压油的污染比较敏感,要求有较好的工作环境。

⑤液压传动系统的故障诊断与排除比较困难,因此对使用和维修人员提出了更高的要求。

任务3 了解液压传动的发展与应用

任务目标

1. 了解液压传动的发展趋势。
2. 了解液压传动的发展过程及应用。

素质目标

引导学生研究液压传动技术在不同历史时期的重大突破,让学生了解工程技术发展的历史脉络,拓宽学生的工程视野。

任务导入

液压传动是如何达到了“无液不成机”程度?其以后的发展趋势如何?

任务实现

一、液压传动技术的发展趋势

微课

液压传动技术发展史及发展方向

液压技术是实现现代化传动与控制的关键技术之一,世界各国对液压工业的发展都给予了高度重视。据统计,世界液压元件的总销售额约为500亿美元。世界各主要国家液压工业销售额占机械工业产值的2%~3.5%,我国当前只有1%左右,这充分说明液压技术在我国有广阔的发展前景。

液压技术具有独特的优点,如液压技术功率质量比大,体积小,频响高,压力、流量可控性好,可柔性传送动力,易实现直线运动等。因此,液压技术广泛用于国民经济各部门。但是近年来,液压传动技术面临与机械传动和电气传动的竞争,如数控机床、中小型注射机已采用电控伺服系统取代或部分取代液压传动。其主要原因是液压技术存在渗漏、维护性差等缺点。为此,必须努力发挥液压传动技术的优点,克服其缺点,注意和电子技术相结合,不断扩大应用领域,同时降低能耗,提高效率,适应环保需求,提高可靠性,这些都是液压传动技术继续努力的方向,也是液压产品参与市场竞争能否取胜的关键。

由于液压传动技术广泛应用了高科技成果,如自控技术、计算机技术、微电子技术及新工艺新材料等,使传统技术有了新的发展,也使产品的质量、水平有一定的提高。目前,液压技术主要靠现有技术的改进和扩展,不断扩大其应用领域以满足未来的要求。液压传动技术主要的发展趋势将集中在以下几个方面。

1. 液压节能技术

液压技术在将机械能转换成压力能或其反转换过程中总存在能量损耗,为减少能量的损失必须解决几个问题:减少元件和系统的内部压力损失,以减少功率损失;减少或消除系统的节流损失，尽量减少非安全需要的溢流量；采用静压技术和新型密封材料，减少摩擦损失；改善液压系统性能，采用负荷传感系统、二次调节系统和蓄能器回路。

2. 泄漏控制技术

泄漏控制包括防止液体泄漏到外部造成环境污染和外部环境对系统的侵害两个方面。今后，将发展无泄漏元件和系统，如发展集成化和复合化的元件和系统，实现无管连接，研制新型密封和无泄漏管接头，电动机液压泵组合装置等。无泄漏将是世界液压行业今后努力的重要方向之一。

3. 污染控制技术

过去，液压行业主要致力于控制固体颗粒的污染，而对水、空气等的污染控制往往不够重视。今后应严格控制产品生产过程中的污染，发展封闭式系统，防止外部污染物侵入系统；应改进元件和系统设计，使之具有更大的耐污染能力；开发耐污染能力强的高效滤材和过滤器。研究对污染的在线测量；开发油水分离净化装置和排湿元件，以及开发能清除油中的气体、水分、化学物质和微生物的过滤元件及检测装置。

4. 主动维护技术

开展液压系统的故障预测，实现主动维护技术。必须使液压系统故障诊断现代化，加强专家系统的开发研究，建立完整的、具有学习功能的专家知识库，并利用计算机和知识库中的知识，推算出引起故障的原因，提出维修方案和预防措施。要进一步开发液压系统故障诊断专家系统通用工具软件，开发液压系统自补偿系统，包括自调整、自校正，在故障发生之前进行补偿，这是液压行业努力的方向。

5. 机电液一体化技术

机电液一体化可实现液压系统柔性化、智能化，充分发挥液压传动出力大、惯性小、响应快等优点，其主要发展动向如下：液压系统将由过去的电液开发系统和开环比例控制系统转向闭环比例伺服系统，同时对压力、流量、位置、温度、速度等传感器实现标准化；提高液压元件性能，在性能、可靠性、智能化等方面更适应机电液一体化需求，发展与计算机直接接口的高频、低功耗的电磁电控元件；液压系统的流量、压力、温度、油污染度等数值将实现自动测量和诊断；电子直接控制元件将得到广泛采用，如电控液压泵，可实现液压泵的各种调节方式，实现软启动、合理分配功率、自动保护等；借助现场总线，实现高水平信息系统，简化液压系统的调节、诊断和维护。

6. 液压 CAD 技术

充分利用现有的液压 CAD 设计软件，进行二次开发，建立知识库信息系统，它将构成设计—制造—销售—使用—设计的闭环系统。将计算机仿真及实时控制结合起来，在试制样机前，便可用软件修改其特性参数，以达到最佳设计效果。利用 CAD 技术支持从液压产品到零部件设计的全过程，并把 CAD/CAM/CAPP/CAT，以及现代管理系统集成在一起建立集成计算机制造系统（CIMS），使液压设计与制造技术有一个突破性的发展。

7. 新材料、新工艺的应用

新型材料的使用，如陶瓷、聚合物或涂敷料，可使液压技术的发展引起新的飞跃。为了保护环境，研究采用生物降解迅速的压力流体替代矿物基液压油。铸造工艺的发展，将促进液压元件性能的提高，如铸造流道在阀体和集成块中的广泛使用，可优化元件内部流动，减少压力损失，降低噪声，实现元件小型化。

二、液压传动在工程机械中的应用

随着国民经济的迅速发展,作为主要施工设备的工程机械,在国家经济建设中发挥着越来越重要的作用。由于液压传动装置具有功率密度高、易于实现直线运动、速度刚度大、便于冷却散热、动作实现容易等突出优点,因而在工程机械中得到了广泛的应用。目前95%以上的工程机械都采用了液压技术,工程机械液压产品在整个液压工业销售总额中占40%以上,现在采用液压技术的程度是衡量一个国家工业水平的重要指标。

工程机械最初采用液压传动技术是为了解决车辆转向时的阻力问题,以减轻驾驶员的劳动强度,在转向系统中使用了液压助力器。由于液压助力器在应用过程中显示出的突出优点以及人们对液压元件和液压系统研究的深入,液压传动装置及技术很快在工程机械领域中推广应用,其发展经历了以下几个阶段。

1. 应用初期

20世纪40年代和50年代是工程机械液压传动技术应用的初期阶段。人们摸索着将简单的液压元件和液压系统应用到工程机械中来解决其他方式比较难以解决的问题(如执行器的直线运动等)。其系统工作压力一般很低,只有2~7 MPa。

2. 高速发展阶段

工程机械液压传动技术的应用在20世纪60年代和70年代发展迅速,其液压传动系统向着高速、高压化发展,系统压力的提高使得液压传动功率密度大幅度增加,液压元件的自重明显下降。液压传动技术的应用逐渐由工程机械工作装置扩展到转向系统、行走系统、传动系统和制动系统,人们研制出了全液压挖掘机和全液压叉车等工程机械。

3. 增强可靠性阶段

大多数工程机械都在野外作业,工作环境恶劣,其液压系统经常受到尘埃、振动、高温、寒冷以及风雨雪的影响;同时,由于液压元件(如泵)在高速、高压运转时所产生的噪声、振动的原因,工程机械的液压传动系统常常引发故障。因此,在20世纪80年代,降低工程机械液压系统污染、提高设备可靠性便成为这一时期的应用主题。

4. 电液控制技术应用阶段

随着微电子和计算机技术的迅猛发展,使现代控制理论在工程机械液压传动装置中的应用成为现实。采用计算机控制的变量泵系统、高速开关阀和步进电动机驱动的数字阀大大提高了液压系统的效率。随着智能型液压挖掘机、凿岩隧道机器人、混凝土泵车等工程机械机型的出现,微电子和计算机技术的应用大大提高了设备的作业精度和发动机的功率利用率。以计算机技术为核心的机电液一体化技术在液压系统中的应用标志着现代工程机械液压传动与控制达到当前最高水平。

目前,几乎所有工程机械的工作装置都采用了液压传动控制。即使以前很少采用液压技术的塔式起重机,现在也开始用低速、大转矩马达驱动起重机的提升、变幅、回转等机构,出现了全液压塔式起重机,大大提高了起重机的操作性能和调速性能。装载机采用了转向液压缸来实现整机转向控制,全液压挖掘机则通过对内、外侧车轮的驱动液压马达转速的控制实现滑移转向,甚至原地转向,大大提高了整机的机动性和灵活性。由于静液传动具有满载工况下起动平稳、功率损耗小、易于实现前进倒退的转换、可实现无级调速、传递功率大等优点,从而广泛应用在工程机械行走系统中。工程机械的变速箱大都采用了液压操作的动力换挡变速箱,大大减轻了驾驶员的劳动强度,提高了传动系统的换挡性能。此外,由于液压制动器动作响应快、制动平稳可靠,因而在工程机械制动系统中得到了广泛的应用。

总之，液压传动与控制技术几乎渗透到工程机械的每个部分，达到了“无液不成机”程度。液压传动与控制技术在工程装备领域的应用情况见表1-1。

表1-1　液压传动与控制技术在工程装备领域的应用情况

行业名称	应用举例
土方机械	挖掘机、推土机、铲运机、装载机、压路机、夯土机、平地机
起重机械	塔式起重机、轮胎式起重机、履带式起重机、缆索起重机
开采机械	凿岩机、开掘机、开采机、破碎机、液压支架
钢筋混凝土机械	混凝土搅拌楼站、自落式和强制式混凝土搅拌机、混凝土搅拌输送车、混凝土泵（车）、混凝土振捣器
工程车辆	自卸式汽车、平板车、高空作业车、翻斗车和叉车
路面机械	碎石摊铺机、沥青喷洒机、沥青混凝土搅拌设备、沥青混凝土摊铺机
桥梁机械和隧洞机械	铁路架桥机、盾构机、隧洞掘进机
桩工机械	桩机、振动沉桩机、压桩机和灌注桩钻孔机

素养园地

素质目标：激发学生的民族自豪感和科技报国的志向。

事件：全球最大打桩船主油缸震撼下线。

2024年10月15日，江苏常州恒立液压成功下线全球最大打桩船主油缸，不仅标志着我国在重型液压设备领域取得重大突破，更是中国在大型海工特种装备制造领域实力与技术创新能力的有力彰显。

这组堪称“液压巨擘”的主油缸，以令人惊叹的数据傲视全球。缸径1.6 m、行程长达21 m，其额定推力高达5 000 t，这一数字形象地比拟为一次性可推动1 000头平均体重5 t的非洲象。这样的磅礴之力，不仅让这组油缸毫无争议地荣膺“全球最大液压油缸”桂冠，更为中国交通建设股份有限公司正在建造的150 m桩架打桩船注入了无可匹敌的“心脏动力”。它的成功下线，为即将横空出世的超级打桩船装上了决定性的引擎。

此次全球最大打桩船主油缸的诞生，不仅是我国液压技术领域的重大突破，更是我国海洋工程装备制造业整体实力的一次飞跃。它昭示着中国在大型海工装备的设计、制造与集成方面已具备世界级竞争力，有能力在全球高端装备市场中占据一席之地。这是中国向世界宣告其在高端装备制造领域实现从“跟跑”到“并跑”，乃至部分领域“领跑”的决心与实力。

作业与思考

1-1 何谓液压传动？液压传动的特点有哪些？

1-2 液压传动系统由哪几部分组成？各部分的作用是什么？

1-3 液压传动与其他传动方式相比，有哪些优缺点？

1-4 根据图1-3所示画出液压泵、液压缸、节流阀、过滤器的职能符号。

项目2 液压系统工作介质

工作介质是液压系统的生命线，它将系统中各类元件沟通起来成为一个有机的整体。据统计，液压系统中75%～85%的故障与工作介质有关。只有正确地选择、使用和维护工作介质，才能有效地避免系统故障的产生，有利于保证液压系统安全、可靠地工作。

任务1 了解液压油的特性

任务目标

1. 了解常用液压油的类型、适用范围。
2. 了解液压油的物理性质，重点掌握温度对油液黏度的影响。
3. 能根据工作环境、工作压力、油液的黏度等选用液压油。

素质目标

培养学生严谨的科学态度，增强学生的环保意识，使其明白液压油特性与环境的关联，在后续工作中能合理选择与使用液压油，减少对环境的危害。

任务导入

液压油是液压传动系统中的工作介质，而且对液压装置的机构、零件起着润滑、冷却和防锈作用，因此须了解液压油的类型、物理性质，从而合理地选择液压油。

任务实现

一、液压油的类型

液压传动是以液体作为工作介质传递能量的，液压油的物理、化学特性将直接影响液压系统的工作。目前液压传动中采用的工作介质主要有矿物油基液压油、含水液压油和合成型液压油三大类。液压油的具体分类如图2-1所示。

由于矿物油基液压油的润滑性能好、耐蚀性好、品种多、化学稳定性好，能满足各种黏度的需要，故大多数液压传动系统都采用矿物油基液压油作为传动工作介质。矿物油基液压油主要分为普通液压油、抗磨液压油、液压导轨油、低温液压油、高黏度指数液压油、机械油、汽轮机油和其他专用液压油。

国内常用的液压油有 L-HL 液压油、L-HM 抗磨液压油、L-HV 低温抗磨液压油、L-HS 低凝抗磨液压油、L-HG 液压导轨油和抗燃液压油等。

- 液压油
  - 矿物油基液压油
    - 普通液压油
    - 抗磨液压油
    - 数控液压油
    - 洁净液压油
  - 含水液压油
    - 水-二元醇液压油
    - 乳化液
      - 油包水
      - 水包油
  - 合成型液压油
    - 磷酸酯基液压油
    - 合成液压油（如硅酮、卤化物等）

图 2-1　液压油的分类

常用液压油及其主要性能和适用范围如下：

1. L-HL 液压油

L-HL 液压油具有一定的抗氧防锈和抗泡性，适用于系统压力低于 7 MPa 的液压系统和一些低载荷的齿轮箱润滑。

2. L-HM 抗磨液压油

除了具有 L-HL 液压油的性能外，抗磨性能强，适用于系统压力为 7～21 MPa 的液压系统。高压抗磨液压油能在系统压力为 35 MPa 的情况下正常工作。

3. L-HV 低温抗磨液压油和 L-HS 低凝抗磨液压油

在 L-HM 抗磨液压油的基础上加强了黏-温性能和低温流动性，适合在寒区或严寒区工程机械液压系统中使用。

4. L-HG 液压导轨油

L-HG 液压导轨油具有防爬性，适用于润滑机床导轨及其液压系统。

5. 抗燃液压油

抗燃液压油抗燃性好，应用在高温易燃的场合。

二、液压油的物理性质

1. 液体的密度

单位体积液体的质量称为该液体的密度，用 ρ 表示，在国际单位制（SI）中，液体的密度单位为 kg/m^3。

$$\rho = \frac{m}{V} \tag{2-1}$$

式中　V——液体的体积，m^3；

　　　m——液体的质量，kg。

在本书中，除特殊说明外，液压油都是均质的。对于矿物油基液压油，其密度 $\rho = 850 \sim 960\ kg/m^3$；

对于机床、船舶液压系统中常用的液压油(矿物油基),在15℃时其密度可取 $\rho = 900\ kg/m^3$;对于工程机械常用液压油,其密度 $\rho = 880\ kg/m^3$ 左右。在实用中可认为液压油的密度不受温度和压力的影响。

2. 液体的压缩性

液体的压缩性是指液体受压后其体积变小的性能。液体的压缩性极小,在很多场合下,可以忽略不计。但在受压体积较大或进行动态分析时就有必要考虑液体的可压缩性。液体的相对压缩量与压力增量成正比。

$$-\frac{\Delta V}{V} = \beta \Delta p \tag{2-2}$$

式中 V——增压前液体的体积;

ΔV——压力增量 Δp 时,因压缩而减小的体积;

Δp——压力增量;

β——体积压缩率或压缩系数。

式(2-2)中,β 为正值,而当压力增加,Δp 为正值时,体积总是减少,即 ΔV 为负值,所以在式(2-2)的左边要加一负号。β 值的物理意义:液体的压力增加为单位增量时,体积的相对变化率。β 值与压缩的过程有关,等温压缩与绝热压缩系数值不同,但液压油的等温和绝热压缩系数差别很小,故工程上通常不加以区别,常用液压油的体积压缩率 $\beta = (5 \sim 7) \times 10^{-10}\ m^2/N$。

体积压缩率 β 的倒数称为体积弹性模量(用 E 表示),其值为

$$E = \frac{1}{\beta} = (1.4 \sim 2) \times 10^9\ N/m^2 \tag{2-3}$$

从式(2-3)中可以看出,油液的体积弹性模量为钢的体积弹性模量的1/150~1/100。当液压油中混有空气时,可压缩性将显著增加。例如,液压油中混有体积分数为1%的空气时,则其体积弹性模量降低到纯液压油的5%左右;液压油中混有体积分数为5%的空气时,其体积弹性模量降低到纯液压油的1%左右,故液压系统在使用和设计时应努力设法不使液压油中混有空气。

3. 液体的黏性

液体在外力作用下流动时,分子间的内聚力阻碍分子的相对运动而产生一种内摩擦力。液体的这种性质称为液体的黏性。

牛顿液体内摩擦定律:液层间的内摩擦力 F 与液层接触面积 A 及液层间的速度 du/dy 成正比。如图2-2所示,内摩擦力 F 的表达式为

$$F = \mu A \frac{du}{dy} \tag{2-4}$$

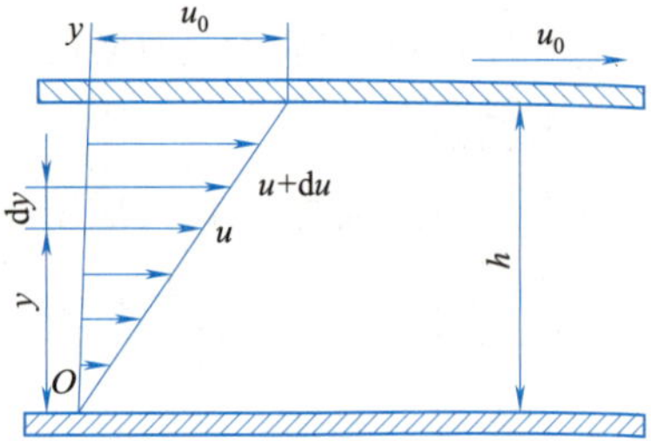

图2-2 液体黏性示意图

液体只有在流动时才表现出黏性,静止液体是不呈现黏性的。液体黏性的大小是用黏度来表示的。黏度大,液层间内摩擦力就大,油液就“稠”;反之,油液就“稀”。

黏度是表示液体黏性大小的物理量。在液压系统中所用液压油常根据黏度来选择。常用的黏度表示方式有三种:绝对黏度(动力黏度)、运动黏度和相对黏度。

(1)绝对黏度(动力黏度)μ

若用单位面积上的摩擦力(切应力 τ)来表示内摩擦力,则式(2-4)可改写成

$$\tau = \mu \frac{du}{dy} \tag{2-5}$$

式中 μ——比例系数,称为动力黏度;

du/dy——流体层间速度差异的程度,称为速度梯度。

动力黏度μ的单位是Pa·s。以前(CGS制中)使用的单位是dyn·s/cm^2(达因秒每平方厘米),又称为P(泊)。1 Pa·s = 10 P = 10^3 cP(厘泊)。

由式(2-5)可知,液体动力黏度μ的物理意义:当速度梯度等于1时,接触液体层间单位面积上的内摩擦力τ。

(2)运动黏度υ

运动黏度是绝对黏度μ与密度ρ的比值,即

$$\upsilon = \mu/\rho \tag{2-6}$$

运动黏度的SI单位为m^2/s。还可用CGS制单位:St(斯),斯的单位太大,应用不便,常用1% St,即cSt(厘斯)来表示,故

$$1\ \text{cSt} = 10^{-2}\ \text{St} = 10^{-6}\ \text{m}^2/\text{s}$$

它之所以被称为运动黏度,是因为在它的量纲中只有运动学的要素——长度和时间量纲。机械油的牌号上所标明的号数就是表明以厘斯为单位的、在温度为50 ℃时运动黏度υ的平均值。例如,10号机械油指明该油在50 ℃时其运动黏度υ的平均值是10 cSt。蒸馏水在20.2 ℃时的运动黏度υ恰好等于1 cSt,所以从机械油的牌号即可知道该油的运动黏度。例如,20号机械油说明该油的运动黏度约为水的运动黏度的20倍,30号机械油的运动黏度约为水的运动黏度的30倍,依此类推。

动力黏度和运动黏度是理论分析和推导中经常使用的黏度。它们都难以直接测量,因此工程上采用另一种可用仪器直接测量的黏度,即相对黏度。

(3)相对黏度

相对黏度是以相对于蒸馏水的黏性的大小来表示该液体的黏性的。相对黏度又称条件黏度。各国采用的相对黏度单位有所不同,有的用赛氏黏度,有的用雷氏黏度,我国采用恩氏黏度。

恩氏黏度的测定方法:测定200 cm^{3}某一温度的被测液体在自重作用下流过直径为2.8 mm的小孔所需的时间t_A,然后测出同体积的蒸馏水在20 ℃时流过同一孔所需时间t_B(t_B = 50 ~ 52 s),t_A与t_B的比值即为流体的恩氏黏度值。恩氏黏度用符号$^\circ E$表示。被测液体温度为t(单位为℃)时的恩氏黏度用符号$^\circ E_t$表示,即

$$^\circ E_t = t_A/t_B \tag{2-7}$$

不同液体的恩氏黏度值相差悬殊,常温下,水的恩氏黏度一般可近似地看作等于1。恩氏黏度与运动黏度的换算关系式为

$$\upsilon = \left(8^\circ E - \frac{8.64}{^\circ E}\right) \times 10^{-6} \quad (1.35 < {}^\circ E < 3.2)$$

$$\upsilon = \left(7.6^\circ E - \frac{4}{^\circ E}\right) \times 10^{-6} \quad ({}^\circ E > 3.2) \tag{2-8}$$

液体的黏度随着压力的增大而增大,但在一般液压系统的使用压力范围内,增大的数值很小,可不计。液体的黏度对温度的变化十分敏感,温度升高,黏度下降。黏度的变化影响着液压系统的性能,其重要性不亚于黏度本身。

(4)调和油的黏度

选择黏度合适的液压油,对液压系统的工作性能有着重要的作用。但有时现有油液的黏度不符合要求,这时可把两种不同黏度的油液混合起来使用,这种混合油称为调和油。调和油的黏度

可用下面的经验公式计算：

$$^{\circ}E=\frac{a\,^{\circ}E_1+b\,^{\circ}E_2-c(^{\circ}E_1-^{\circ}E_2)}{100} \tag{2-9}$$

式中　$^{\circ}E_1$、$^{\circ}E_2$——混合前两种油的黏度，$^{\circ}E_1>^{\circ}E_2$；

$^{\circ}E$——混合后调和油的黏度；

a、b——参与调和的两种油液各占的体积百分数($a+b=100$)；

c——实验系数(见表2-1)。

表2-1　实验系数 c 的数值

a	10	20	30	40	50	60	70	80	90
b	90	80	70	60	50	40	30	20	10
c	6.7	13.1	17.9	22.1	25.5	27.9	28.2	25	17

4. 温度对黏度的影响

温度的变化使液体的内聚力发生变化，因此液体的黏度对温度的变化十分敏感。温度升高时，液体分子间的内聚力减小，其黏度下降(见图2-3)，这一特性称为黏-温特性。

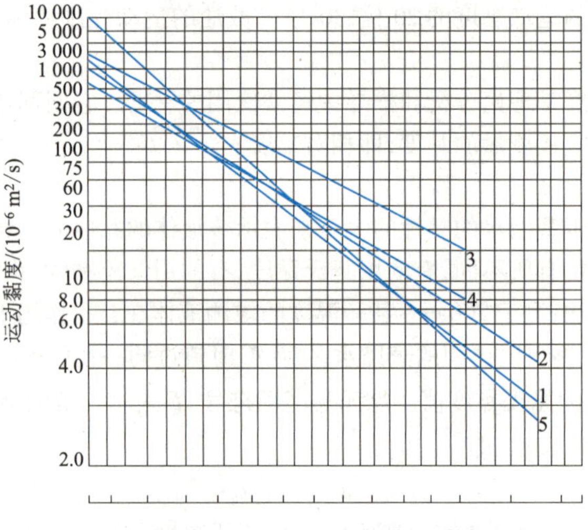

1—石油型普通液压油；2—石油型高黏度指数液压油；

3—水包油乳化液；4—水-乙二醇液；5—磷酸酯液。

图2-3　黏度与温度间的关系

液体的黏-温特性常用黏度指数VI来度量。VI表示该液体的黏度变化的程度与标准液的黏度变化程度之比。通常在各种工作介质的质量标准中都给出黏度指数。黏度指数高，说明黏度随温度的变化小，其黏-温特性好。

一般要求工作介质的黏度指数应在90以上。当液压系统的工作温度范围较大时，应选用黏度指数较高的工作介质。

5. 压力对黏度的影响

液体所受的压力增大时，其分子间的距离将减小，于是其内聚力增加，黏度也随之增大。但这种影响在中低压时并不明显，可以忽略不计。当压力较大时(大于10 MPa)或压力变化较大时，压

力对黏度的影响才趋于显著。压力对黏度的影响可用下式计算

$$\upsilon_p = \upsilon(1 + \alpha p) \tag{2-10}$$

式中　υ_p——压力为 p 时液体的运动黏度；

υ——大气压下液体的运动黏度；

α——取决于液体黏度和温度的系数$(10^5\ \mathrm{Pa})^{-1}$，一般取 $\alpha = 0.003(10^5\ \mathrm{Pa})^{-1}$；

p——液体的压力$(10^5\ \mathrm{Pa})$。

三、液压油的要求和选用

1. 液压油的要求

在液压传动中，液压油既是传动介质，又兼作润滑油，因此对它的要求比对一般润滑油的要求更高，具体如下：

微课

液压油的选用与使用

(1)要有适宜的黏度和良好的黏-温特性，一般液压系统所选用的液压油的运动黏度为 $(13 \sim 68) \times 10^{-6}\ \mathrm{m^2/s}$ (40℃)。

(2)具有良好的润滑性，以减少液压元件中相对运动表面的磨损。

(3)具有良好的热稳定性和氧化稳定性。

(4)具有较好的相容性，即对密封件、软管、涂料等无溶解的有害影响。

(5)质量要纯净，不含或含有极少量的杂质、水分和水溶性酸碱等。

(6)具有良好的抗泡沫性，抗乳化性要好，腐蚀性要小，防锈性要好。

(7)液压油用于高温场合时，为了防火安全，闪点要求要高；在温度低的环境下工作时，凝点要求要低。

液压油的一般使用温度为 40 ~ 50 ℃。当温度超过 80 ℃时，液压油氧化加剧；当温度低于 10 ℃时，液压油的黏度增大，造成液压系统启动困难。

2. 液压油的合理选用

液压油的合理选用，实质上就是对液压油的品种和牌号的选择。

(1)液压油品种的选择

石油基液压油的品种较多，由于其制造容易、来源多、价格较低，故在液压设备中 90% 以上是使用石油基液压油；难燃液压油既有抗燃特性，又符合节省能源与控制污染的要求，故受到各国的普遍重视，是一种具有很大潜力的液压油。应从液压设备中液压系统的特点、工作环境和液压油的特性等方面来选择液压油的品种，表 2-2 所示可供选择液压油时参考。

表 2-2　液压油品种的选择

液压设备中液压系统举例	对液压油的要求	可选择的液压油品种
低压或简单机械的液压系统	抗氧化性和抗泡沫性一般，无抗燃要求	HH，无 HH 时可选用 HL
中、低压精密机械等液压系统	有较好的抗氧化性，无抗燃要求	HL，无 HL 时可选用 HM
中、低压和高压液压系统	抗氧化性、抗泡沫性、防锈性、抗磨性好	HM，无 HM 时可选用 HV、HS
环境变化较大和工作条件恶劣(野外工程和远洋船舶等)的低、中、高压系统	除上述要求外，要求凝点低、黏度指数高、黏-温特性好	HV、HS

续表

液压设备中液压系统举例	对液压油的要求	可选择的液压油品种
环境温度变化较大和工作条件恶劣(野外工程和远洋船舶等)的低压系统	要求凝点低、黏度指数高	HR。对于有银部件的液压系统,北方选用 L-HR,南方选用 HM 或 HL
液压和导轨润滑合用的系统	在 HM 的基础上改善黏-滑性(防爬行性好)	HG
煤矿液压支架、静压系统和其他不要求回收废液和不要求有良好润滑的情况,但要求有良好的抗燃性,使用温度为 5~50℃	要求抗燃性好,并具有一定的防锈性、润滑性和良好的冷却性,价格便宜	L-HFAE
冶金、煤矿等行业的中压和高压、高温和易燃的液压系统,使用温度为 5~50℃	抗燃性,润滑性和防锈性好	L-HFB
需要难燃液的低压液压系统和金属加工等机械,使用温度为 5~50℃	不要求低温性,黏-温特性和润滑性,但抗燃性要好,价格要便宜	L-HFAS
冶金和煤矿等行业的低、中压液压系统,使用温度为 -20~+50℃	低温性,黏-温特性和对橡胶的适用性好,抗燃性好	HFC
冶金、火力发电、燃气轮机等高温高压下操作的液压系统,使用温度为 -20~+100℃	要求抗燃性,抗氧化性和润滑性好	HFDR

(2)液压油牌号的选择

在液压油品种已定的情况下,选择液压油的牌号时,最先考虑的应是液压油的黏度。如果黏度太低,会使泄漏增加,从而降低效率和润滑性,增加磨损;如果黏度太高,液体流动的阻力就会增大,磨损增大,液压泵的吸油阻力增大,容易产生吸空现象(也称气穴现象,即油液中产生气泡的现象)和噪声。因此,要合理选择液压油的黏度。选择液压油时要注意以下几点:

①工作温度主要对液压油的黏-温特性和热稳定性提出要求,见表 2-3。

表 2-3 按工作温度选择液压油

工作温度/℃	< -10	-10~+80	>80
液压油品种	HR、HV、HS	HH、HL、HM	优等 HM、HV、HS

②工作压力主要对液压油的润滑性(抗磨性)提出要求。对于高压系统的液压元件,特别是液压泵中处于边界润滑状态的摩擦副,由于压力大、速度高、润滑条件苛刻,因此必须采用抗磨性优良的液压油。

③液压泵的类型。液压泵的类型较多,如齿轮泵、叶片泵、柱塞泵等,同类泵又因功率、转速、压力、流量、材质等因素的影响而使液压油的选用较为复杂。一般来说,低压系统可选用 HL 油,中、高压系统应选用 HM 油,见表 2-4。

表 2-4 液压泵用油的黏度范围及推荐牌号

名称	运动黏度/(mm^2/s)		工作压力/MPa	工作温度/℃	推荐用油
	允许	最佳			
叶片泵	16~220	26~54	7	5~40	L-HH32,L-HH46

续表

名称	运动黏度/(mm²/s)		工作压力/MPa	工作温度/℃	推荐用油
	允许	最佳			
叶片泵	16~220	26~54	7	40~80	L-HH46,L-HH68
			>14	5~40	L-HL32,L-HL46
				40~80	L-HL46,L-HL68
齿轮泵	4~220	25~54	<12.5	5~40	L-HL32,L-HL46
				40~80	L-HL46,L-HL68
			10~20	5~40	
				40~80	L-HM46,L-HM68
			16~32	5~40	L-HM32,L-HM68
				40~80	L-HM46,L-HM68
径向柱塞泵	10~65	16~48	14~35	5~40	L-HM32,L-HM46
				40~80	L-HM46,L-HM68
轴向柱塞泵	4~76	16~47	>35	5~40	L-HM32,L-HM68
				40~80	L-HM68,L-HM100

任务2　了解液压油的使用

任务目标

1. 了解污染物的种类,液压油污染的危害,掌握液压油污染的控制方法。
2. 掌握液压油正确的使用方法和存放原则。

素质目标

树立学生的安全责任意识,锻炼学生分析问题和解决问题的能力,从而在实际操作中严格遵循规范流程。

任务导入

70%的液压系统故障是由液压油污染造成的,了解液压油污染的危害,及如何正确使用和维护、存放液压油是控制污染的关键。

任务实现

一、液压油污染的控制

液压油的污染是液压系统发生故障的主要原因,它严重影响液压系统的可靠性和液压元件的寿命。因此,正确使用和维护液压油是控制污染的关键。

1. 污染物的种类

(1)残留污染

主要指液压元件在制造、储存、运输、安装或维修时残留下来的铁屑、毛刺、焊渣、铁锈、砂粒、涂料渣、清洗液等对液压油的污染。

(2)侵入污染

主要是外界环境中的空气、尘埃、切屑、棉纱、水滴、冷却用乳化液等,通过油箱通气孔、外露的往复运动活塞杆和注油孔等处侵入系统而造成的污染。

(3)生成污染

主要指在工作过程中系统内产生的污染,主要有液压油变质后的胶状生成物、涂料及密封件的剥离物、金属氧化后剥落的微屑及元件磨损而形成的颗粒等。

2. 液压油污染的危害

油液的污染直接影响液压系统的工作可靠性和元件的使用寿命。资料显示,液压系统故障的70%是由液压油污染造成的。液压油被污染后,将对液压系统和液压元件产生下述不良影响。

(1)元件的磨损

固体颗粒、胶状物、棉纱等杂物会加速元件的磨损。

(2)元件的堵塞与卡紧

固体颗粒堵塞阀类件的小孔和缝隙,致使阀类件的动作失灵而导致其性能下降;堵塞滤油器使泵吸油困难并产生噪声,还能擦伤密封件,使油的泄漏量增加。

(3)加速油液性能劣化

水分、空气的混入会使系统工作不稳定,产生振动、噪声、低速爬行及启动时突然前冲的现象;还会在管路狭窄处产生气泡,加速元件的氧化腐蚀;清洗液、涂料、漆屑等混入液压油中后,会降低液压油的润滑性并使液压油氧化变质。

3. 液压油污染的控制措施

液压油污染的原因是多方面的,为控制污染需采取一些必要的措施。

(1)严格清洗元件和系统

液压元件、油箱和各种管件在组装前应严格清洗,组装后应对系统进行全面彻底的冲洗,并将清洗后的介质换掉。

(2)防止污染物侵入

在设备运输、安装、加注和使用过程中,应防止液压油被污染。注入液压油时,必须经过滤油器;油箱通大气处要加空气滤清器;采用密闭油箱,防止尘土、磨料和冷却液侵入等;维修、拆卸元件应在无尘区进行。

(3)控制液压油的温度

应采取适当措施(如水冷、风冷等)控制系统的工作温度,以防止温度过高造成液压油氧化变质,产生各种生成物。一般液压系统的温度应控制在65 ℃以下,机床的液压系统应更低一些。

(4)采用高性能的过滤器

研究表明,由于液压元件相对运动表面间隙较小,如果采用高精度的过滤器有效地控制1 ~5 μm的污染颗粒,液压泵、液压马达、各种液压阀及液压油的使用寿命均可大大延长,液压故障就会明显减少。另外,必须定期检查和清洗过滤器或更换滤芯。

(5)定期检查和更换工作介质

每隔一段时间,要对系统中的液压油进行抽样检查,分析其污染程度是否还在系统允许的使用范围内,如不符合要求,应及时更换。在更换新的液压油前,必须对整个液压系统进行彻底清洗。

4. 液压油的更换指标

合理选用液压油是保证液压设备正常工作的基础,在系统运行过程中,应及时监测液压油的性能变化,确保及时换油,以延长液压系统的寿命,避免发生系统故障。液压油的寿命因品种、工作环境和系统不同而有较大差异。在长期工作过程中,由于水、空气、杂质和磨损物的进入,在温度、压力、剪切作用下,液压油的性能会降低,为了确保液压系统的正常运转,应及时更换液压油。表2-5所示为L-HL液压油换油指标。

表2-5 L-HL液压油换油指标

项目	换油指标
外观	不透明或浑浊
40℃运动黏度变化率	>10%
色度变化	>3
酸值	>0.3
水分	>0.1%
机械杂质	>0.1%

二、液压油的存放和使用

1. 液压油的存放原则

液压油应存放在清洁、通风良好的室内,此储存室应满足一切适用的安全标准。若没打开的油桶不得已存放在室外,则应遵守以下原则。

①油桶宜以侧面存放且借助木质垫板或滑行架保持底面清洁,以防下部锈蚀,绝不允许直接放在易腐蚀金属的表面上。

②油桶绝不可在上边切一大孔或完全去掉一端。即便孔被盖上,污染的概率也大为增加。把一个敞口容器沉入油液中汲油也是不正确的,这样一来不仅有可能使空气中的污物侵入,而且汲取容器本身的外侧可能附有污物。

③油桶要以其侧面放置在适当高度的木质托架上,用开关控制向外释放油液,开关下要备有集液槽,或将桶直立,用手动或电动泵汲取油液。

④如果由于某种原因,油桶不得不以端部存放时,则应高出地面且应倒置(即桶盖作底)。如不能这样,则应把桶盖上,以使雨水不能聚集在四周,浸泡桶盖。

⑤用来分配液压油的容器、漏斗及管子等必须保持清洁,并且备作专用。这些容器要定期清洗,并用不起毛的棉纤维拭干。

⑥油液存放在大容器中时,很可能产生冷凝水和精细的灰尘结合到一起,在箱底形成一层淤泥。因此,储油箱底应是碟形的或倾斜的,并且箱底要设有排污塞,这些排污塞可以定期排除沉渣。

⑦要对所有储油器进行常规检查和漏损检验。

2. 液压油的使用

按要求选择或配制液压油液后,需要合理使用液压油。如液压油使用不当,会导致油液的性质发生变化,液压系统产生故障。在使用液压油液时,应注意以下事项。

①对长期使用的液压油,氧化稳定性和热稳定性是决定温度界限的主要因素,在实际使用时,应使液压油液长期在低于它开始氧化的温度下工作,尽量将液压油工作温度控制在60℃以下。

②在液压油储存、搬运及加注过程中,应防止油液被污染。

③对油液定期抽样检验,并建立定期换油制度。一般情况下,一年至少更换两次液压油。

④调试用液压油不能直接作为液压系统的正常用油使用。

⑤油箱的储油量应充分,以利于系统的散热。

⑥保持液压系统的良好密封性。

任务3　了解液体力学基础知识

任务目标

1. 通过对静止液体受力的分析,了解液体的静压力特点,得出静力学方程,掌握静压传递原理(帕斯卡原理)。

2. 掌握绝对压力、相对压力和真空度之间的关系。

3. 通过对流动液体受力的分析,掌握液体在管中的流动状态,了解连续方程、理想液体伯努利方程及实际液体的伯努利方程。

素质目标

通过学习液体力学的相关知识,提升学生的逻辑思维能力,增强学生的工程应用意识,注重理论与实践的结合。

任务导入

液压传动是以液体作为工作介质进行能量传递的,因此分别处于相对平衡状态下和流动状态下的液体,都有哪些力学规律及其实际应用?

任务实现

一、液体静力学基础

液体静力学主要研究液体处于相对平衡状态下的力学规律及这些规律的实际应用。这里所说的相对平衡是指液体内部各个质点之间没有相对位移,液体整体完全可以像刚体一样做各种运动。

1. 液体静压力

作用在液体上的力有质量力和表面力。质量力有重力和惯性力;表面力作用在液体表面上,是外力。单位面积上作用的表面力称为应力,分为法向应力和切向应力。当液体静止时,液体质点间没有相对运动,不存在摩擦力,所以静止液体的表面力只有法向力。液体内某点单位面积上

所受到的法向力称为静压力，即

$$p = \frac{F}{A} \tag{2-11}$$

液体的静压力具有两个重要特性：

①液体的压力沿着内法线方向作用于承压面，即静止液体只承受法向压力，不承受剪切力和拉力，否则就破坏了液体静止的条件。

②静止液体内，任意点处所受到的压力在各个方向都相等。如果在液体中某点受到各个方向的压力不相等，那么液体就会产生运动，也就破坏了液体静止的条件。

2. 液体静力学基本方程

在重力作用下的静止液体，其受力情况如图 2-4(a)所示。若要求液体离液面深度为 h 处的压力，可以假想从液面往下切取一个高为 h、底面积为 ΔA 的垂直小液柱，如图 2-4(b)所示。这个小液柱在重力 G($G = mg = \rho Vg = \rho gh\Delta A$)、表面力 $p_0\Delta A$ 及周围液体的压力作用下处于平衡状态，于是有 $p\Delta A = p_0\Delta A + \rho gh\Delta A$，即

$$p = p_0 + \rho gh \tag{2-12}$$

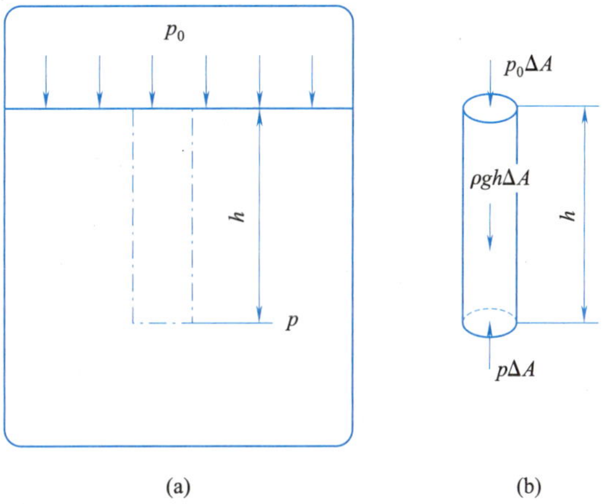

图 2-4　重力作用下静止液体的受力情况

式(2-12)即为液体静压力基本方程。由此式可知，重力作用下静止液体的压力分布有如下特征：

①静止液体内任一点处的压力由两部分组成：一部分是液面上的压力 p_0，另一部分是 ρg 与该点离液面的深度 h 的乘积。当液面上只受大气压力 p_a 作用时，液体内任一点处的压力为 $p = p_a + \rho gh$。

②液体内的压力随液体深度的增加而线性增加。

③液体内深度相同处的压力都相等。由压力相等的点组成的面称为等压面。重力作用下，静止液体中的等压面是一个水平面。

3. 绝对压力、相对压力和真空度

压力的表示法分为绝对压力和相对压力。绝对压力是以绝对真空作为基准所表示的压力；相对压力是以大气压力 p_a 作为基准所表示的压力。

由于大多数测压仪表所测得的压力都是相对压力，故相对压力也称表压力。如果液体中某点处的绝对压力小于大气压，该点上的绝对压力比大气压小的那部分数值称为真空度。

绝对压力、相对压力和真空度的关系(见图 2-5)为

绝对压力 = 相对压力 + 大气压力

真空度 = 大气压力 − 绝对压力

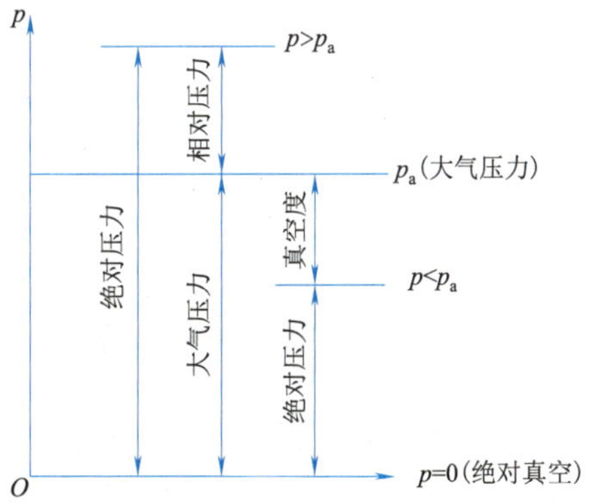

图 2-5　绝对压力、相对压力和真空度的关系

压力的法定单位为帕斯卡，简称帕，符号为 Pa，1 Pa = 1 N/m²。由于 Pa 太小，工程上常用兆帕(MPa)表示。

压力单位及其他非法定计量单位的换算关系为:1 MPa = 10^6 Pa,1 bar(巴) ≈ 1 kgf/cm^2 = 10^5 Pa = 0.1 MPa。

4. 静压力的传递

根据静压力基本方程($p = p_0 + \rho gh$),盛放在密闭容器内的静止液体,其外加压力 p_0 发生变化时,液体中任一点的压力均将发生同样大小的变化。也就是说,在密闭容器内,施加于静止液体上的压力将以等值同时传到各点。这就是静压传递原理或称帕斯卡原理。

液压系统中,液压泵产生的压力远大于液体自重($h < 5$ m)产生的压力,因此,可认为液压系统中静止液体压力基本相等。

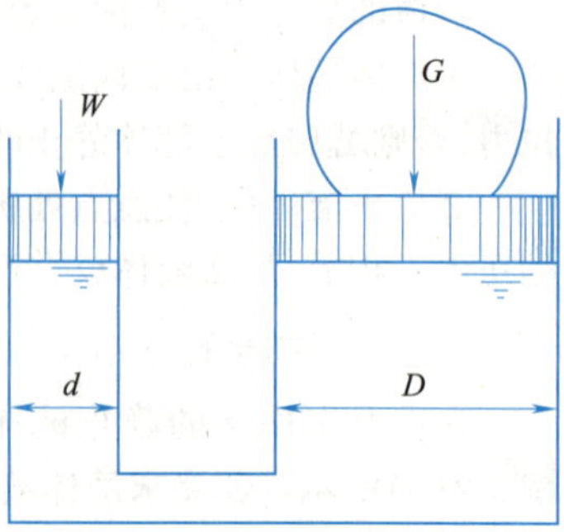

图 2-6　帕斯卡原理的应用实例

[例 2-1]　如图 2-6 所示,一个密闭容器内,已知大缸直径 $D = 150$ mm,小缸直径 $d = 30$ mm,大活塞上重物的质量 $m = 1\,500$ kg,问小活塞上用多大的力 W 才可顶起该重物?

解:大活塞重物重力为

$$G = mg = 1\,500\ \text{kg} \times 9.8\ \text{m/s}^2 = 14\,700\ \text{N}$$

根据帕斯卡原理,两缸内压力到处相等,于是

$$\frac{4W}{\pi d^2} = \frac{4G}{\pi D^2}$$

$$W = G\frac{d^2}{D^2} = 14\,700 \times \frac{30^2}{150^2}\ \text{N} = 588\ \text{N}$$

二、液体动力学基础

1. 理想液体和恒定流动

液体实际流动时,不仅具有黏性,而且在压力变化时体积会发生变化。因此,研究液体流动时的运动规律必须考虑其黏性和可压缩性,从而使对流动液体的研究变得非常困难,所以引入理想液体的概念。理想液体就是指既无黏性又不可压缩的液体。首先对理想液体进行研究,然后再通过实验验证的方法对所得的结论进行补充和修正。这样,不仅使问题简单化,而且得到的结论在实际应用中具有足够的精确性。既具有黏性又可压缩的液体称为实际液体。

液体流动时,若液体中任一点的压力、速度及密度都不随时间而变化,则称液体的这种运动为恒定流动或定常流动。但只要压力、速度及密度中有一个随时间而变化,则液体流动就是非恒定流动或非定常流动。

2. 过流断面、流量和平均流速

(1)过流断面

液体流动时,垂直于液体流动方向的截面称为通流截面或过流断面。过流断面可能是平面,也可能是曲面。如图 2-7 所示,截面 A—A 和截面 B—B 均为通流截面。

(2)流量

单位时间内流过某一通流截面的液体体积称为体积流量,简称流量,用 q 表示。假设理想液体在一直管中做恒定流动,如图 2-8 所示。液流的通流截面面积即为管道截面面积 A,液流在过流断面上各点的流速(指液流质点在单位时间内流过的距离)皆相等,以 u 表示($u = \frac{l}{t}$),流过截面

1—1 的液体经时间 t 后到达截面 2—2 处，所流过的距离为 l，即

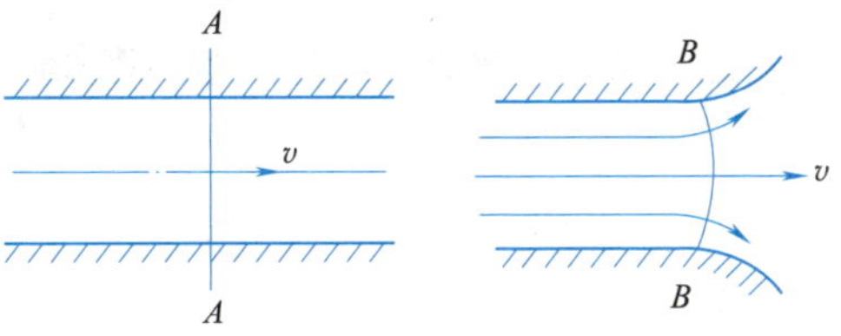

图 2-7 流动液体的通流截面

$$q = \frac{V}{t} = \frac{Al}{t} = Au \tag{2-13}$$

其单位在国际单位制中为 m^3/s，工程上常用的单位为 L/min。二者的换算关系为：$1\ m^3/s = 6 \times 10^4$ L/min。

(3) 平均流速

在实际液体的流动中，由于黏性内摩擦力的作用，通流截面上各点的流速并不相等，因此引入平均流速的概念。即可认为通流截面上各点的流速均为平均流速，用 v 来表示，如图 2-9 所示。液体在管道中的流速一般均指平均流速。液体流动时，通过某一通流截面的流量 q_v 就等于平均流速 v 和通流截面的面积 A 乘积，即 $q_v = vA$。因此该通流截面的平均流速 v 为

$$v = \frac{q_v}{A} \tag{2-14}$$

平均流速的法定单位为 m/s（米/秒）。

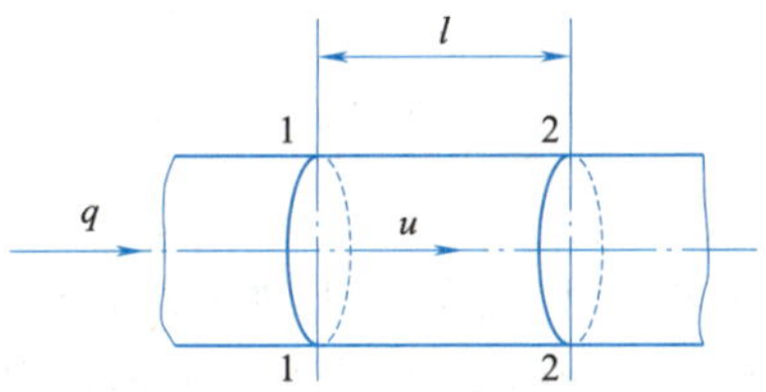

图 2-8 理想液体在直管中的流动

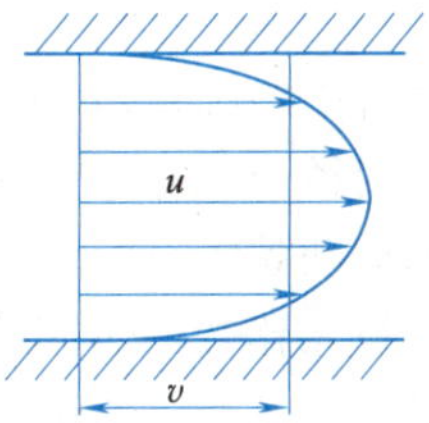

图 2-9 液体的平均流速

在实际工程中，只有平均流速，才具有应用价值。液压缸工作时，活塞运动的速度就等于液压缸内液体的平均流速。当液压缸的有效面积一定时，活塞运动的速度取决于输入液压缸的流量。

3. 层流、紊流、雷诺数

(1) 层流和紊流

液体流动时有两种流态，分别为层流和紊流。液体质点互不干扰，液体的流动呈线性或层状的流动状态称为层流。液体质点的运动杂乱无章，除了平行于管道轴线的运动以外，还存在着剧烈的横向运动，这种状态称为紊流。层流时，液体流速较低；紊流时，液体流速较高。两种流动状态的物理现象可以通过雷诺实验来观察。

(2) 雷诺数

雷诺实验装置如图 2-10(a) 所示，水箱 6 由进水管 2 不断供水，并由溢流管 1 保持水箱水面高度恒定。颜色槽 3 内盛有红颜色水，将小调节阀 4 打开后，红色水经导管 5 流入水平玻璃管 7 中。仔细调节大调节阀 8 的开度，当玻璃管中流速较小时，红色水在玻璃管 7 中呈一条明显的直线，这条红线和清水不相混杂，如图 2-10(b) 所示，这表明管中的水流是层流。当调节大调节阀 8 使玻璃

管中的流速逐渐增大至某一值时,可看到红线开始波动而呈波纹状,如图 2-10(c)、(d)所示,这表明层流状态受到破坏,液流开始紊乱。若使管中流速进一步加大,红色水流便和清水完全混合,红线完全消失,如图 2-10(e)所示,这表明管中液流为紊流。如果将大调节阀 8 逐渐关小,就会看到相反的过程。

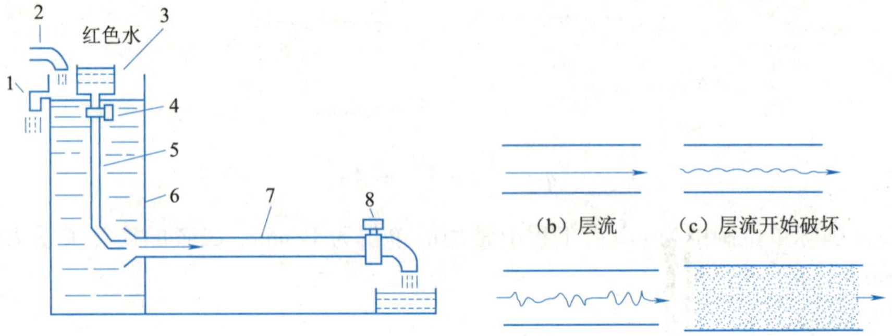

(a) 雷诺实验装置　　(d) 流动趋于紊流　　(e) 紊流

1—溢流管;2—进水管;3—颜色槽;4—小调节阀;
5—导管;6—水箱;7—玻璃管;8—大调节阀。

图 2-10　液体的流态实验

实验证明,液体的流动状态不仅与液体在管中的流速 v 有关,还与管径 d 和液体的运动黏度 υ 有关。由以上三个参数组成的一个无量纲数称为雷诺数,用 Re 表示,即

$$Re = \frac{vd}{\upsilon} \tag{2-15}$$

式中　v——液体在管中的流速,m/s;

d——管道的内径,m;

υ——液体的运动黏度,m^2/s。

管中液体的流态随雷诺数的不同而改变,因而可以用雷诺数作为判别液体在管道中流态的依据。液流由层流转变为紊流时的雷诺数和由紊流转变为层流时的雷诺数是不相同的,后者的数值较小。一般把由紊流转变为层流时的雷诺数称为临界雷诺数 Re_L。当 $Re \leqslant Re_L$ 时为层流,当 $Re > Re_L$ 时为紊流。

各种管道的临界雷诺数可以由实验求得。常见管道的临界雷诺数见表 2-6。

表 2-6　常见管道的临界雷诺数

管道的形状	临界雷诺数 Re_L	管道的形状	临界雷诺数 Re_L
光滑金属管	2 300	带沉割槽的同心环状缝隙	700
橡胶软管	1 600 ~ 2 000	带沉割槽的偏心环状缝隙	400
光滑的同心环状缝隙	1 100	圆柱形滑阀阀口	260
光滑的偏心环状缝隙	1 000	锥阀阀口	20 ~ 100

(3)雷诺数的物理意义

雷诺数是液流的惯性力对黏性力的无因次比。当雷诺数较大时,说明惯性力起主导作用,这时液体处于紊流状态;当雷诺数较小时,说明黏性力起主导作用,这时液体处于层流状态。液体在管道中流动时,若为层流,则其能量损失较小;若为紊流,则其能量损失较大。所以在设计液压传

动系统时，应考虑尽可能使液体在管道中为层流状态。

4. 液流的连续性方程

连续性方程是质量守恒定律在流动液体中的表现形式。

设理想液体在任意取的通流截面面积为 A_1 和 A_2 的管道中做恒定流动，且不可压缩（密度 ρ 不变），平均流速分别为 v_1 和 v_2，如图 2-11 所示。

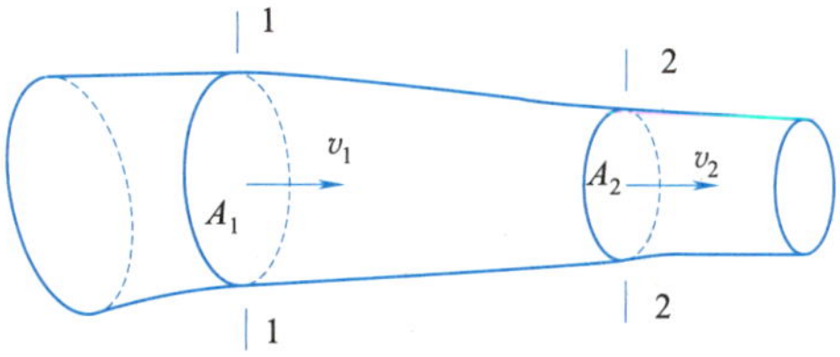

图 2-11　液体的连续性示意图

根据质量守恒定律，在 dt 时间内流入截面积 A_1 的质量应等于流出截面积 A_2 的质量，即

$$\rho v_1 A_1 \mathrm{d}t = \rho v_2 A_2 \mathrm{d}t$$

得

$$v_1 A_1 = v_2 A_2 = q \tag{2-16}$$

式(2-16)就是液体的连续性方程。

它说明通过流管任一通流截面的流量相等，液体的流速与管道通流截面面积成反比，在具有分歧的管路中具有 $q_1 = q_2 + q_3$ 的关系。

5. 伯努利方程

伯努利方程是能量守恒定律在流体力学中的一种表达形式。流动的液体不仅具有压力能和位能，由于它有一定的流速，因而还具有动能。

（1）理想液体的伯努利方程

假定理想液体在图 2-12 所示的管道中做恒定流动，质量为 m、体积为 V 的液体流经该管中任意两个截面积分别为 A_1、A_2 的断面 1—1、2—2。设两断面处的平均流速分别为 v_1、v_2，压力为 p_1、p_2，中心高度为 h_1、h_2。若在很短时间内，液体通过两断面的距离为 Δl_1、Δl_2，则液体在两断面处时所具有的能量见表 2-7。

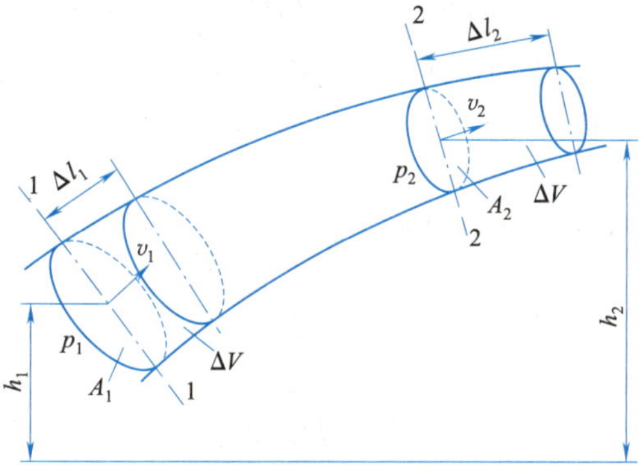

图 2-12　理想液体伯努利方程的指导示意图

流动液体具有的能量也遵守能量守恒定律，因此可写成

$$\frac{1}{2}mv_1^2 + mgh_1 + p_1 m/\rho = \frac{1}{2}mv_2^2 + mgh_2 + p_2 m/\rho \tag{2-17}$$

上式简化后得

$$\frac{1}{2}v_1^2 + gh_1 + \frac{p_1}{\rho} = \frac{1}{2}v_2^2 + gh_2 + \frac{p_2}{\rho} \tag{2-17a}$$

或

$$\frac{1}{2}\rho v_1^2 + \rho gh_1 + p_1 = \frac{1}{2}\rho v_2^2 + \rho gh_2 + p_2 \tag{2-17b}$$

表 2-7　理想液体在断面处的能量

能量	断面	
	断面 1—1	断面 2—2
动能	$\frac{1}{2}mv_1^2$	$\frac{1}{2}mv_2^2$
位能	mgh_1	mgh_2
压力能	$p_1A_1\Delta l_1 = p_1\Delta V = p_1m/\rho$	$p_2A_2\Delta l_2 = p_2\Delta V = p_2m/\rho$

式(2-17)称为理想液体的伯努利方程,也称为理想液体的能量方程。其物理意义是:在密闭的管道中做恒定流动的理想液体具有三种形式的能量(动能、位能、压力能),在沿管道流动的过程中,三种能量之间可以互相转化,但是在管道任一断面处,三种能量的总和是恒定常量。式(2-17a)和式(2-17b)的含义相同,只是表达方式不同。式(2-17a)是将液体所具有的能量以单位质量液体所具有的动能、位能和压力能的形式来表达的理想液体的伯努利方程;而式(2-17b)是将单位质量液体所具有的动能、位能、压力能用液体压力值的方式来表达理想液体的伯努利方程。由于在实际应用中,液压系统内各处液体的压力可以用压力表很方便地测出来,所以式(2-17b)也常用。

(2)实际液体的伯努利方程

实际液体在管道内流动时,由于液体黏性的存在,会产生内摩擦力,消耗能量;同时管路中管道的尺寸和局部形状骤然变化使液流产生扰动,也引起能量消耗。因此实际液体流动时存在能量损失,设单位质量液体在管道中流动时的压力损失为 Δp_w。另外,由于实际液体在管道中流动时,管道过流断面上的流速分布是不均匀的,若用平均流速计算动能,必然会产生误差。为了修正这个误差,需要引入动能修正系数 α。紊流时取 $\alpha=1$,层流时取 $\alpha=2$。因此,实际液体的伯努利方程为

$$p_1 + \rho g h_1 + \frac{1}{2}\rho\alpha_1 v_1^2 = p_2 + \rho g h_2 + \frac{1}{2}\rho\alpha_2 v_2^2 + \Delta p_w \tag{2-18}$$

使用伯努利方程解决实际问题时的注意事项具体如下。

①选取适当的基准面,以简化计算。一般可选取与大气相通的液面为基准面,因为此时压力为大气压,流速 $v\approx 0$。

②沿液体流动的方向选取两个通流截面,其中一个流通截面的参数已知,另一个为所求参数所在的通流截面。

③在选取的两个通流截面上各选定一个高度已知的点。

④对所选定的两点按液体流动方向列伯努利方程。

⑤联立连续性方程、静压学基本方程求解未知参数。

[例 2-2]　用伯努利方程分析图 2-13 所示液压泵的吸油过程,并得到对液压泵装置的设计、安装和合理使用等方面有用的结论。

解:设油箱的液面为 1—1 截面[该处的压力为 $p_1=p_a$(p_a 为标准大气压),高度 $h_1=0$,流速 $v_1=0$],泵进油口处为 2—2 截面(该处的压力为 p_2,高度为 $h_2=H$,流速为 v_2),则液压泵吸油过程中的能量变化服从以下实际液体的伯努利方程

$$p_1 + \rho g h_1 + \frac{1}{2}\rho\alpha_1 v_1^2 = p_2 + \rho g h_2 + \frac{1}{2}\rho\alpha_2 v_2^2 + \Delta p_w$$

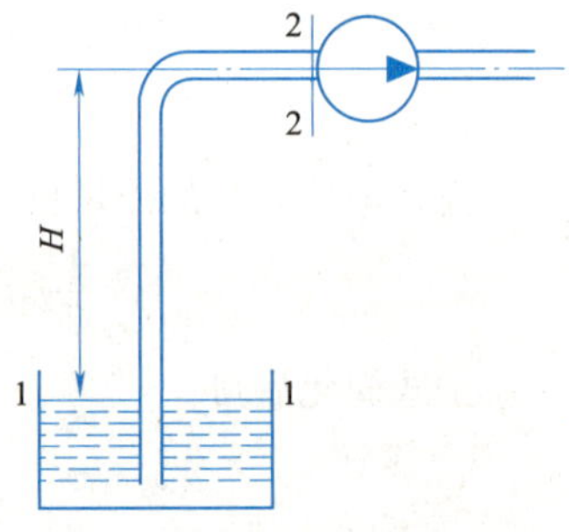

图 2-13　液压泵的吸油过程示意图

$$p_a + 0 + 0 = p_2 + \rho g H + \frac{1}{2}\rho\alpha_2 v_2^2 + \Delta p_w$$

$$p_a - p_2 = \rho g H + \frac{1}{2}\rho\alpha_2 v_2^2 + \Delta p_w \tag{2-19}$$

由式(2-19)可知,当泵的安装高度 $H > 0$ 时,等式右边的值均大于零,所以 $p_a - p_2 > 0$,即 $p_2 < p_a$。这时,泵进油口处的绝对压力低于大气压力,形成真空,产生吸力,油箱中的油在其液面上大气压力的作用下被泵吸入液压系统中。

由于 p_2 不能太低(若其低于空气分离压,溶于油中的空气就会析出,形成大量气泡,产生噪声和振动),等式右边的三项之和不可能太大,即其每一项的值都不能不受到限制。由上述分析可知,泵的吸油高度 H 越小,泵越容易吸油,所以在一般情况下,泵的安装高度 H 不应大于 0.5 m;而为了减少液体的流动速度 v_2 和油管的压力损失 Δp_w,液压泵一般应采用直径较粗的吸油管。

任务 4　液体流动的压力损失分析

任务目标

1. 了解液体在直管中流动时产生沿程压力损失的计算方法。
2. 了解液体在经过管道截面突变、弯头、阀等局部装置时产生局部压力损失的计算方法。

素质目标

培养学生的创新思维,鼓励他们在分析压力损失问题时,敢于提出新的见解和方法,尝试优化系统以降低压力损失。

任务导入

由于实际液体具有黏性,因此在管中流动时就有阻力,为了克服阻力就必然要消耗能量,这样就有了能量损失。能量损失的大小直接影响液压系统的工作效率,那么在一个液压系统中能量损失主要表现在哪些方面?

任务实现

实际液体在管道中流动时,因其具有黏性而产生摩擦力,故有能量损失。另外,液体在流动时会因管道尺寸或形状变化而产生撞击和出现漩涡,也会造成能量损失。在液压管路中能量损失表现为液体的压力损失,这样的压力损失可分为两种:一种是沿程压力损失;一种是局部压力损失。

一、沿程压力损失

液体在等截面直管中流动时因黏性摩擦而产生的压力损失称为沿程压力损失。液体的流动状态不同,所产生的沿程压力损失值也不同。

1. 层流时的沿程压力损失

管道中流动的液体为层流时,液体质点在做有规则的流动。经理论推导和实验证明,沿程压

力损失可用以下公式计算

$$\Delta p_l = \lambda \frac{l}{d} \cdot \frac{\rho v^2}{2} \tag{2-20}$$

微课

液体流动时的压力损失

式中 λ——沿程阻力系数,对圆管层流,其理论值 $\lambda=64/Re$,考虑到实际圆管截面可能有变形,以及靠近管壁处的液层可能冷却,阻力略有加大,实际计算时,对金属管应取 $\lambda=75/Re$,对橡胶管应取 $\lambda=80/Re$;

l——油管长度,m;

d——油管内径,m;

ρ——液体的密度,kg/m^3;

v——液流的平均流速,m/s。

2. 紊流时的沿程压力损失

紊流时计算沿程压力损失的公式在形式上与层流时的计算公式相同,但式中的阻力系数 λ 除与雷诺数 Re 有关外,还与管壁的粗糙度有关。实用中对于光滑管,$\lambda = 0.316\ 4Re^{-0.25}$;对于粗糙管,$\lambda$ 的值要根据不同的 Re 值和管壁的粗糙程度,从有关资料的关系曲线中查取。

二、局部压力损失

液体流经管道的弯头、接头、突变截面以及过滤网等局部装置时,会使液流的方向和大小发生剧烈的变化,形成漩涡、脱流,液体质点产生相互撞击而造成能量损失。这种能量损失表现为局部压力损失。由于其流动状况极为复杂,影响因素较多,局部压力损失值不易从理论上进行分析计算,因此一般是先用实验来确定局部压力损失的阻力系数,再按公式计算局部压力损失值。

局部压力损失 Δp_r 的计算公式为

$$\Delta p_r = \xi \frac{\rho v^2}{2} \tag{2-21}$$

式中 ξ——局部阻力系数,由实验求得,各种局部结构的全值可查有关手册;

v——液流在该局部结构处的平均流速。

三、管路系统中的总压力损失

管路系统中的总压力损失等于所有沿程压力损失和所有局部压力损失之和,即

$$\Delta p_w = \sum \Delta p_l + \sum \Delta p_r \tag{2-22}$$

任务5　气穴现象和液压冲击的认识

任务目标

1. 了解气穴现象产生的原因及危害,掌握防止产生气穴现象的措施。
2. 了解液压冲击产生的原因及危害,掌握减小液压冲击的措施。

素质目标

增强学生的质量管控意识,使其明白在液压系统制造和维护过程中,有效控制气穴现象和液

压冲击对保证系统质量和可靠性的重要意义。

任务导入

在液体流动过程中，由于某些原因而使液体压力突然下降或突然上升，由此产生的现象会给液压系统正常工作带来很大的影响，需要了解现象产生的原因和带来的危害，从而掌握防止产生此种现象的措施。

微课

液体冲击和气穴现象

任务实现

液压冲击和气穴现象会给液压系统的正常工作带来不利影响，因此需要了解这些现象产生的原因，并采取措施加以防止。

一、气穴现象

在液体流动中，因某点处的压力低于空气分离压而产生大量气泡的现象，称为气穴现象。

1. 气穴现象的机理及危害

液压油中总是含有一定量的空气。常温时，矿物型液压油在一个大气压下含有6%～12%的溶解空气。溶解空气对液压油的体积模量没有影响。当油的压力低于液压油在该温度下的空气分离压时，溶于油中的空气就会迅速地从油中分离出来，产生大量气泡。含有气泡的液压油，其体积模量将减小。所含气泡越多，油的体积模量越小。

若液压油在某温度下的压力低于液压油在该温度下的饱和蒸气压时，油液本身迅速汽化，即油从液态变为气态，产生大量油的蒸气气泡。

当上述原因产生的大量气泡随着液流流到压力较高的部位时，因承受不了高压而破灭，产生局部的液压冲击，发出噪声并引起振动。附着在金属表面上的气泡破灭，它所产生的局部高温和高压会使金属剥落，表面粗糙，或出现海绵状小洞穴，这种现象称为气蚀。

在液压系统中，当液流流到节流口的喉部或其他管道狭窄位置时，其流速会大为增加。由伯努利方程可知，这时该处的压力会降低。如果压力降低到其工作温度的空气分离压以下，就会产生气穴现象。如果液压泵的转速过高，吸油管直径太小或滤油器堵塞，都会使泵的吸油口处的压力降低到其工作温度的空气分离压以下，从而产生气穴现象。这将使吸油不足，流量下降，噪声激增，输出油的流量和压力剧烈波动，系统无法稳定工作，甚至使泵的零部件腐蚀，产生气蚀现象。

2. 防止产生气穴现象的措施

要防止气穴现象的产生，就要防止液压系统中出现压力过低的情况，具体措施如下：

(1)减小阀孔前后的压差，一般应使油液在阀前与阀后的压力比小于3.5。

(2)正确设计液压泵的结构参数，适当加大吸油管的内径，限制吸油管中液流的速度，尽量避免管路急剧转弯或存在局部狭窄处。接头要有良好的密封，滤油器要及时清洗或更换滤芯以防堵塞，高压泵上应设置辅助泵向主泵的吸油口供应低压油的装置。

(3)提高零件的机械强度，采用抗腐蚀能力强的金属材料，使零件加工的表面粗糙度细化等。

二、液压冲击

在液压系统中，常常由于某些原因而使液体压力突然急剧上升，形成很高的压力峰值，这种现象称为液压冲击。

1. 液压冲击产生的原因和危害

在阀门突然关闭或液压缸快速制动等情况下,液体在系统中的流动会突然受阻。这时由于液流的惯性作用,液体就从受阻端开始,迅速将动能逐层转换为压力能,因而产生了压力冲击波;此后,又从另一端开始,将压力能逐层转换为动能,液体又反向流动;然后,又再次将动能转换为压力能,如此反复地进行能量转换。这种压力波的迅速往复传播便在系统内形成压力振荡。实际上,由于液体受到摩擦力,而且液体自身和管壁都有弹性,不断消耗能量,故使振荡过程逐渐衰减趋向稳定。

系统中出现液压冲击时,液体瞬时压力峰值可以比正常工作压力大好几倍。液压冲击会损坏密封装置、管道或液压元件,还会引起设备振动,产生很大噪声。有时,液压冲击会使某些液压元件(如压力继电器、顺序阀等)产生错误动作,影响系统正常工作,甚至造成事故。

2. 减小液压冲击的措施

(1)延长阀门关闭时间和运动部件的制动时间。实践证明,当运动部件的制动时间大于0.2 s时,液压冲击就可大为减小。

(2)限制管道中液体的流速和运动部件的运动速度。在机床液压系统中,管道中液体的流速一般应限制在4.5 m/s以下,运动部件的运动速度一般不宜超过10 m/min。

(3)适当加大管道直径,尽量缩短管路长度。

(4)在液压元件中设置缓冲装置(如液压缸中的缓冲装置),或采用软管以增加管道的弹性。

(5)在液压系统中设置蓄能器或安全阀。

素养园地

素质目标:培养工程伦理意识、液压油安全使用及存放忧患意识、节能降耗意识。

事件1:2010年4月20日,墨西哥湾外海,英国石油公司所属一个名为“深水地平线”(Deepwater Horizon)的外海钻油平台发生故障并爆炸,导致油污外漏事故。爆炸同时导致11名工作人员死亡及17人受伤。漏油事故附近大范围的水质受到污染,不少鱼类、鸟类、海洋生物以及植物都受到严重影响,如患病及死亡等。

事件2:1991年5月28日,ABT Summer号邮轮航行在伊朗至鹿特丹的航线上,突然起火爆炸,导致26万吨重油泄漏。当时它距离安哥拉海岸约900英里(1英里 = 1.609 km),而油污扩散达80平方英里(约207 km^2),这艘油轮烧了三天,之后沉没大海。

作业与思考

2-1 液压油的分类有哪些?常用液压油的适用范围是什么?

2-2 什么是液体的黏性?黏度常用的表达方式有哪三种?它们的表示符号和单位各是什么?

2-3 恩氏黏度的测定方式有哪些?

2-4 选择液压油牌号时要注意哪些事项?

2-5 什么是压力?压力有哪些表现方法?静止液体内的压力是如何传递的?

2-6 液体流动时有哪两种流态?如何判断管中液体的流态?

2-7 管中的压力损失有哪几种？对各种压力损失影响最大的因素是什么？

2-8 液压系统工作时在什么情况下会引起液压冲击，应如何避免或减少液压冲击？

2-9 在什么情况下会出现气穴现象？液压系统中的哪些部分会出现金属腐蚀、剥落，甚至出现麻点(气蚀)？

2-10 液压油污染有哪些危害？如何控制液压油污染？

2-11 如何正确使用液压油？

2-12 图 2-14 所示的液压千斤顶，柱塞的直径 $D=34$ mm，活塞的直径 $d=13$ mm，杠杆的长度如图所示。试求操作者在杠杆端所加的力 $F=200$ N 时，在柱塞缸处所产生的起重力有多少？

2-13 用油管将压力油输送到高 10 m 的地方。若已知地面处管内油压力 $p_1=10$ MPa，流速 $v_1=3$ m/s；而在高 10 m 处管子截面较细，流速增加到 $v_2=5$ m/s。不计摩擦损失，试求高 10 m 处的油管内的压力 p_2 为多少？

2-14 如图 2-15 所示，已知液压泵的流量 $q=32$ L/min，吸油管内径 $d=20$ mm，液压泵吸油口距离液面高度 $h=500$ mm，油箱足够大。液压油的运动黏度 $v=20\times10^{-6}$ m^2/s，密度 $\rho=900$ kg/m^3。试求：(1)吸油管中油液的流速？(2)判别吸油管中油液的流态？(3)不计压力损失，泵吸油口的真空度？

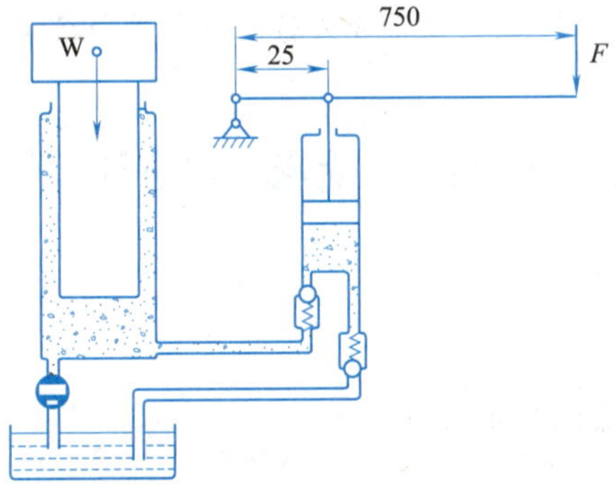

图 2-14 题 2-12 图(单位：mm)

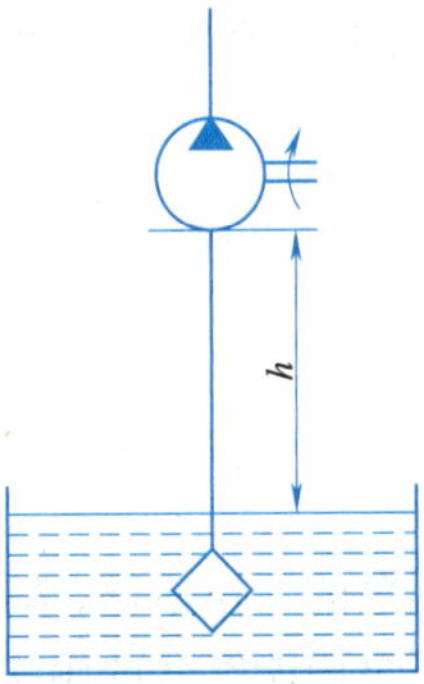

图 2-15 题 2-14 图

2-15 已知两条油管的内径分别为 $d_1=20$ mm，$d_2=25$ mm，长度 $l_1=10$ m，$l_2=15$ m；压力油的运动黏度 $v=40\times10^{-6}$ m^2/s，密度 $\rho=900$ kg/m^3，流量 $q=100$ L/min。求压力油通过每一条油管时的压力损失。

2-16 流量 $q=63$ L/min 的液压泵，将密度 $\rho=900$ kg/m^3，运动黏度 $v=20\times10^{-6}$ m^2/s 的液压油通过内径 $d=20$ mm 的油管输入有效面积 $A=50$ cm^2 的液压缸，克服负载 $F=20\ 000$ N 使活塞作匀速运动，液压泵出口至液压缸中心线高度 $H=10$ m(设管长 $l=H$)，局部压力损失 $\Delta p=0.5\times10^5$ Pa，试求液压泵的出口压力。

2-17 如图 2-16 所示，某液压泵装在油箱油面以下，液压泵的流量 $q=25$ L/min，所用液压油的运动黏度为 20 m^2/s，油液密度为 900 kg/m^3，吸油管为光滑圆管，管道直径为 20 mm，过滤器的压力损失为 0.2×10^5 Pa，试求油泵入口处的绝对压力。

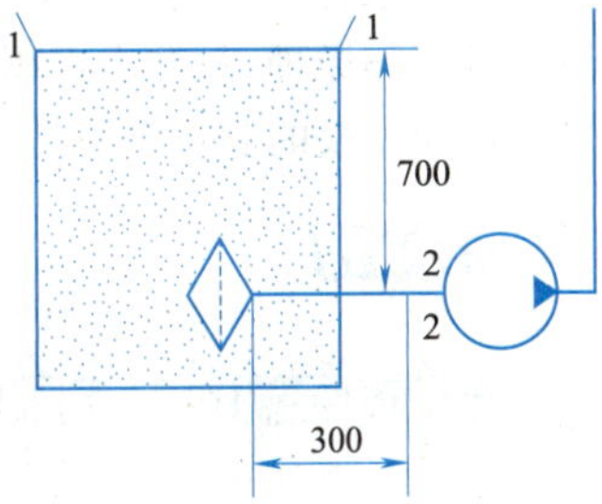

图 2-16 题 2-17 图(单位：mm)

项目3 液压动力元件的认识

液压泵是液压系统的动力元件,是把原动机输入的机械能转变成压力能的装置。液压传动系统中使用的液压泵都是容积式的,它是依靠周期性变化的密闭容积和配流装置来工作的。

液压系统中常用的液压泵有齿轮泵、叶片泵和柱塞泵三大类。齿轮泵分为外啮合齿轮泵和内啮合齿轮泵;叶片泵分为单作用叶片泵和双作用叶片泵;柱塞泵分为轴向柱塞泵和径向柱塞泵等。

任务1 液压泵的工作原理及参数的认识

任务目标

1. 了解液压泵的工作原理,掌握容积式液压泵的基本特点。
2. 掌握液压泵职能符号的画法。
3. 了解液压泵的性能参数、功率及效率。

素质目标

培养学生的科学探索精神,引导学生在学习液压泵工作原理过程中,勇于探索液压传动领域的未知,不断追求真理,提升自身的科学素养。

任务导入

液压泵为整个液压系统提供动力,它将原动机的机械能转换为液压油的压力能。分析图3-1所示的工作原理,总结出容积式液压泵的基本特点,了解液压泵的主要性能参数、功率及效率,重点牢记液压泵的职能符号。

任务实现

一、液压泵的工作原理及职能符号

1. 液压泵的工作原理

图3-1所示为单柱塞液压泵的工作原理图。柱塞2装在泵体3中形成一个密封腔a,柱塞2在弹簧4的作用下始终压紧在偏心轮1上,偏心轮1由原动机(电动机)驱动旋转,使柱塞2在泵体3

内作往复运动，使密封腔 a 的容积大小发生周期性的交替变化。当密封腔 a 的容积由小变大形成局部真空时，油箱中的液压油在大气压力的作用下，通过吸油管顶开吸油单向阀 6 流入泵体 3 密封腔 a 中，实现液压泵的吸油。当密封腔 a 的容积由大变小时，密封腔 a 中的液压油受到柱塞 2 挤压压力升高，使吸油单向阀 6 关闭，液压油顶开排油单向阀 5 输入泵体 3 外部的系统，实现液压泵的压油。偏心轮每转一周，液压泵吸、压油各一次。原动机驱动偏心轮不断旋转，液压泵就不断地吸油和压油，将原动机输入的机械能不断地转换成液压油的压力能输入系统。由此可见单柱塞液压泵是依靠密封容积变化来实现吸油和压油的，故又称为容积式液压泵。尽管液压泵的类型很多，但都是容积式液压泵。

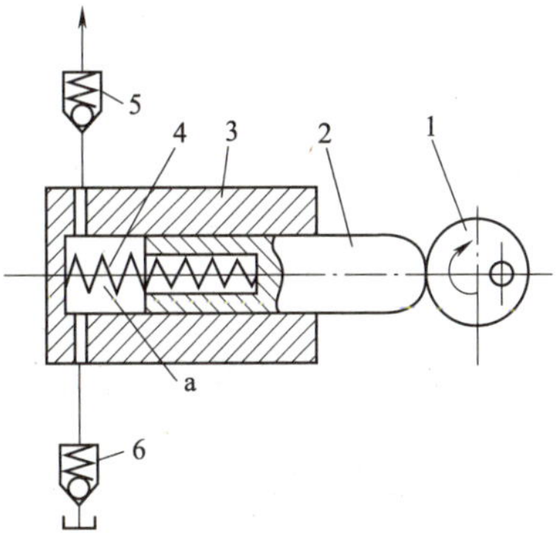

1—偏心轮；2—柱塞；3—泵体；
4—弹簧；5—排油单向阀；
6—吸油单向阀。

图 3-1　液压泵的工作原理图

2. 液压泵的特点

单柱塞式液压泵具有所有容积式液压泵的基本特点。

(1)具有一个或若干个周期性变化的密封容积。液压泵的输出流量与此密封容积在单位时间内的变化量成正比，这是容积式液压泵的一个重要特性。

(2)油箱必须与大气相通或采用密闭的充压油箱。这是容积式液压泵能够吸入油液的外部条件。为保证液压泵正常吸油，油箱内液压油的绝对压力必须恒等于或大于大气压力。

(3)具有相应的配油机构，将吸油腔和压油腔隔开，保证液压泵有规律地连续吸油和压油。液压泵的结构不同，配油机构也不相同。图 3-1 中的单向阀 5、6 就是配油机构。液压泵的配流方式主要有阀配式配流和确定式配流两类。确定式配流又有配油盘式和配流轴式等。

容积式液压泵的密封工作腔处于吸油状态时称为吸油腔，处于输油状态时称为压油腔。吸油腔的压力取决于液压泵吸油口至油箱液面的高度和吸油管路的压力损失。压油腔的压力取决于负载的大小和压油管路的压力损失。

容积式液压泵输出的理论流量只决定于工作腔容积每一次的变化量和单位时间内工作腔容积变化的次数，而与油腔的压力无关。

根据以上分析，液压泵必须具有密闭容积及密闭容积的交替变化，才能吸油和压油，而且在任何时候其吸油腔和压油腔都不能互相连通。

3. 液压泵的分类

按照结构形式不同，液压泵可分为齿轮式、叶片式和柱塞式三大类。按照输出流量能否调节，液压泵可分为定量式(输出流量不能调节)和变量式(输出流量可以调节)。

按照压力大小不同，液压泵可分为低压泵、中压泵、中高压泵、高压泵和超高压泵，其压力分级见表 3-1。

表 3-1　压力分级

压力等级	低压	中压	中高压	高压	超高压
压力 p/MPa	≤2.5	2.5～8	8～16	16～32	>32

液压泵的职能符号如图 3-2 所示。

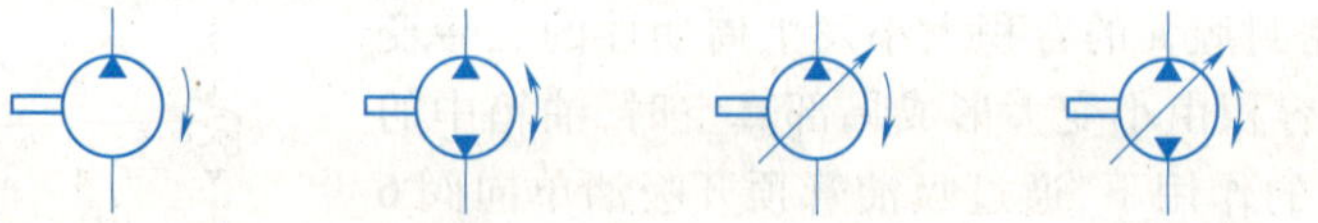

图 3-2 液压泵的职能符号

二、液压泵的性能参数

1. 液压泵的压力

(1)工作压力 p

液压泵的工作压力是指液压泵实际工作时的输出压力。其大小取决于负载和排油管路上的压力损失,与液压泵的流量无关。

(2)额定压力 p_n

液压泵的额定压力是指液压泵在正常工作条件下,按试验标准规定连续运转的最高压力。超过此压力值就是过载。

(3)最高允许压力

液压泵的最高允许压力是指液压泵在超过额定压力的条件下,根据试验标准规定,允许液压泵短暂运行的最高压力。

2. 液压泵的排量

液压泵的排量 V 是指泵轴每转一周,由其密封容积的几何尺寸变化计算而得的排出液体的体积。排量的单位为 mL/r。

3. 液压泵的流量

(1)理论流量 q_t

液压泵的理论流量是在不考虑泄漏的情况下,泵在单位时间内由其密封容积的几何尺寸变化计算而得的排出液体的体积。理论流量与工作压力无关,等于排量与其转速的乘积,即

$$q_t = Vn \tag{3-1}$$

(2)实际流量 q

液压泵的实际流量是泵工作时实际排出的流量,等于理论流量减去泄漏、压缩等损失的流量 Δq,即

$$q = q_t - \Delta q \tag{3-2}$$

(3)额定流量 q_n

液压泵的额定流量是泵在额定压力和额定转速下必须保证的输出流量。

三、液压泵的功率和效率

1. 液压泵的功率

(1)输入功率 P_i

驱动泵的机械功率为泵的输入功率。

$$P_i = T_i 2\pi n \tag{3-3}$$

式中 T_i——泵轴上的实际输入转矩;

n——泵轴的转速。

(2)输出功率 P_o

泵输出的液压功率为泵的输出功率。

$$P_o = pq \tag{3-4}$$

2. 液压泵的效率

(1)机械效率 η_m

由于泵内有各种摩擦损失(机械摩擦损失、液体摩擦损失),故泵轴上的实际输入转矩 T_i 总是大于其理论转矩 T_t。其机械效率 η_m 为

$$\eta_m = \frac{T_t}{T_i} \tag{3-5}$$

由于泵的理论机械功率应无损耗地全部变换为泵的理论液压功率,所以得

$$T_t 2\pi n = pVn$$

于是

$$T_t = \frac{pV}{2\pi} \tag{3-6}$$

得

$$\eta_m = \frac{pV}{2\pi T_i} \tag{3-7}$$

(2)容积效率 η_v

由于泵存在泄漏(高压区流向低压区的内泄漏、泵体内流向泵体外的泄漏),故泵的实际流量 q 总是小于其理论流量 q_t。其容积效率 η_v 为

$$\eta_v = \frac{q}{q_t} \tag{3-8}$$

$$\eta_v = \frac{q}{Vn} \tag{3-9}$$

(3)总效率 η

由于泵在能量转换时有能量损失(机械摩擦损失、泄漏流量损失),故泵的输出功率 P_o 总是小于泵的输入功率 P_i。其总效率 η 为

$$\eta = \frac{P_o}{P_i} \tag{3-10}$$

将式(3-3)和式(3-4)代入式(3-10)得

$$\eta = \frac{pq}{2\pi n T_i} = \frac{pV}{2\pi T_i} \cdot \frac{q}{Vn} = \eta_m \eta_v \tag{3-11}$$

即泵的总效率 η 等于机械效率 η_m 和容积效率 η_v 的乘积。

常见液压泵的容积效率和总效率见表3-2。

表3-2 常见液压泵的容积效率和总效率

泵的类型	齿轮泵	叶片泵	柱塞泵
容积效率 η_v	0.7~0.9	0.8~0.95	0.85~0.98
总效率 η	0.6~0.8	0.75~0.85	0.75~0.9

任务 2　齿轮泵工作原理及结构分析

任务目标

1. 掌握外啮合齿轮泵的结构与工作原理。
2. 在学习外啮合齿轮泵结构的过程中,分析出齿轮泵在结构上存在的问题,并解决。
3. 了解外啮合齿轮泵应用在高压系统时结构的变化。
4. 了解内啮合齿轮泵的工作原理。

素质目标

树立学生的环保意识,在分析齿轮泵工作过程中,引导学生关注能源利用和泄漏问题,培养学生节约能源、减少污染的意识。

任务导入

齿轮泵为容积式液压泵,其结构简单,应用广泛。认真分析图 3-3、图 3-4,总结齿轮泵的工作原理及结构,进一步分析齿轮泵在结构上存在的问题,从而找到解决方法,提高齿轮泵的工作性能。

任务实现

齿轮泵是液压系统中广泛采用的一种液压泵,一般做成定量泵,按结构形式不同分为外啮合齿轮泵和内啮合齿轮泵两种。外啮合齿轮泵由于结构简单、制造方便、价格低廉、体积小、质量轻、自吸性能好、对液压油污染不敏感,工作可靠,应用最广。但其缺点是流量脉动大、噪声大。

一、外啮合齿轮泵

1. 外啮合齿轮泵的结构

CB-B 型齿轮泵是外啮合齿轮泵,它属于中低压泵,不能承受较高的压力。其额定压力为 2.5 MPa,排量为 2.5～125 mL/r,转速为 1 450 r/min。CB-B 型齿轮泵主要用于机床作液压系统动力源以及各种补油、润滑和冷却系统。

图 3-3 所示为 CB-B 齿轮泵的结构。它是由泵体 7、前泵盖 4 和后泵盖 8 组成的分离三片式结构,在泵体 7 的内孔装有一对模数相等、齿数相等、宽度和泵体相同的相互啮合的渐开线主动齿轮 6。两齿轮分别用键固定在由滚针轴承支承的主动轴 10 和从动轴 1 上,主动轴 10 由电动机带动旋转。渐开线主动齿轮 6 的轮齿槽与泵体以及两泵盖内壁形成了许多密封工作腔,并由 2 个齿轮的啮合面把进、出油口处的密封腔划分为左右两腔,即吸油腔和压油腔。前、后泵盖和泵体用 2 个定位销 11 定位,用 6 个螺钉 5 紧固。泵体两端面开有封油卸荷槽口 d,可防止油外泄并可减轻螺钉拉力。油孔 a、b、c 可使轴承处泄漏油液流向吸油口。

2. 外啮合齿轮泵的工作原理

图 3-4 所示为渐开线圆柱直齿形外啮合齿轮泵的工作原理,在泵体内有一对齿数相同的外啮合渐开线齿轮,齿轮两侧由端盖盖住(图中未示出)。泵体、端盖和齿轮之间形成了密封腔,并由两

个齿轮的齿面接触线将左、右两腔隔开,形成了吸、压油腔。当齿轮按图示方向旋转时,右侧吸油腔内的轮齿相继脱开啮合,使密封容积增大,形成局部真空,油箱中的油在大气压力作用下进入吸油腔,并被旋转的齿轮带入左侧,左侧压油腔的轮齿不断进入啮合,使密封容积变小,油液被挤出,通过压油口压油。这就是齿轮泵的吸油和压油过程。齿轮不断地旋转,泵就不断地吸油和压油。

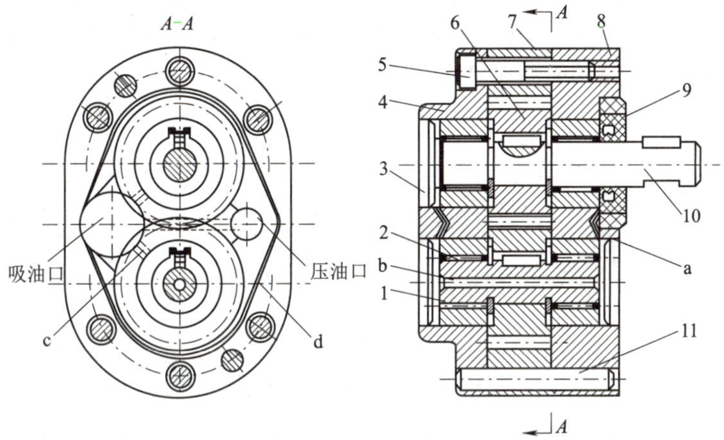

1—从动轴;2—滚针轴承;3—堵头;4—前泵盖;5—螺钉;6—主动齿轮;
7—泵体;8—后泵盖;9—密封圈;10—主动轴;11—定位销。

图 3-3 CB-B 齿轮泵的结构

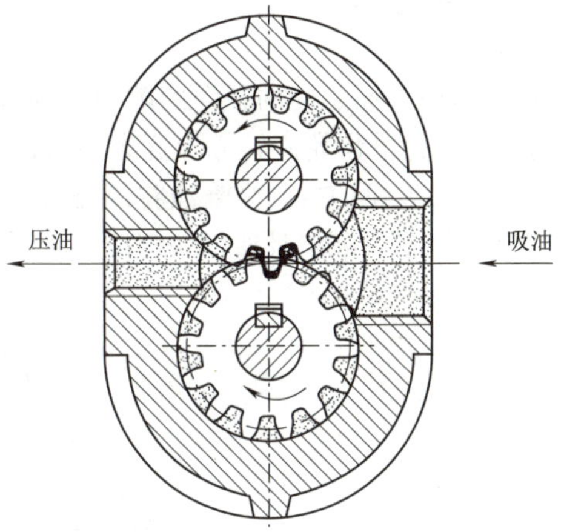

图 3-4 渐开线圆柱直齿形外啮合齿轮泵的工作的原理

微课

齿轮泵工作原理和常见故障

齿轮泵的齿数越少,流量脉动率就越大。流量脉动引起压力脉动,随之产生振动与噪声(内啮合齿轮泵的流量脉动率要小得多),所以高精度机械不宜采用外啮合齿轮泵。

微课

外啮合齿轮泵在结构上存在的问题

3. 外啮合齿轮泵结构上存在的问题

(1)齿轮泵的困油问题

为了保证齿轮泵能连续平稳地供油,要求齿轮啮合的重叠系数 ε 必须大于1,也就是当前一对轮齿尚未脱开啮合时,后一对轮齿已进入啮合,这样在同时处于啮合状态的两对轮齿之间形成了一个封闭的容腔,称为困油腔。因此,就有一部分油液被围困在这一封闭的困油腔中,如图3-5(a)所示。困油腔又称困油区,与泵的高、低压腔均不相通,并且随齿轮的转动容积大小发生变化,如图3-5所示。当困油腔的容积减小[由图3-5(a)过渡到图3-5(b)]时,困油腔中的油液受到挤压,压力急剧上升,从一切可能泄漏的缝隙中挤出,产生振动和噪声,同时使轴承突然受到很大的冲击载荷,降低其使用寿命,并且造成功率损失,使油液发热等。当困油腔的容积增大[由图3-5(b)过渡到图3-5(c)]时,由于没有油液补充,压力降低,形成局部真空,使原来溶解于油液中的空气分离出来,形成了气泡,油液中产生气泡后,会引起噪声、气蚀等。以上情况就是齿轮泵的困油现象。这种困油现象极为严重地影响着齿轮泵的工作平稳性和使用寿命。

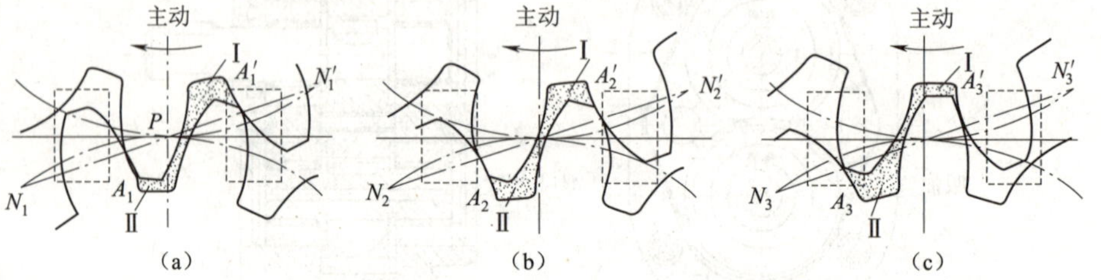

图3-5　齿轮泵的困油现象

困油现象产生的原因是由于封闭困油腔的容积发生变化时,液压油无法及时排出或补充而引起的。为了消除困油现象,在CB-B型齿轮泵的前泵盖和后泵盖上都铣出两个困油卸荷槽,如图3-6所示。卸荷槽的作用为当困油腔容积减小时,通过一个卸荷槽使困油腔与压油腔相通;而当困油腔容积增大时,通过另一个卸荷槽使困油腔与吸油腔相通,实现补油。两卸荷槽之间的距离为 a,必须保证压油腔和吸油腔互不相通。

(2)齿轮泵的径向不平衡力问题

齿轮泵工作时,在齿顶圆和泵体内表面之间的径向间隙中,油液作用在齿轮外缘上的液压力是不均匀的,从吸油腔到压油腔,液压力沿齿轮旋转方向逐齿递增,因此使齿轮、传动轴和轴承受到径向不平衡力的作用。如图3-7所示,泵的右侧为吸油腔,左侧为压油腔。液压力越高,径向不平衡力就越大。严重时,能使齿轮轴变形,泵体吸油口一侧被轮齿刮伤,同时加速了轴承的磨损,降低了轴承的使用寿命。

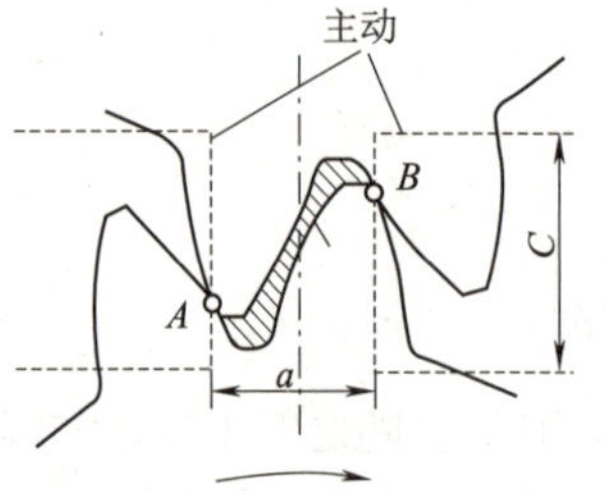

图3-6　齿轮泵的困油卸荷槽

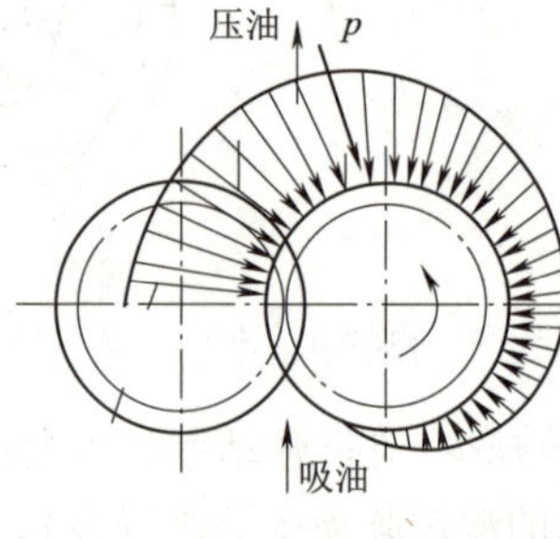

图3-7　齿轮泵的径向不平衡力

为了减小或消除径向不平衡力,常用方法是缩小压油口尺寸,使压力油仅作用一个齿到两个齿的范围内。有些高压齿轮泵,还采用在泵盖上开设压力平衡槽的办法来消除径向不平衡力。

(3)齿轮泵的泄漏

齿轮泵压油腔的压力油向吸油腔泄漏有三种途径:一是通过齿轮啮合处的间隙;二是通过泵体内孔和齿顶间的径向间隙;三是通过齿轮两端面和两泵盖间的轴向间隙。其中轴向间隙的泄漏量最大，占总泄漏量的75%～80%，而且齿轮泵的工作压力越高，泄漏就越大，容积效率较低。一般齿轮泵只适用于低压场合。

4. 高压齿轮泵

齿轮泵有结构简单、体积小、重量轻、造价低，对油污染不太敏感、易造、易修等优点。但也存在几大缺点：①齿轮与配油盘必须有一定的轴向间隙(也称端面间隙)，其间隙处的泄漏量与间隙高度的三次方成正比。若此间隙量为固定值，则工作压力提高时，其泄漏量剧增，容积效率大大下降。②齿轮泵的吸油腔和压油腔各居一侧，使轴及轴承承受的径向液压力不平衡。当泵的工作压力提高时，径向不平衡力增大，这就对轴承和轴的承载能力及寿命提出了更高的要求。③齿轮泵工作时，输出油压力和流量的脉动比较大。这些缺点曾限制了其应用，一度齿轮泵仅用于低压系统或者作为设备主要液压系统的辅助泵。

下面简单介绍几种轴向间隙的自动补偿装置。

(1)浮动轴套式

图3-8(a)所示为浮动轴套式的轴向间隙自动补偿装置。它将泵的出口压力油引入齿轮轴上浮动轴套1的外侧A腔，在油液压力作用下，使轴套紧贴齿轮3的端面，因而可以消除轴向间隙并可补偿齿轮端面和轴套间的磨损量。在泵启动时，靠弹簧4来产生预紧力，保证了轴向间隙的密封。

(2)浮动侧板式

浮动侧板式轴向间隙自动补偿装置的工作原理与浮动轴套式基本相似，也是将泵的出口压力油引到浮动侧板1的背面，如图3-8(b)所示，使之紧贴于齿轮3的端面来自动补偿轴向间隙。启动时，浮动侧板靠密封圈来产生预紧力。

(3)挠性侧板式

图3-8(c)所示为挠性侧板式轴向间隙自动补偿装置，该装置将泵的出口压力油引到侧板1的背面，靠侧板自身的变形来补偿齿轮3端面的轴向间隙，侧板的厚度较薄，内侧面要耐磨(如烧结有0.5～0.7 mm的磷青铜)，这种结构采取一定措施后，易使侧板外侧面的压力分布和齿轮端面的压力分布相适应。

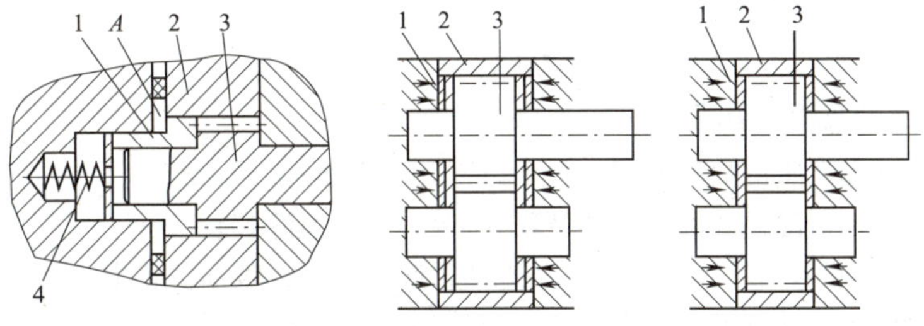

(a) 浮动轴套式　　(b) 浮动侧板式　　(c) 挠性侧板式

图3-8　几种常用的轴向间隙自动补偿装置

二、内啮合齿轮泵

内啮合齿轮泵主要有渐开线内啮合齿轮泵和摆线内啮合齿轮泵两种，其工作原理如图3-9所示，也是利用齿间密封容积变化实现吸、压油。

1. 渐开线内啮合齿轮泵

渐开线内啮合齿轮泵由小齿轮、内齿环、月牙形隔板等组成。当主动轮小齿轮带动内齿环绕各自的中心同方向旋转时,左半部轮齿退出啮合,容积增大,形成真空,进行吸油。进入齿槽的油液被带到压油腔,右半部轮齿进入啮合,容积减小,从压油口压油。在小齿轮和内齿环之间要装一块月牙形隔板,以便将吸、压油腔隔开。

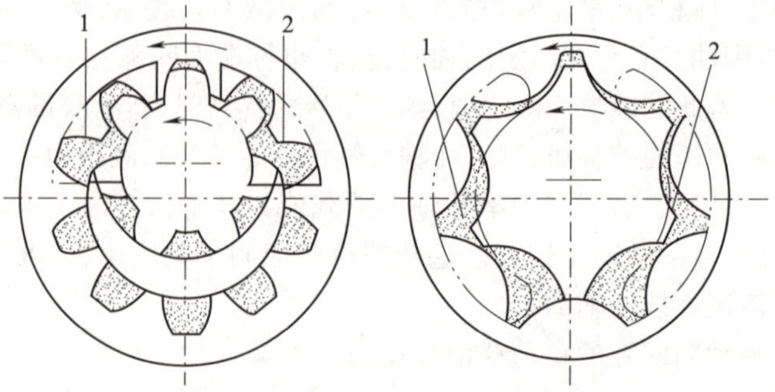

(a)渐开线内啮合齿轮泵　　(b)摆线内啮合齿轮泵

1—吸油腔;2—压油腔。

图 3-9　内啮合齿轮泵的工作原理图

2. 摆线内啮合齿轮泵

摆线内啮合齿轮泵又称摆线,它由配油盘(前、后泵盖)、外转子(从动轮)和偏心安置在泵体内的内转子(主动轮)等组成。内、外转子相差一齿,图 3-9(b)中内转子为六齿,外转子为七齿。泵工作时,内转子带动外转子同向旋转,所有内转子的齿都进入啮合,形成若干个密封腔。随着内外转子的啮合旋转,各密封腔容积发生变化,实现吸油和压油。

内啮合齿轮泵的优点是结构紧凑,尺寸小,质量轻,使用寿命长,压力脉动和噪声都较小;它们的缺点是齿形复杂,加工精度要求高,造价较贵。现在采用粉末冶金工艺压制成型,成本降低,应用得到发展。

三、齿轮泵常见的故障

齿轮泵常见的故障一般包括以下四个方面:

1. 噪声大、压力波动严重的故障

噪声大、压力波动严重的故障原因一般为以下几个方面:

①过滤器堵塞,须清除过滤器上面的杂质,必要时须更换滤芯。

②吸油管外露或深入油箱液面较浅或贴近油箱底面太近或吸油位置太高,那么要重新安装调整,要注意使油管深入油箱液面内 2/3 处,吸油高度不大于 500 mm。

③油箱中油液不足,在工作过程中要注意观察油液位置高度,按游标规定添加油液。

④泵体与泵盖平面度误差大,密封性差,须研磨接触面,紧固连接件严防泄漏。

⑤齿轮精度不高,须修正齿形,必要时更换齿轮。

⑥骨架油封损坏、油封内弹簧脱落,须定期检查,更换油封。

⑦泵联轴器碰撞,可考虑采用弹性联轴器,联轴器橡胶圈损坏时须更换,安装时保证同轴度。

2. 输出流量不足、压力提不高的故障

输出流量不足、压力提不高的故障原因一般为以下几个方面:

①轴向、径向间隙过大,须进行检查,调整、修复或更换零部件。

②吸油管或过滤器堵塞,须清除杂质,定期更换液压油。

③连接处泄漏吸入空气,定期检查密封,紧固连接处,重装或更换零部件。

④油液黏度大或油温过高,应根据工作要求和环境等因素,选用适合的液压油,控制油温在规定的范围。

⑤泵的转速过高或转向不对,须控制转速在规定范围,纠正转向。

⑥轴套或侧板与齿轮端面磨损严重,须及时更换轴套,侧板或齿轮。

3. 泵温油温过高的故障

泵温油温过高的故障原因一般为以下几个方面:

①轴向径向间隙过小,严重磨损,须检查装配质量,调整间隙,修理或更换零部件。

②油液黏度过高,可考虑更换黏度适当的油液。

③油液变质,吸油阻力大,须及时更换油液。

④油箱小,散热不良,可考虑增大油箱,增设冷却器。

⑤卸荷方法不当或带压溢流时间过长,须改进卸荷方法,减少带压溢流时间。

⑥油液在管中流速过高,压力损失过大,须重新调整系统布局,加粗油管。

4. 外泄漏严重的故障

外泄漏严重的故障原因一般为以下几个方面:

①泵盖上的回油口堵塞,须及时清洗回油口。

②泵盖与密封圈配合过松,须调整或更换密封圈。

③密封圈装配不当或失效,应及时调整装配,或更换密封圈。

④零件密封面划痕严重,应当修复或更换零部件。

任务3　叶片泵工作原理及结构分析

任务目标

1. 了解双作用叶片泵的工作原理及结构。
2. 学习单作用叶片泵的工作原理,掌握限压式叶片泵的工作过程。
3. 学习并掌握叶片泵常见故障产生的原因及排除方法。

素质目标

培养学生的职业道德,强调在叶片泵的设计、制造和维护过程中,要遵循行业规范和职业道德准则。

任务导入

查找双作用叶片泵的相关资料,并结合图3-10、图3-11分析双作用叶片泵的工作原理和结构;学习单作用叶片泵的工作原理,并进一步分析限压式叶片泵是如何实现自动改变泵的输出流量;分析叶片泵常见故障产生的原因,完成故障排除。

任务实现

叶片泵在中、低压液压传动系统中应用广泛,具有结构紧凑、运转平稳、噪声小、输油均匀、使用寿命长等优点,但结构复杂、吸油特性差、对油液的污染敏感。根据工作原理的不同,叶片泵可分为单作用叶片泵和双作用叶片泵;根据输出流量是否可变,叶片泵可分为定量叶片泵和变量叶片泵。

单作用叶片泵多为变量泵,工作压力最大为7.0 MPa。双作用叶片泵均为定量泵,一般最大工作压力也为7.0 MPa,改进结构的高压叶片泵的最大工作压力可达16.0~21.0 MPa。

一、双作用叶片泵

1. 双作用叶片泵的工作原理

图3-10所示为双作用叶片泵的工作原理,该泵主要由定子1、转子2、叶片3、配油盘和泵体等组成。定子内表面形似椭圆,由两段大半径 R 圆弧、两段小半径 r 圆弧和四段过渡曲线组成,且定子和转子是同心的。在转子上沿圆周均布的若干个槽内分别放有叶片,这些叶片可沿槽做径向滑动。在配油盘上,对应于定子四段过渡曲线的位置开有四个腰形配油窗口,其中两个窗口a与泵的吸油口连通,为吸油窗口;另两个窗口b与压油口连通,为压油窗口。当转子由轴带动按图示方向旋转时,叶片在离心力和根部油压(叶片根部与压油腔连通)的作用下压向定子内表面,并随定子内表面曲线的变化而被迫在转子槽内往复滑动。于是,相邻两叶片间的密封容积就发生增大或缩小的变化,经过窗口a处时容积增大,便通过窗口a吸油;经过窗口b处时容积缩小,便通过窗口b压油。转子每转一周,每个叶片往复滑动两次,因而吸、压油两次,故这种泵称为双作用叶片泵。又因泵的两个吸油区和压油区是对称分布,作用在转子和轴承上的径向液压力平衡,所以这种泵又称为卸荷式叶片泵。

微课

双作用叶片泵的结构和工作原理

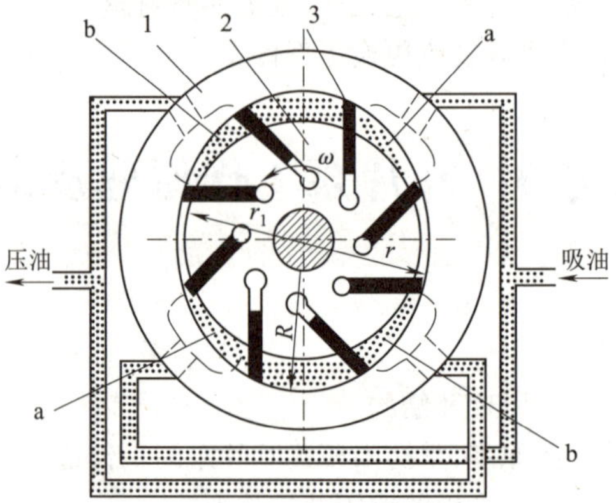

1—定子;2—转子;3—叶片。

图3-10 双作用叶片泵的工作原理

双作用叶片泵在叶片数为4的整数倍且大于8时,流量脉动率最小,故双作用叶片泵的叶片数通常取为12或16片。

2. YB1型双作用叶片泵的结构特点

YB1型双作用叶片泵是在YB型叶片泵基础上改进设计而成的。YB1型叶片泵的结构如图3-11所示,由前泵体7、后泵体6、左、右配油盘1和5、定子4、转子12、叶片11和传动轴3等组成。左、右配油盘、定子、转子和叶片预先组装成一体,再装入泵体内。组装部件用两个螺钉紧固并提供轴向间隙预紧,以确保液压泵启动后建立压力。转子上开设有12条叶片槽,槽底经环形槽与压油腔相通,叶片可在槽中滑动。传动轴靠向心球轴承支承,密封圈用以防止油液泄漏和空气渗入。

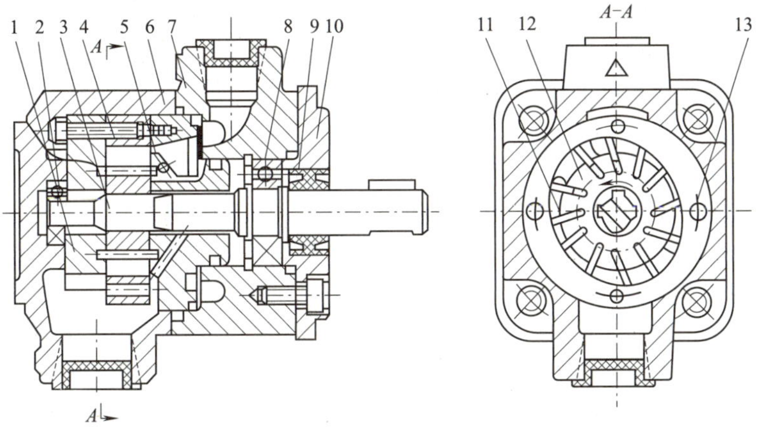

1—左配油盘；2、8—向心球轴承；3—传动轴；4—定子；5—右配油盘；
6—后泵体；7—前泵体；9—密封圈；10—端盖；11—叶片；12—转子；13—螺钉。

图 3-11　YB1 型双作用叶片泵的结构

YB1 型双作用叶片泵的结构特点如下：

(1)定子过渡曲线

目前，YB1 型双作用叶片泵一般都采用综合性能较好的等加速等减速曲线作为定子内表面曲线中的过渡曲线。

(2)叶片倾角

叶片在工作过程中，受离心力和叶片根部压力油的作用，使叶片和定子紧密接触。为使叶片能在槽中滑动灵活而不至于因摩擦力过大等被卡住甚至折断，叶片不能径向安装，而是将叶片相对转子旋转方向向前倾斜一角度 θ 安装，常取 $\theta=13°$。

(3)配油盘

如图 3-12 所示，双作用叶片泵的配油盘有两个吸油窗口 1、3 和两个压油窗口 2、4，窗口之间为封油区，通常应使封油区对应的中心角 α 稍大于或等于两个叶片之间的夹角 β，否则会使吸油腔和压油腔连通，造成泄漏。当两个叶片间的密封油液从吸油区过渡到封油区时，其压力基本上与吸油压力相同，但当转子再继续旋转一个微小角度时，该密封腔突然与压油腔相通，使其中的油液压力突然升高，油液的体积突然收缩，压油腔中的油液倒流进该腔，使液压泵的瞬时流量突然减小，引起液压泵的流量脉动、压力脉动和噪声。为此在配油盘的压油窗口靠叶片处，从封油区进入压油区的一边开有一个截面形状为三角形的三角槽（又称眉毛槽），使两叶片之间的封闭油液在未进入压油区之前就通过该三角槽与液压油相通，使其压力逐渐上升，因而减缓了流量和压力脉动并降低了噪声。槽 c 与压油腔相通并与转子叶片槽底部相通，使叶片的底部有液压油作用。

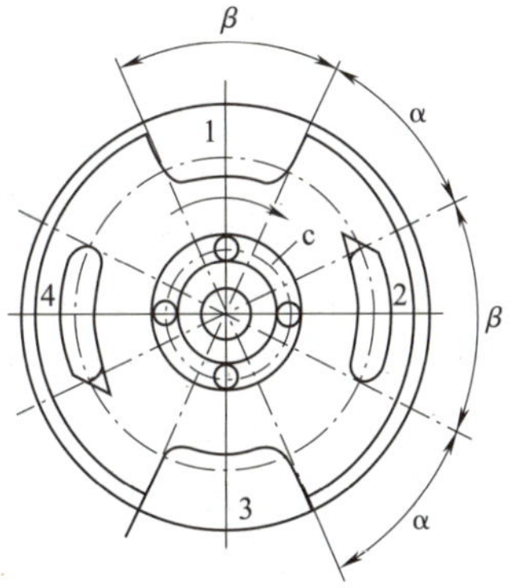

1、3—吸油窗口；2、4—压油窗口。

图 3-12　配油盘

3. 中高压叶片泵的结构特点

YB1 双作用叶片泵应用广泛，但其额定压力仅为 6.3 MPa。这种泵存在的主要问题是在泵的吸油区，叶片顶部油压很低，而叶片根部的压力过大（等于泵输出油的压力），因而叶片顶部和定子的过渡曲面均有较大的磨损,使其密封不良,所以压力的升高受到限制。近年来,已生产的中高压叶片泵的额定压力一般为 14 ~ 21 MPa。其结构的主要特点是能减小叶片顶部和定子过渡曲面的磨损,所采用的主要方法是以下几种。

(1)双叶片结构

如图 3-13 所示,在转子的每一个槽内装有两片叶片,叶片的顶端和两侧面倒角构成了 V 形通道,使根部高压油经过通道进入顶部,这样叶片顶部和根部油液压力相等,但承压面积不相等,从而使叶片压向定子的作用力不致过大。采用这种结构的叶片泵,其压力可达到 17 MPa。

(2)子母叶片结构

如图 3-14 所示,其叶片分母叶片 1 和子叶片 2 两部分,通过配油盘使母、子叶片间的小腔 a 内总是与压力油腔相通。而母叶片根部 c 腔,则经转子 3 上的虚线油孔 b 始终与顶部吸油区油腔相通。当叶片在吸油区工作时,使叶片根部不受高压油的作用,只受 a 腔高压油的作用而压向定子。由于 a 腔面积不大,所以定子表面所受的力也不太大,定子表面的磨损可比中压泵小很多,但能使叶片与定子接触良好,保证密封,从而达到比较高的压力。这种叶片泵的压力可达到 20 MPa。

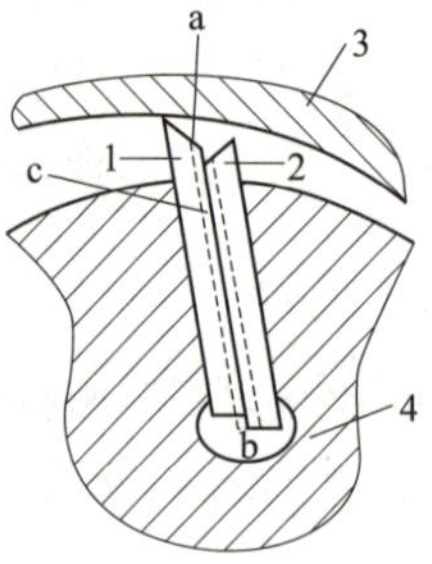

1、2—叶片;3—定子;4—转子。

图 3-13　双叶片结构

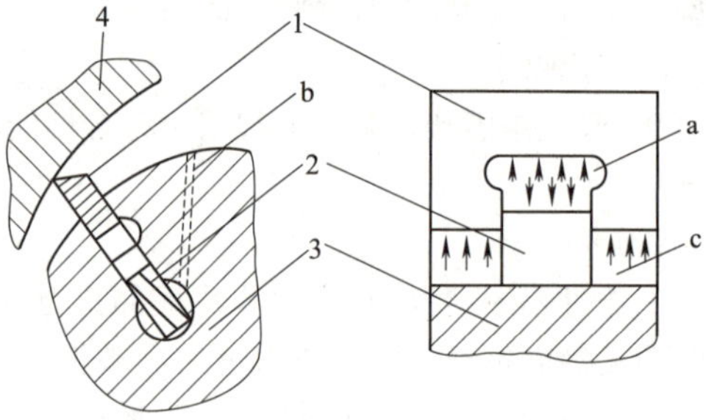

1—母叶片;2—子叶片;3—转子;4—定子。

图 3-14　子母叶片式结构

二、单作用叶片泵

1. 单作用叶片泵的工作原理

图 3-15 所示为单作用叶片泵的工作原理图。它由转子 1、定子 2、叶片 3、配油盘等组成。定子具有圆柱形内表面,定子和转子间有偏心距 e,叶片装在转子槽中,并可在槽中滑动。当转子按图示方向转动时,在离心力的作用下,叶片从槽中甩出顶在定子的内圆表面上。这样就由每两个叶片、定子内表面、转子外表面及两配油盘端面形成一个个密封油腔。在图的右半侧,叶片逐渐伸出,密封油腔的容积由小变大,油压降低,从吸油口吸油,故右侧为吸油腔。在图的左半侧,叶片被定子的内表面逐渐压进叶片槽内,密封油腔容积由大变小,将油从压油口压出,故左侧为压油腔。在吸油腔和压油腔之间有一段封油区,将吸油腔和压油腔隔开。这种泵的转子每转一周完成一次吸油和压油,因此称为单作用叶片泵。当转子不停地转动时,泵就不停地吸油和压油。

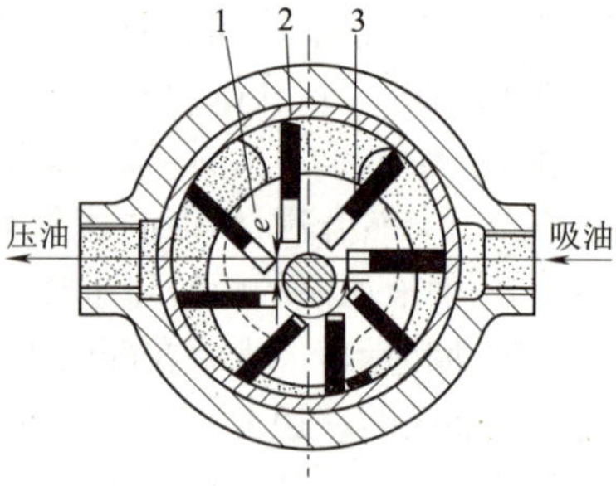

1—转子;2—定子;3—叶片。

图 3-15　单作用叶片泵工作原理图

单作用叶片泵一侧为吸油腔,另一侧为压油腔,配油盘上只需两个配油窗口,而转子及其轴承上受到了不平衡的液压力,因此这种泵又称为非平衡式叶片泵。该泵的径向不平衡力随着工作压力的提高而增加,因此是限制其工作压力提高的主要因素。如果改变定子和转子间的偏心距 e,就可以改变泵的排量,故单作用叶片泵常做成变量泵。

2. 单作用叶片泵的结构特点

(1)定子和转子偏心安置

移动定子位置以改变偏心距,就可以调节泵的输出流量。偏心反向时,吸油和压油的方向也相反。

(2)叶片后倾

为了减小叶片与定子间的磨损,叶片底部油槽采取在压油区通压力油、在吸油区与吸油腔相通的结构形式,因而叶片的底部和顶部所受的液压力是平衡的。这样,叶片仅靠旋转时所受的离心力作用而向外运动顶在定子内表面上。根据力学分析,叶片后倾一个角度更有利于叶片向外伸出,通常后倾角为24°。

(3)径向液压力不平衡

由于转子及轴承上承受的径向力不平衡,所以该泵不宜用于高压场合,其额定压力一般不超过7 MPa。

3. 限压式变量叶片泵

单作用叶片泵的变量方式有手动调节和自动调节两种。自动调节变量叶片泵根据工作特性的不同分为限压式、恒压式和恒流式三类,目前最常用的是限压式。

限压式变量叶片泵的流量可以根据其输出压力的大小,自动改变转子和定子间的偏心矩 e 的大小来改变泵的输出流量。当泵输出压力增大到使泵的偏心距减小到所产生的流量只够用来补偿泄漏时,泵的输出流量为零。这时,不管负载再怎样增大,泵的输出压力也不会再升高,即泵的最大工作压力是受到限制的,故称限压式变量泵。这类变量泵有外反馈式和内反馈式两种,这里介绍外反馈式限压式变量叶片泵。

(1)工作原理

图3-16所示为外反馈式限压式变量叶片泵的工作原理图。转子1的中心 O_1 固定不动,以 O_2 为中心的定子2可以左右移动。转子上半部为压油腔,下半部为吸油腔。压油腔在向系统排油的同时,经泵的外部油管与在定子左侧的变量反馈的柱塞缸(反馈缸柱塞6的有效面积为 A)相通。调节螺钉4用于调节限压弹簧3作用在定子右侧的预紧力 kx_0(k 为弹簧的进度系数,x_0 为弹簧的预压缩量),即调节泵的限定压力 P_b。流量调节螺钉7用于调节定子和转子之间的初始偏心距 e_0,它决定了泵的最大流量。这种泵是利用压油口压力油通过反馈缸柱塞6在定子上产生的反馈力 pA(p 为泵的工作压力)与限压弹簧3作用在定子上的弹簧力的平衡关系进行工作的。当反馈力 pA 和限压弹簧3的预紧力 kx_0 相等时,即 $pA=kx_0$,$p=kx_0/A$,称此时的工作压力 p 为限定压力,用 p_b 表示。当负载发生变化,泵的工作压力 p 发生变化,反馈力 pA 发生变化,定子相对转子移动,使偏心

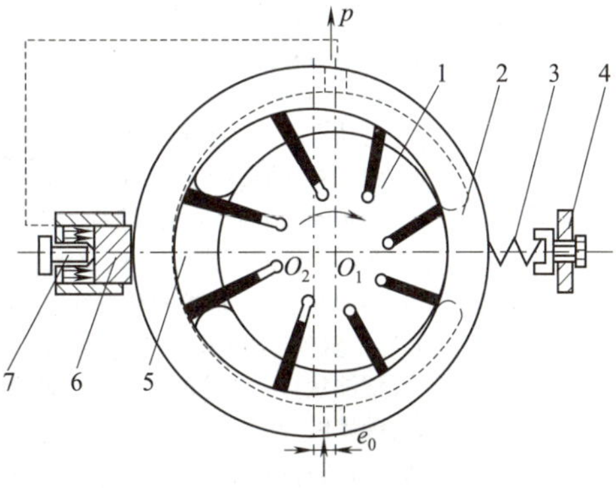

1—转子;2—定子;3—限压弹簧;4—调节螺钉;
5—吸油口;6—反馈缸柱塞;7—流量调节螺钉。

图3-16　外反馈式限压式变量叶片泵的工作原理

距 e 改变,自动改变泵的输出流量。

当泵未运转时,定子在限压弹簧的作用下处于最左端,紧靠反馈缸柱塞6,定子和转子之间有一初始偏心距 e。当泵按图示方向运转时,若泵的工作压力 p < 限定压力 p_b 时,反馈力 pA < 限压弹簧3的预紧力 kx_0,此时限压弹簧的预压缩量 x_0 不变,定子处于最左端不移动,保持最大偏心距 e_0 不变,泵的输出流量最大。

当泵的工作压力 p 随负载升高 ≥ 限定压力 p_b 时,反馈力 pA ≥ 限压弹簧3的预紧力 kx_0,此时限压弹簧被压缩,定子右移,偏心距 e 减小,泵的输出流量也相应减小。泵的工作压力 p 越高,偏心距 e 越小,输出流量也越小。当泵的工作压力 p 增大到某一极限值 p_c(截止压力)时,定子移到最右端位置,偏心距 e 减至最小,使泵产生的流量只够用来补偿泄漏,泵的输出流量为零。此时,不管负载如何增大,泵的工作压力不会再升高,即泵的最大工作压力是受到限制的,所以这种泵被称为限压式变量叶片泵。

(2)限压式变量叶片泵的优缺点和应用

限压式变量叶片泵与双作用定量叶片泵相比,结构复杂、尺寸大,相对运动的零部件多,轴上受单向径向液压力大,故泄漏大,容积效率和机械效率较低。由于流量有脉动和困油现象的存在,因而压力脉动和噪声大,工作压力的提高受到限制。但是这种泵的流量可随负载的大小自动调节,故功率损失小,可节省能源减少发热。由于这类泵在低压时流量大,高压时流量小,特别适合驱动快速推力小,慢速推力大的工作机构,例如在组合机床上驱动动力滑台实现快进→工进→快退。

三、叶片泵的故障排除

叶片泵在使用中一些常见的故障现象及排除方法见表3-3。

表3-3　叶片泵常见故障现象、产生原因及排除方法

故障现象	故障原因	排除方法
外泄漏严重	1. 密封件老化 2. 进出油口连接部位松动 3. 密封面磕碰或泵壳体砂眼	1. 更换密封 2. 紧固管接头或螺钉 3. 修磨密封面或更换壳体
过度发热	1. 油温过高 2. 油黏度太大,内泄过大 3. 工作压力过高 4. 回油口直接接到泵入口	1. 改善油箱散热条件或使用冷却器 2. 选用合适液压油 3. 降低工作压力 4. 回油口接至油箱液面以下
泵不吸油或无压力	1. 电动机转向与泵的规定转向不一致,或者转向一致,但电动机转速过低(低于500 r/min) 2. 油箱油面太低,泵的吸油管吸空 3. 泵的油管前的滤网堵塞,泵无法吸油 4. 油的黏度过高,将叶片黏附在槽内,泵运行时,叶片缩在叶片槽内空转,排吸油工作实际停止 5. 配油盘与泵体静配合面紧密贴合程度不好,吸排油串腔 6. 污染物将叶片卡在叶片槽中,使叶片不能伸缩工作	1. 改变电动机转向或者选用适当转速的电动机 2. 及时加添液压油至规定油位 3. 拆下过滤器,清洗干净,保持畅通 4. 按产品样本更换适宜黏度工作油液 5. 修磨配油盘端面,其平面度和两端面平行度误差均在0.005 mm之内 6. 清除污染物,研修叶片及转子上的叶片槽,保证叶片在高精度下滑动

续表

故障现象	故障原因	排除方法
输油量不足或压力不高	1. 泵的转速低于规定的转速,叶片没有足够的离心力将其甩出 2. 转子装反或转子本身装正确,但叶片在转子内叶片槽中安放时装反 3. 部分叶片卡在槽中,减少了实际工作叶片的数目 4. 有关运动副磨损间隙过大,特别是配油盘端面、定子内表面以及叶片槽的滑动副 5. 油液黏度太低,内泄漏严重 6. 进口管道各处密封不良,泵吸油时混进空气,空气在油中膨胀、压缩 7. 系统中溢流阀调节不当或失灵 8. 吸油管进口滤网堵而不塞,但油吸不足	1. 保持足够的驱动功率和转速 2. 将泵解体,取出转子将其调面重装;若是叶片装错,则正确安装叶片。安装规则是双作用式叶片泵都是使叶片沿旋向朝前倾斜,叶片是顶部棱边位于旋转方向的前方 3. 及时解体修研并查清卡阻原因,是否有污染物,并要清除污染源 4. 解体修理,控制间隙 5. 更换合适黏度油液 6. 紧固或更换密封件,杜绝漏入空气 7. 妥善调整溢流阀控制压力,阀本身有问题,则予修理或更换 8. 清洗滤网,保证充足的供油、吸油
压力突然下降	1. 叶片折断或使折断碎屑嵌入工作容腔 2. 泵输入轴上的传动链或转子上传动链折断 3. 转子端面与配油盘因间隙不当或油液严重污染而发生摩擦咬合至闷车	1. 清查叶片折断原因后修理 2. 更换新件 3. 解体修理后,合理调整间隙,工作油液要选用规定清洁度的油液
空气进入泵内,产生气穴现象,引起尖啸,使噪声变大	1. 油箱内存油不足,或者隔滤网堵塞,系统回油隔着滤网进不到泵吸油管处 2. 进口滤网部分堵塞或容量太小,吸油不畅 3. 泵的吸油管口径过小或管道过长,使吸油阻力增大 4. 泵的转速太高,超过规定的最高转速,引起吸油不足 5. 油箱上未设通气孔,或有通气装置但空气过滤器容量过小 6. 由于气温下降,液压油变稠,黏度太大,造成吸油困难	1. 清洗隔滤网,加足工作油液,避免吸空 2. 清洗或更换过滤器等元件 3. 应增大吸油管口径或减小吸油管长度。一般吸油的流速要求在0.6~1.2 m/s范围以内 4. 检查驱动装置的转速,降低到泵的最高转速以下 5. 设置能保持箱内为大气压的带有空气滤清的通气孔 6. 更换黏度较低,适合冬季使用的液压油,或采取加热措施提高油温
由于安装不到位,松动或加工质量等原因引起机械振动和噪声	1. 泵与原动机传动轴安装不同心,振摆严重 2. 联轴器连接紧固部分松动 3. 泵轴端油封过紧,摩擦较大,或由于轴偏心引起油封磨损 4. 泵盖螺钉松动,使泵体与泵盖接触不良,空气进入泵体 5. 泵和其他元件发生振动,或泵达到高压大流量工况后,由于脉动现象加大引起泵本身的振动 6. 泵体内油道不畅有堵塞现象,这是由于铸件油道未清理干净或铸件表面质量过于粗糙造成的 7. 定子曲线加工不合要求,造成叶片径向运动不平衡,产生振动撞击 8. 定子外圆与泵体孔之间的配合间隙过大,造成定子的径向振动撞击 9. 配油盘窗口端部径向相对的两V形尖槽不对称,使径向相对两闭死容积的压力切换不对称,造成定子、转子径向振动 10. 转子叶片槽的两侧面与转子两端面不垂直,或者转子花键孔与转子两端面不垂直 11. 柱销、子母叶片等叶片压紧机构配合过松,产生振动撞击	1. 重新安装、调整,使泵轴与原动机轴符合同心度要求 2. 检查后重新紧固 3. 调整密封装置不至于过紧,或更换油封 4. 适当紧固螺钉,保证泵体与泵盖接触密封良好 5. 这种现象多半是安装底板刚度不足所致,可将泵和电动机安装在20~25 mm厚的底座上,并采用隔振橡胶,以改善安装条件 6. 应设法疏通油道或更换符合质量要求的泵体 7. 检查并更换定子 8. 提高加工精度,降低配合间隙 9. 修配V形尖槽或更换配油盘 10. 应更换转子 11. 检查后重新装配

续表

故障现象	故障原因	排除方法
由于维护使用不当或零件磨损引起噪声	1. 油中水分过大,降低了油的润滑性,破坏了配合面之间的油膜,使零件表面烧伤损坏,或因水分的蒸发而产生气穴现象 2. 泵在超过规定的压力下运行,不仅产生噪声,而且显著降低泵的使用寿命 3. 配油盘接触面有脏物或减振 V 形槽被污物堵塞 4. 定子内表面磨损剥落或有伤痕 5. 泵内轴承磨损或损坏,不但影响泵的寿命,而且产生异常噪声	1. 加强维护管理,检查油箱的顶面密封是否完好,以防止水分进入油中,更换已混入水分的油液或进行脱水处理 2. 将压力降到规定的压力以内 3. 检查配油盘并清除脏物,有磨痕时还需进行研磨修复 4. 进行修整抛光或更换新件 5. 更换轴承
泵起动一段时间后噪声加大	回油管内进入了空气,而且回油管又过于靠近泵的进油口过滤器	将回油管安装位置尽量远离进油口过滤器,或在油箱内加隔板

任务4　柱塞泵工作原理及结构分析

任务目标

1. 了解轴向柱塞泵的工作原理及结构。
2. 了解径向柱塞泵的工作原理。
3. 学习并掌握柱塞泵常见故障产生的原因及排除方法。

素质目标

强化学生的安全意识,由于柱塞泵工作压力高,安全问题至关重要。在教学中培养学生的安全意识,使其在未来的工作中严格遵守安全操作规程。

任务导入

查找柱塞泵的相关资料,并结合图3-17、图3-18 分析轴向柱塞泵的工作原理和结构;分析叶片泵常见故障产生的原因,完成故障排除。

任务实现

柱塞泵常用于高压、大流量、大功率的系统中和流量需要调节的场合,广泛应用于航天航空、军火、冶金设备、龙门刨床、拉床、液压机和工程机械等领域。

柱塞泵是依靠柱塞在缸体内往复运动,使密封容积产生变化来实现吸油、压油的。由于其主要构件柱塞与缸体的工作部分均为圆柱表面,因此加工方便,配合精度高,密封性能好。同时柱塞泵主要零件处于受压状态,使材料强度性能得到充分利用,故柱塞泵常做成高压泵。而且只要改变柱塞的工作行程就能改变泵的排量,易于实现单向或双向变量。所以,柱塞泵具有压力高、结构紧凑、效率高及流量调节方便等优点。其缺点是结构较为复杂,有些零件对材料及加工工艺的要求较高,因而在各类容积式泵中,柱塞泵的价格最高。柱塞泵按柱塞排列方向的不同,分为轴向柱塞泵和径向柱塞泵。

一、轴向柱塞泵

轴向柱塞泵的结构形式很多，按其配流方式来分，主要有端面配流和阀配流两种。端面配流的轴向柱塞泵又可分为斜盘式和斜轴式两大类。现主要讨论应用最多的端面配流斜盘式轴向柱塞泵。

1. 斜盘式轴向柱塞泵

图 3-17 所示为斜盘式轴向柱塞泵的工作原理图。斜盘式轴向柱塞泵中柱塞的轴线与回转缸体的轴心线平行。它主要由柱塞 5、回转缸体 7、配油盘 10 和斜盘 1 等零件组成。斜盘 1 与配油盘 10 固定不动，斜盘的法线与回转缸体轴线的交角为 γ。回转缸体由传动轴 9 带动旋转。在回转缸体的等径圆周处均匀分布了若干个轴向柱塞孔，每个孔内装一个柱塞 5。带有球头的套筒 4 在中心弹簧 6 的作用下，通过压板 3 使各柱塞头部的滑履 2 与斜盘靠牢。同时，套筒 8 左端的凸缘将回转缸体 7 与配油盘 10 紧压在一起，消除两者接触面间的间隙。

当回转缸体在传动轴 9 的带动下按图示方向旋转时，由于斜盘和压板的作用，迫使柱塞在回转缸体的各柱塞孔中作往复运动。在配油盘左视图所示的右半周，柱塞随回转缸体由下向上转动的同时，向左移动，柱塞与柱塞孔底部密封油腔的容积由小变大，其内压力降低，产生真空，通过配油盘上的吸油窗口从油箱中吸油；在左半周，柱塞随回转缸体由上向下转动的同时，向右移动，柱塞与柱塞孔底部密封油腔的容积由大变小，其内压力升高，通过配油盘上的压油窗口将油压入液压系统中，实现压油。

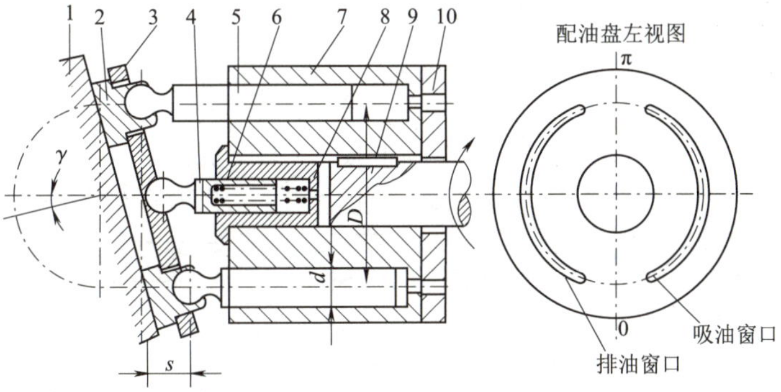

微 课

轴向柱塞泵工作原理

1—斜盘；2—滑履；3—压板；4、8—套筒；5—柱塞；
6—中心弹簧；7—回转缸体；9—传动轴；10—配油盘。

图 3-17　斜盘式轴向柱塞泵工作原理图

若改变斜盘倾角 γ 的大小，就能改变柱塞的行程长度，也就改变了泵的排量；若改变斜盘倾角 γ 的方向，就能改变泵的吸、压油的方向。因此，轴向柱塞泵一般制作成为双向变量泵。

柱塞泵的柱塞数目不同，使其输油量的脉动率不同，具体脉动率的大小见表 3-4。

表 3-4　柱塞泵柱塞数不同时的脉动率

柱塞数 Z	5	6	7	8	9	10	11	12
脉动率/%	4.98	14	2.53	7.8	1.53	4.98	1.02	3.45

由表 3-4 可以看出，柱塞泵的柱塞数较多且为奇数时，泵输出油的脉动率较小；柱塞数较少或为偶数时，输出油的脉动率较大。因此，柱塞泵的柱塞数一般为奇数。从结构和工艺性考虑，常取柱塞数 $Z=7$ 或 $Z=9$。

2. 斜盘式轴向柱塞泵的结构特点

图 3-18 所示为常见的斜盘式轴向柱塞泵的结构,它由两部分组成:右边的主体部分(又分为前泵体部分、中间泵体部分)和左边的变量部分。缸体 5 安装在中间泵体 1 和前泵体 7 内,由传动轴 8 通过花键带动旋转。在缸体内的七个轴向缸孔中分别装有柱塞 9。柱塞的球形头部装在滑履 12 的孔内,并可做相对滑动。弹簧 3 通过内套 2、钢珠 13 和回程盘 14 将滑履紧紧地压在斜盘 15 上,同时弹簧又通过外套 10 将缸体压向配油盘 6。当缸体由传动轴带动旋转时,柱塞相对缸体做往复运动,于是容积发生变化,这时油液可通过缸孔底部月牙形的通油孔、配油盘上的配油窗口和前泵体的进、出油孔等完成吸、压油工作。

斜盘式轴向柱塞泵的结构特点如下:

(1)滑履结构

在图 3-18 中,各柱塞以球形头部直接接触斜盘而滑动,柱塞头部与斜盘之间为点接触,因此被称为点接触式轴向柱塞泵。泵工作时,柱塞头部接触应力大,极易磨损,故一般轴向柱塞泵都在柱塞头部装有滑履,改点接触为面接触,并且各相对运动表面之间通过滑履上的小孔引入压力油,实现可靠的润滑,大大降低了相对运动零件表面的磨损。这样,就有利于泵在高压下工作。

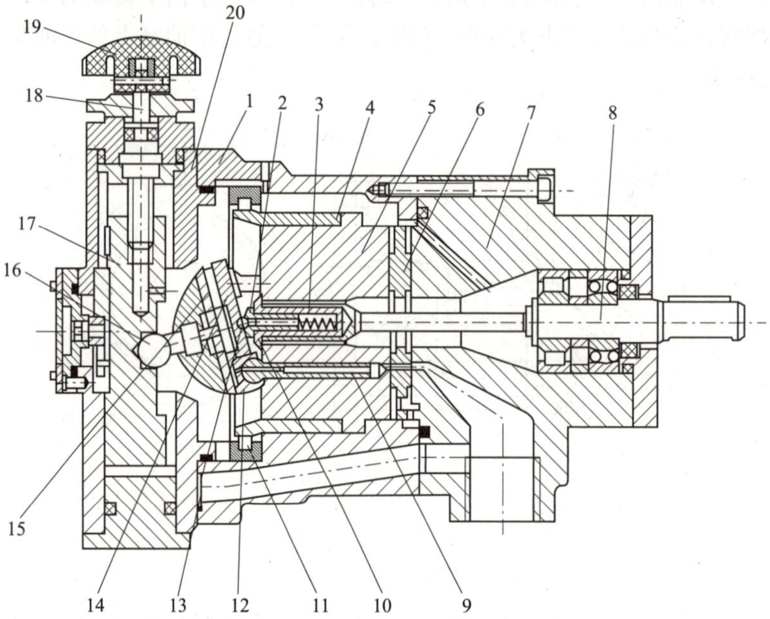

1—中间泵体;2—内套;3—弹簧;4—钢套;5—缸体;6—配油盘;7—前泵体;
8—传动轴;9—柱塞;10—外套;11—轴承;12—滑履;13—钢珠;14—回程盘;
15—斜盘;16—轴销;17—变量活塞;18—螺杆;19—手轮;20—变量机构壳体。

图 3-18 斜盘式轴向柱塞泵的结构

(2)弹簧机构

柱塞泵要正常工作,柱塞头部的滑履必须始终紧贴斜盘。采用在每个柱塞底部加一个弹簧的方法。但在这种结构中,随着柱塞的往复运动,弹簧易疲劳损坏。图 3-18 中改用一个弹簧 3,通过钢珠 13 和回程盘 14 将滑履压向斜盘,从而使泵具有较好的自吸能力。这种结构中的弹簧只受静载荷,不易疲劳损坏。

(3)缸体端面间隙的自动补偿

由图3-18可见，在使缸体紧压配油盘端面的作用力中，除弹簧3的推力外，还有柱塞孔底部台阶面上所受的液压力，此液压力比弹簧力大得多，而且随泵工作压力的增大而增大。由于缸体始终受力而紧贴着配油盘，使得端面间隙得到了自动补偿，提高了泵的容积效率。

(4)变量机构

在变量轴向柱塞泵中均设有专门的变量机构，用来改变斜盘倾角 γ 的大小以调节泵的排量。轴向柱塞泵的变量方式有多种，其变量机构的结构形式也多种多样。

图3-18中采用的是手动变量机构，设置在泵的左侧。变量时，转动手轮19，螺杆18随之转动，因导键的作用，变量活塞17便上下移动，通过轴销16使支承在变量壳体上的斜盘15绕其中心转动，从而改变了斜盘倾角 γ。手动变量机构的结构简单，但操作力较大，通常只能在停机或泵压较低的情况下实现变量。

二、径向柱塞泵

图3-19所示为配流轴式径向柱塞泵的工作原理。径向柱塞泵是由定子4、缸体(转子)2、配流轴5、衬套3和柱塞1等主要零件构成。柱塞1径向排列装在缸体2中，缸体由原动机带动连同柱塞一起旋转，所以缸体2一般称为转子，柱塞1在离心力的(或在低压油)作用下抵紧定子4的内壁，当转子按图示方向回转时，由于定子和转子之间有偏心距 e，柱塞绕经上半周时向外伸出，柱塞底部的容积逐渐增大，形成部分真空，因此便经过衬套3(衬套3压紧在转子内，并和转子一起回转)上的油孔从配流轴5和吸油口b吸油；当柱塞转到下半周时，定子内壁将柱塞向里推，柱塞底部的容积逐渐减小，向配流轴的压油口c压油，当转子回转一周时，每个柱塞底部的密封容积完成一次吸油和压油，转子连续运转，即完成压、吸油工作。配流轴固定不动，油液从配流轴上半部的两个孔a流入，从下半部两个油孔d压出，为了进行配油，配流轴5在和衬套3接触的一段加工出上下两个缺口，形成吸油口b和压油口c，留下的部分形成封油区。封油区的宽度应能封住衬套上的吸压油孔，以防吸油口和压油口相连通，但尺寸也不能大得太多，以免产生困油现象。

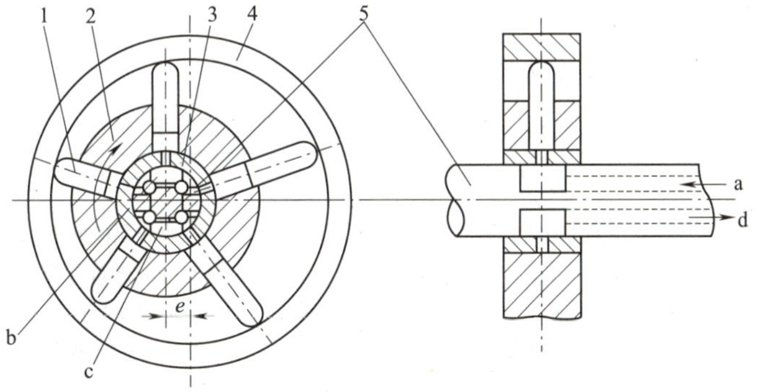

1—柱塞；2—缸体；3—衬套；4—定子；5—配流轴。

图3-19 径向柱塞泵的工作原理

沿水平方向移动定子，改变偏心距 e 的大小，便可改变柱塞移动的行程，从而改变泵的排量。若改变偏心距 e 的偏移方向，泵的输油方向亦随之改变。因此径向柱塞泵可以做成单向或双向变量泵。

径向柱塞泵的优点是流量大、工作压力较高、轴向尺寸小、工作可靠。其缺点是由于柱塞缸按径向排列，造成径向尺寸大，结构较复杂。柱塞和定子间不用机械连接装置时，自吸能力差。配流轴受到很大的径向载荷,易变形,磨损快,且配流轴上封油区尺寸小,易漏油。因此限制了泵的工作压力和转速的提高。

三、斜盘式轴向柱塞泵的选用原则和使用寿命

1. 泵的结构

选用泵的结构首先应考虑泵在主机上是应用于开式系统,还是闭式系统。开式系统可以选择不带辅助泵的斜盘泵,如果为了操纵变量机构或液压阀及其他辅助机构,也可以选择带辅助泵的斜盘泵。

2. 泵的参数

泵的基本参数是压力、排量、转速。根据液压系统的工作压力来选择泵的压力,一般来说,在固定设备中液压系统的正常工作压力可选择为泵额定压力的50%~60%,以保证泵有足够的使用寿命。在选择泵的参数时,应使主机的常用工作参数处于泵效率曲线的高效区域参数范围内。对于室内使用的泵,要注意低噪声要求。对于车辆用泵,噪声的要求可以放宽一些。

3. 使用寿命

所谓使用寿命,通常是指大修期内泵在额定条件下运转时间的总和。通常,车辆用泵和液压马达大修期为2 000 h以上,室内用泵要求大修周期为5 000 h以上。

4. 价格对比分析

一般来说,斜盘式轴向柱塞泵要比斜轴式轴向柱塞泵价格低,定量泵要比变量泵价格低。与其他泵相比,柱塞泵要比叶片泵、齿轮泵价格高,但性能和寿命则优于它们。因此应在保证性能和寿命均符合主机要求的前提下,尽可能选择价格低的泵。

5. 安装与维修的方便性

非通轴式斜盘泵安装和维修比通轴泵方便,单泵比集成式泵维修方便。

四、轴向柱塞泵故障排除

柱塞泵常见故障原因及排除方法见表3-5。

表3-5　柱塞泵常见故障原因及排除方法

故障现象	故障原因	故障排除方法
无流量输出或输出流量不足	1. 泵的转向不对、进油管漏气、油位过低、液压油黏度过大等 2. 柱塞泵斜盘实际倾角太小,使得泵的排量减小 3. 柱塞泵压盘损坏,造成泵无法吸油	1. 改正泵的转向,更换进油管,选用黏度适宜的油液进行补充 2. 需要重新调整斜盘倾角 3. 应更换压盘和过滤系统
斜盘零角度时仍有液体排出	斜盘耳轴磨损、控制器的位置偏离、松动或损坏等	更换斜盘或研磨耳轴,重新调零、紧固或更换元件及调整控制油压力等
输出流量波动	1. 异物混入变量泵的变量机构,造成变量机构的控制作用差 2. 控制活塞上划出伤痕 3. 弹簧控制系统伴随负载变化产生自激振荡 4. 控制活塞阻尼器效果差,引起控制活塞运动不稳定	1. 拆开液压泵,清洗变量机构 2. 更换受损零件 3. 改进弹簧刚度,提高控制压力 4. 增加阻尼器阻尼,提高系统稳定性

续表

故障现象	故障原因	故障排除方法
输出压力异常	1. 溢流阀有故障或调整压力过低,使系统压力上不去 2. 单向阀、换向阀及液压执行元件有较大泄漏,系统压力上不去 3. 液压泵进油管道漏气或油中杂质划伤零件造成内漏过大	1. 维修或更换溢流阀,或重新检查调整压力 2. 查明泄漏部位,更换元件 3. 紧固或更换元件
振动和噪声	1. 吸油管道偏小 2. 粗过滤器堵塞或通油能力减弱 3. 进油道中混入空气 4. 油液黏度过高 5. 油面太低吸油不足 6. 高压管道中有压力冲击	1. 更换大直径吸油管道 2. 清洗去污过滤器,选用大流通能力过滤器 3. 采取措施防止空气进入进油道,排出油中空气 4. 选用适宜黏度油液 5. 油箱进行补油 6. 采取措施,降低高压管道中压力冲击
液压泵过度发热	高压油流经各液压元件时产生节流压力损失,使泵体过度发热	正确选择运动元件间的间隙、油箱容量和冷却器大小
变量操纵机构操纵失灵	1. 油液不清洁、变质、黏度过大或过小 2. 组成构件出现故障	1. 选用黏度适宜的清洁油液进行更换 2. 查明出故障构件,进行维修或更换
泵卡死不能转动	1. 柱塞与缸体由于污物或毛刺卡死 2. 滑靴脱落,柱塞球头折断或缸体损坏	1. 对柱塞和缸体进行清洗,去毛刺 2. 重装滑靴,更换柱塞球头或缸体

素养园地

素质目标:培养科技创新、爱国之情。

事件1:北京时间2021年6月17日9时22分,搭载神舟十二号载人飞船的长征二号F遥十二运载火箭,在酒泉卫星发射中心点火发射。经过6个多小时姿态调整后,神舟十二号载人飞船与空间站天和核心舱成功对接。中航力源液压股份有限公司(简称航空工业力源)已经陪伴中国航天梦从神舟一号到神舟十二号,从天宫一号到祝融号。这次装载在长征二号F遥十二运载火箭上控制伺服舵机的泵,尺寸小,质量小。小小的它们,再次助力飞天梦。

事件2:液压泵,号称机器和装备的心脏,其核心制造技术长期被美国、德国、日本等国外几家巨头垄断。无锡密思特智能装备制造有限公司,二十多年来深耕液压泵核心技术,坚持核心零部件自主研制,立足替代进口液压元件,系列规格的产品得到不同行业龙头企业的认可和批量应用,其产品已达到世界先进水平。

作业与思考

3-1 液压泵完成吸油和压油必须具备什么条件?

3-2 画出液压泵的图形符号。

3-3 什么是齿轮泵的困油现象？困油现象有哪些危害？用什么方法能减小或较好地解决齿轮泵的困油问题？

3-4 齿轮泵的径向不平衡力产生的原因？如何解决齿轮泵的径向不平衡力问题？

3-5 齿轮泵的泄漏途径有哪三种？

3-6 中高压叶片泵的叶片结构有哪几种？分别有哪些特点？

3-7 径向柱塞泵和轴向柱塞泵各有哪些优缺点？各适用于什么场合？

3-8 简述斜盘式轴向柱塞泵的选用原则和使用。

项目4

液压执行元件的认识

液压执行元件是把通过回路输入的液压能转变成机械能输出的装置。液压执行元件有液压缸和液压马达两种类型。液压缸一般用于实现直线往复运动或摆动;液压马达用于实现回转运动。

任务1　常见液压缸工作原理分析

任务目标

1. 了解液压缸的分类、使用特点。
2. 掌握活塞缸、柱塞缸等各类液压缸的结构、工作原理和职能符号。

素质目标

提升学生的创新思维,引导学生在掌握常见液压缸工作原理的基础上,思考如何优化和改进现有技术,激发创新灵感,培养创新意识。

任务导入

液压缸是液压传动系统中执行元件的一种,以输出直线运动为主,是将压力能转换为机械能的一种装置。了解液压缸的分类,掌握各类液压缸的工作原理及应用、职能符号的画法等相关知识。

任务实现

液压缸是液压传动系统中一类重要的执行元件。液压缸以输出直线运动为主,在运动过程中,液压缸将液体的压力能转换成力和位移输出;有些类型的液压缸还可以进行往复摆动,将液体的压力能转换为扭矩和角位移输出。液压缸结构简单、工作可靠,广泛应用于工业生产的各个部门。数控机床的液压卡盘、推土机的推土铲刀和松土器、舰船上的潜望镜升降装置、转舵装置、液压仓盖等装置都有液压缸的具体应用。另外,液压缸与杠杆、连杆、齿轮齿条、棘轮棘爪以及凸轮等机构配合使用还能实现多种机械运动,满足各种主机的使用要求。

液压缸有多种形式和分类方法。按液压缸的结构特点可分为活塞缸、柱塞缸和摆动缸。按液压缸的作用方式可分为单作用液压缸和双作用液压缸。单作用式液压缸只能利用液压力推动运动部件向着一个方向运动,而反向运动则依靠重力或弹簧力等实现。双作用式液压缸,其正、反两个方向的运动都依靠液压力来实现。液压缸按不同的使用压力又可分为中低压、中高压和高压液压缸。对于机床类机械一般采用中低压液压缸,其额定压力为2.5~6.3 MPa;在要求体积小、质量轻、输出力大的工程机械中,多采用中高压液压缸,其额定压力为10~16 MPa;对于油压机等设备,大多采用高压液压缸,其额定压力为25~31.5 MPa。

一、液压缸的分类、特点和职能符号

液压缸的分类、特点和职能符号见表4-1。

表4-1　液压缸的分类、特点及职能符号

类别	名称	职能符号	使用特点
单作用液压缸	活塞式液压缸(无弹簧)	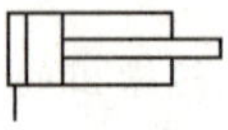	活塞向外运动通过液压力驱动,其反向内缩运动由重力或其他外力来驱动
	活塞式液压缸(有弹簧)	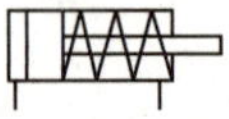	活塞向外运动通过液压力驱动,其反向内缩运动由弹簧力来驱动
	柱塞式液压缸	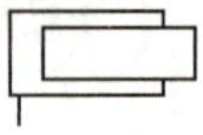	柱塞向外运动通过液压力驱动,其反向内缩运动由外力驱动。其工作行程比单作用活塞式液压缸长
	单作用多级缸	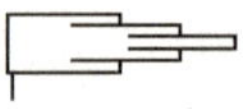	有多个单向依次外伸运动的活塞(柱塞),行程较大,各活塞(柱塞)逐次运动时,其运动速度和推力均是变化的。其反向内缩运动由外力来驱动
双作用液压缸	无缓冲液压缸	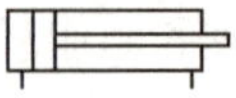	活塞做双向运动,均由液压力驱动。活塞接近行程终点时不减速
	不可调单向缓冲式液压缸	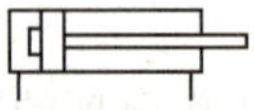	活塞做双向运动,均由液压力驱动。活塞在一侧行程终了时减速制动,减速过程不可调;在另一侧行程终了时不减速
	不可调双向缓冲式液压缸	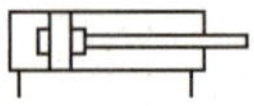	活塞做双向运动,均由液压力驱动。活塞在两侧行程终了时都可减速制动,减速过程不可调
	可调单向缓冲式液压缸	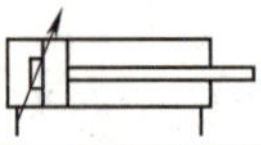	活塞做双向运动,均由液压力驱动。活塞在一侧行程终了时减速制动,减速过程可调;在另一侧行程终了时不减速
	可调双向缓冲式液压缸	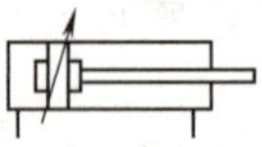	活塞做双向运动,均由液压力驱动。活塞在两侧行程终了时减速制动,减速过程可调
	双活塞杆液压缸		活塞两侧均连接活塞杆,如果两侧活塞杆杆径相同,则在供油压力和流量一定时,液压缸外伸和退回输出的作用力和运动速度相同
	伸缩液压缸(多级液压缸)	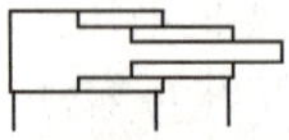	有多个可依次双向运动的活塞(柱塞),运动速度和推、拉力均是变化的,行程大
组合液压缸	串联式液压缸	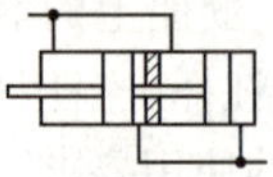	由两个或两个以上的活塞串联在同一轴线上构成。在活塞直径受到限制,而长度不受限制时,用以获得较大的推、拉力
	增压缸	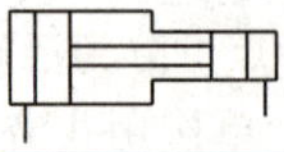	增压缸又称增压器,通过液压缸两腔活塞面积不同实现增压

续表

类别	名称	职能符号	使用特点
组合液压缸	多工位式液压缸	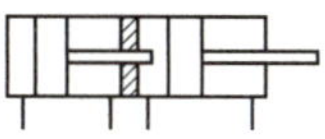	同一缸体内有多个分隔分别进、排油，每个活塞有单独的活塞杆，能做多工位移动
	双向式液压缸		两活塞同时向相反方向运动，其运动速度和输出力相等

二、活塞缸

活塞缸可分为双杆式和单杆式两种结构，其固定方式有缸体固定和活塞杆固定两种。

1. 双杆活塞缸

图4-1所示为双杆式活塞缸原理图。其活塞的两侧都有伸出杆，当两活塞杆直径相同，缸两腔的供油压力和流量都相等时，活塞（或缸体）两个方向的运动速度和推力也都相等。因此，这种液压缸常用于要求往复运动速度和负载相同的场合，如各种磨床。

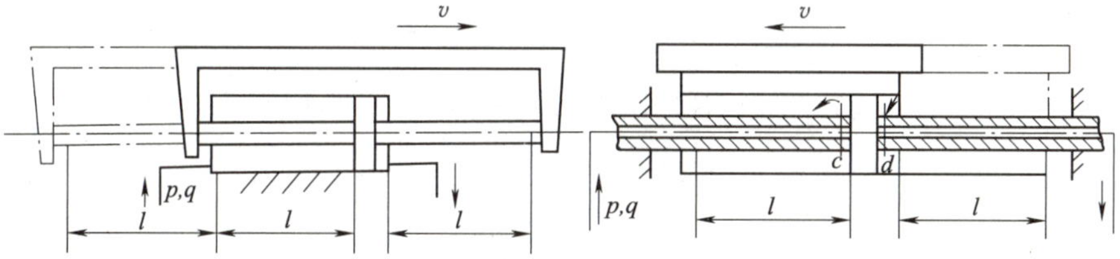

（a）　　　　（b）

图4-1　双杆式活塞缸原理图

图4-1（a）所示为缸体固定式结构简图。当缸的左腔进压力油，右腔回油时，活塞带动工作台向右移动；反之，右腔进压力油，左腔回油时，活塞带动工作台向左移动。工作台的运动范围略大于缸有效长度的三倍，一般用于小型设备的液压系统。

图4-1（b）所示为活塞杆固定式结构简图。液压油经空心活塞杆的中心孔及其活塞处的径向孔c、d进、出液压缸。当缸的左腔进压力油，右腔回油时，缸体带动工作台向左移动；反之，右腔进压力油，左腔回油时，缸体带动工作台向右移动。其运动范围略大于缸有效行程的两倍，常用于行程长的大、中型设备的液压系统。

双杆活塞缸的推力和速度可按下式计算

$$F = Ap = \frac{\pi}{4}(D^2 - d^2)p \tag{4-1}$$

$$v = \frac{q}{A} = \frac{4q}{\pi(D^2 - d^2)} \tag{4-2}$$

式中　A——液压缸有效工作面积，m^2；

F——液压缸的推力，N；

v——活塞（或缸体）的运动速度，m/s；

p——进油压力，Pa；

q——进入液压缸的流量，m^3/s；

D——液压缸内径,m;

d——活塞杆直径,m。

2. 单杆活塞液压缸

图 4-2 所示为单杆活塞液压缸的工作原理。它只在活塞的一侧有伸出杆,两腔的有效工作面积不相等。若供油压力和流量相同,当向液压缸两腔分别供油时,活塞(或缸体)在两个方向的推力和运动速度不相等。

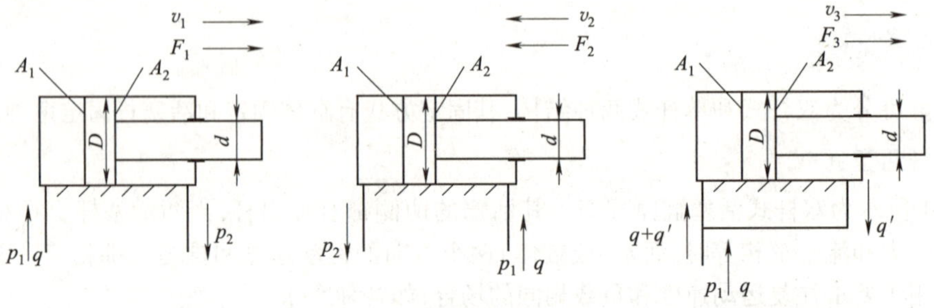

图 4-2　单杆活塞液压缸的工作原理

(1)当无杆腔进压力油、有杆腔回油[见图 4-2(a)]时,活塞推力 F_1 和运动速度 v_1 分别为

$$F_1 = p_1A_1 - p_2A_2 = \frac{\pi}{4}[D^2p_1 - (D^2 - d^2)p_2] \tag{4-3}$$

$$v_1 = \frac{q}{A_1} = \frac{4q}{\pi D^2} \tag{4-4}$$

(2)当有杆腔进压力油、无杆腔回油[见图 4-2(b)]时,活塞推力 F_2 和运动速度 v_2 分别为

$$F_2 = p_1A_2 - p_2A_1 = \frac{\pi}{4}[(D^2 - d^2)p_1 - D^2p_2] \tag{4-5}$$

$$v_2 = \frac{q}{A_2} = \frac{4q}{\pi(D^2 - d^2)} \tag{4-6}$$

式中　A_1——无杆腔有效工作面积,m^2;

A_2——有杆腔有效工作面积,m^2。

比较上面公式可知:$v_1 < v_2$,$F_1 > F_2$。即无杆腔进压力油工作时,推力大,速度低;有杆腔进压力油工作时,推力小,速度高。因此,单杆活塞液压缸常用于一个方向有较大负载但运行速度较低,另一个方向为空载快速退回运动的设备,如各种金属切削机床、压力机、注塑机、起重机的液压系统。

(3)单杆活塞液压缸的两腔同时通入压力油[见图 4-2(c)]时,由于无杆腔工作面积比有杆腔工作面积大,活塞向右的推力大于向左的推力,故其向右移动。液压缸的这种连接方式称为差动连接。差动连接时,活塞的推力为

$$F_3 = (A_1 - A_2)p_1 = \frac{\pi}{4}d^2p_1 \tag{4-7}$$

设活塞的速度为 v_3,则无杆腔的进油量为 v_3A_1,有杆腔的出油量为 v_3A_2,因而有 $v_3A_1 = q + v_3A_2$,故

$$v_3 = \frac{q}{A_1 - A_2} = \frac{q}{A_3} = \frac{4q}{\pi d^2} \tag{4-8}$$

比较式(4-4)和式(4-8)可知，$v_3 > v_1$；比较式(4-3)和式(4-7)可知，$F_3 < F_1$。这说明在输入流量和工作压力相同的情况下，单杆活塞液压缸差动连接时能使其速度提高，同时其推力下降。如果要求往复运动速度相等，即 $v_3 = v_2$，则由式(4-8)和式(4-6)可知，$A_3 = A_2$ 即

$$D = \sqrt{2}d \tag{4-9}$$

单杆活塞液压缸不论是缸体固定还是活塞杆固定，它所驱动的工作台的运动范围都约等于液压缸有效行程的2倍。

图4-3所示为双作用单杆活塞液压缸的结构，它主要由缸底1、缸筒6、活塞4、活塞杆7、缸盖10和导向套8等组成。缸筒一端与缸底焊接，另一端与缸盖采用螺纹连接。活塞与活塞杆采用卡键连接。为了保证液压缸的可靠密封，在相应部位设置了密封圈3、5、9、11和防尘圈12。

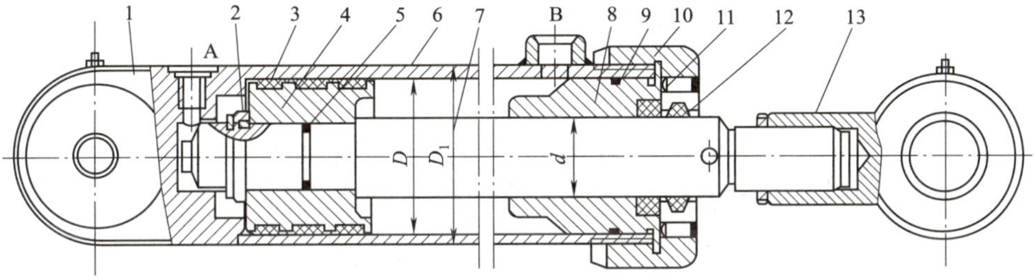

1—缸底；2—卡键；3、5、9、11—密封圈；4—活塞；6—缸筒；
7—活塞杆；8—导向套；10—缸盖；12—防尘圈；13—耳轴。

图4-3　双作用单杆活塞液压缸的结构

三、柱塞缸

活塞缸缸体内孔加工精度要求很高，当缸体较长时加工困难，因而常采用柱塞缸。如图4-4(a)所示，柱塞缸由缸筒1、柱塞2、导向套3、密封圈4和压盖5等零件组成。柱塞由导向套3导向，与缸体内壁不接触，因而缸体内孔不需要精加工，工艺性好，成本低。

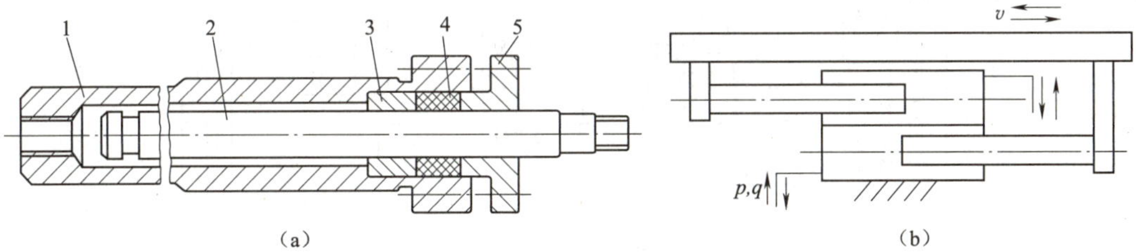

1—缸筒；2—柱塞；3—导向套；4—密封圈；5—压盖。

图4-4　柱塞缸

柱塞端面受压，为了能输出较大的推力，柱塞一般较粗、较重。水平安装时易产生单边磨损，故柱塞缸适宜于垂直安装使用。当其水平安装时，为防止柱塞因自重而下垂，常制成空心柱塞并设置支承套和托架。

柱塞缸只能实现单向运动，它的回程须借自重（立式缸）或其他外力（如弹簧力）来实现。在龙门刨床、导轨磨床、大型拉床等大行程设备的液压系统中，为了使工作台得到双向运动，柱塞缸常成对使用，如图4-4(b)所示。

四、摆动缸

摆动式液压缸也称摆动马达,是输出转矩并实现往复摆动的执行元件,有单叶片和双叶片两种形式。

图4-5(a)所示为单叶片摆动缸,它的摆动角较大,可达300°。图4-5(b)所示为双叶片摆动缸,它的摆动角度较小,可达150°,它的输出转矩是单叶片的2倍,而角速度则是单叶片的一半。

摆动式液压缸应用于驱动工作机构做往复摆动或间歇运动等场合,而且由于其密封性较差等原因,一般只用于低压场合,如送料、夹紧和工作台回转等辅助装置。图4-5(c)所示为摆动式液压缸的职能符号。

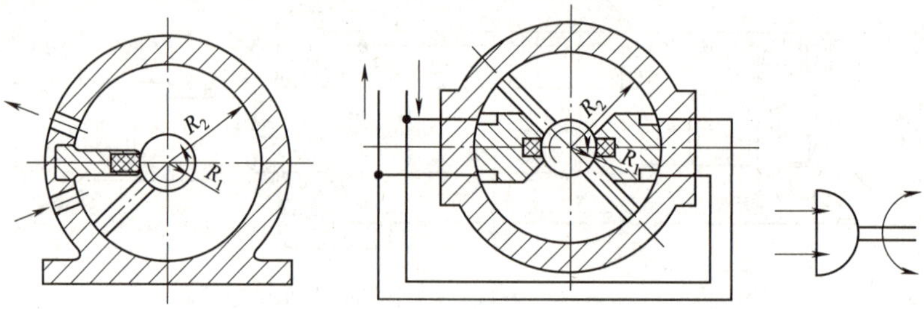

(a) 单叶片摆动缸　(b) 双叶片摆动缸　(c) 职能符号

图4-5　摆动式液压缸

五、增压缸

微课

增压缸、伸缩缸、齿轮齿条缸

增压缸能将输入的低压油转变为高压油,供液压系统中的某一支油路使用。它由大、小直径分别为 D 和 d 的复合缸筒及有特殊结构的复合活塞等件组成,如图4-6所示。

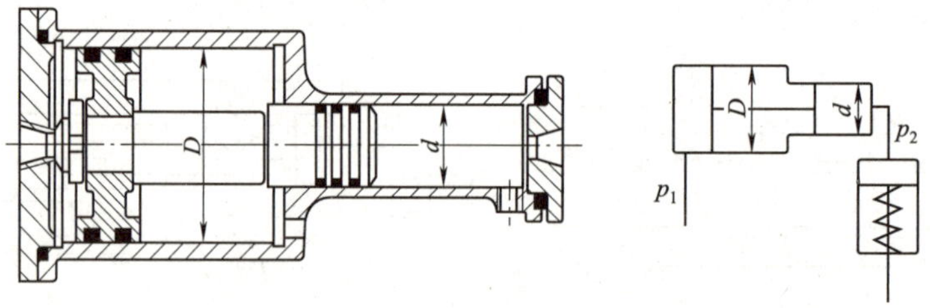

(a) 结构图　(b) 职能符号

图4-6　增压缸

若输入增压缸大端油的压力为 p_1,由小端输出油的压力为 p_2,且不计摩擦阻力。则根据力学平衡关系有

$$\frac{\pi}{4}D^2p_1 = \frac{\pi}{4}d^2p_2$$

故

$$p_2 = \frac{D^2}{d^2}p_1 \tag{4-10}$$

式中　$\frac{D^2}{d^2}$——增压比。

由式(4-10)可知,当 $D = 2d$ 时,$p_2 = 4p_1$,即可增压4倍。

应该指出,增压缸只能将高压端输出油通入其他液压缸以获取大的推力,其本身不能直接作为执行元件。所以安装时应尽量使它靠近执行元件。

增压缸常用于压铸机、造型机等设备的液压系统中。

六、伸缩缸

伸缩缸由两级或多级活塞缸套装而成,如图4-7所示。前一级的活塞与后一级的缸筒连为一体(图中一级活塞2与二级缸筒3连为一体)。活塞伸出的顺序是先大后小,相应的推力也是由大到小,而伸出时的速度是由慢到快。活塞缩回的顺序一般是先小后大,而缩回的速度是由快到慢。

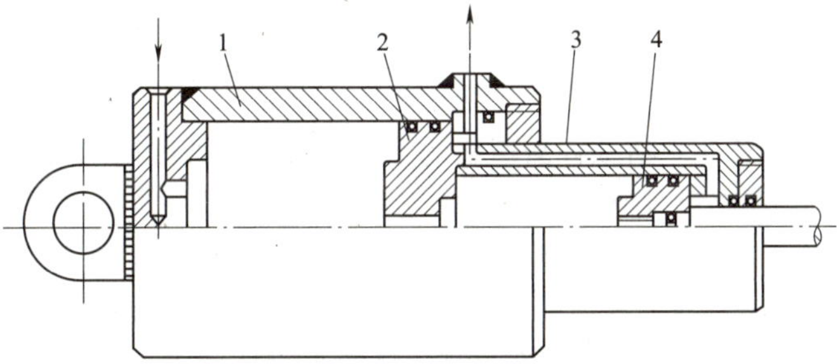

1—一级缸筒;2—一级活塞;3—二级缸筒;4—二级活塞。

图4-7　伸缩缸

伸缩缸活塞杆伸出时行程大,而收缩后结构尺寸小。适用于起重运输车辆等需占空间小的机械上。例如,起重机伸缩臂缸、自卸汽车举升缸等。

七、齿条活塞缸

齿条活塞缸由带齿条杆身的双活塞缸及齿轮齿条机构组成,如图4-8所示。它将活塞的直线往复运动转变为齿轮轴的往复摆动。调节缸两端盖上的螺钉,可调节活塞杆移动的距离,从而调节齿轮轴的摆动角度。常用于机械手和磨床的进刀机构、组合机床的回转工作台、回转夹具及自动线的转位机构。

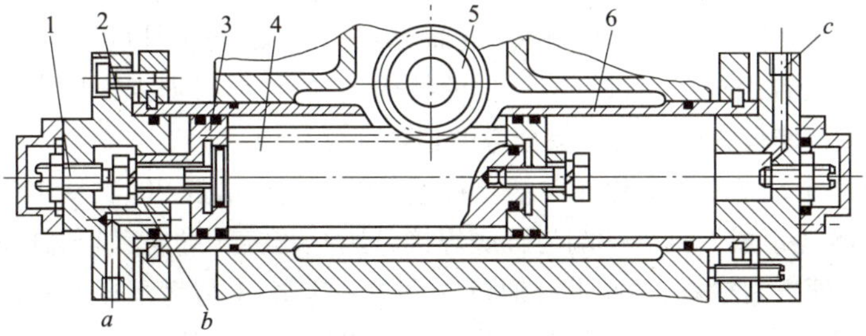

1—调节螺钉;2—端盖;3—活塞;4—齿条活塞杆;5—齿轮;6—缸体。

图4-8　齿条活塞缸

任务2　液压缸结构分析

任务目标

1. 了解双作用单活塞杆缸的结构。
2. 掌握缸筒和缸盖、活塞和活塞杆等结构的特点。

素质目标

弘扬工匠精神，在学习液压缸结构时，引导学生关注结构设计的精细之处，培养学生精益求精的工作态度。

任务导入

认真分析图4-9中双作用单活塞杆液压缸的结构。重点掌握缸筒和缸盖、活塞和活塞杆、密封装置、缓冲装置和排气装置等结构的特点。

任务实现

在液压传动设计中，除液压泵和液压阀可选用标准元件外，液压缸往往需要自行设计和制造。除了液压缸的基本尺寸需要计算外，还需对结构进行设计。结构设计中重点考虑缸筒和缸盖、活塞和活塞杆、密封装置、缓冲装置和排气装置等。

一、液压缸的典型结构

微课

液压缸的典型结构

在液压传动系统中，活塞缸比较常用，结构相对复杂，本任务以活塞式液压缸为例，详细介绍液压缸的典型结构。通常活塞缸由后端盖、缸筒、活塞、活塞杆和前端盖等主要部分组成。为防止工作介质向缸外或由高压腔向低压腔泄漏，在缸筒与端盖、活塞与活塞杆、活塞与缸筒、活塞杆与前端盖之间均设有密封装置。在前端盖外侧还装有防尘装置。为防止活塞快速运动到行程终端时撞击缸盖，缸的端部还可设置缓冲装置。此外，根据需要缸还设有缓冲装置和排气装置。导向套对活塞杆或柱塞起导向和支承作用，有些缸不设导向套，直接用端盖孔导向，这种结构简单，但磨损后必须更换端盖。

综上所述，典型活塞缸一般由缸体组件（缸筒、端盖等）、活塞组件（活塞、活塞杆等）、密封装置、缓冲装置和排气装置组成。在进行液压缸的结构设计时，应根据工作压力、运动速度、工作条件、加工工艺及装拆检修等方面的要求综合考虑其各部分结构。

图4-9所示是一个较常用的双作用单活塞杆液压缸。它由缸底20、缸筒10、缸盖兼导向套9、活塞11和活塞杆18等组成。缸筒一端与缸底焊接，另一端缸盖（导向套）与缸筒用卡键6、套5和弹簧挡圈4固定，以便拆装检修，两端设有油口A和B。活塞11与活塞杆18利用卡键15、卡键螺母16和弹簧挡圈17连在一起。活塞与缸孔的密封采用的是一对Y形聚氨酯密封圈12，由于活塞与缸孔有一定间隙，采用由尼龙1010制成的耐磨环（又叫支承环）13定心导向。活塞杆18和活塞11的内孔由O形密封圈14密封。较长的导向套9则可保证活塞杆不偏离中心，导向套外径由O形密封圈8密封，而其内孔则由Y形聚氨酯密封圈7和防尘圈3分别防止油外漏和灰尘带入缸

内。缸与杆端销孔与外界连接，销孔内有尼龙衬套 19 抗磨。

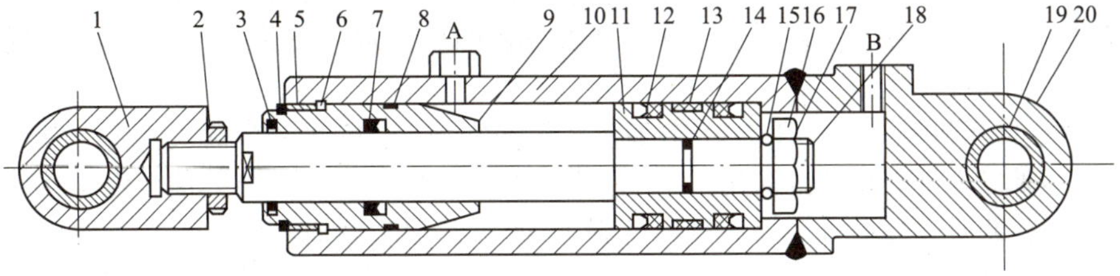

1—耳环；2—螺母；3—防尘圈；4、17—弹簧挡圈；5—套；6、15—卡键；
7、12—Y 形聚氨酯密封圈；8、14—O 形密封圈；9—缸盖兼导向套；
10—缸筒；11—活塞；13—耐磨环；16—卡键螺母；18—活塞杆；19—衬套；20—缸底。

图 4-9　双作用单活塞杆液压缸

二、液压缸的结构分析

从上面所述的液压缸典型结构中可以看到，液压缸的结构基本上可以分为缸筒和缸盖、活塞和活塞杆、密封装置、缓冲装置和排气装置五个部分。

微 课

液压缸的结构分析

1. 缸筒和缸盖

一般来说，缸筒和缸盖的结构形式和其使用的材料有关。工作压力 $p < 10$ MPa 时，使用铸铁；10 MPa $\leqslant p < 20$ MPa 时，使用无缝钢管；$p \geqslant 20$ MPa 时，使用铸钢或锻钢。图 4-10所示为缸筒和缸盖的常见结构。图 4-10(a)所示为法兰连接式，结构简单，容易加工，也容易装拆，但外形尺寸和自重都较大，常用于铸铁制的缸筒上。图 4-10(b)所示为半环连接式，它的缸筒壁部因开了环形槽而削弱了强度，为此有时要加厚缸壁，它容易加工和装拆，自重较小，常用于无缝钢管或锻钢制的缸筒上。图 4-10(c)所示为螺纹连接式，它的缸筒端部结构复杂，外径加工时要求保证内外径同心，装拆要使用专用工具，它的外形尺寸和自重都较小，常用于无缝钢管或铸钢制的缸筒上。图 4-10(d)所示为拉杆连接式，该结构的通用性大，容易加工和装拆，但外形尺寸较大，且自重较大。图 4-10(e)所示为焊接连接式，结构简单，尺寸小，但缸底处内径不易加工，且可能引起变形。

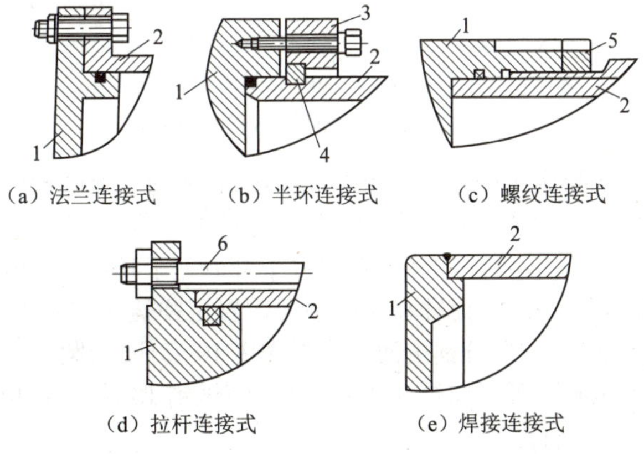

1—缸盖；2—缸筒；3—压板；4—半环；5—防松螺母；6—拉杆。

图 4-10　缸筒和缸盖的常见结构

缸筒是液压缸的主体,为保证其加工质量,内孔一般采用镗削、铰孔、滚压或珩磨等精密加工工艺制造,以使活塞及其密封件、支承件能顺利滑动,减小磨损并保证良好的密封效果。端盖装在缸筒两端,与缸筒形成封闭容腔,承受很大的压力,因此缸筒、缸盖及其连接部件应有足够的强度和较好的加工工艺性。

工程机械、锻压机械等工作压力较高的场合,缸筒常用35、45号钢的无缝钢管。其中,须与缸盖、管接头、耳轴等零件焊接的缸筒用35号钢,并在粗加工后调质。不与其他零件焊接的缸筒,常用45号钢调质,调质处理可有效提高缸筒的强度,改善其加工性能。压力较低的液压缸,其缸筒可采用铸铁。另外,缸筒也可以用锻钢件、铸钢件、铝合金、铜合金等制造。为降低缸筒内表面的表面粗糙度,提高其表面硬度,可在镗孔后进行滚压;为防止缸筒腐蚀、提高其使用寿命,还可在缸筒内表面镀0.03~0.05 mm厚的硬铬,再进行研磨抛光。

2. 活塞和活塞杆

为便于加工和选材,活塞与活塞杆一般采用分离的形式。活塞在压力作用下进行往复运动,因此,活塞必须具有一定的强度和良好的耐磨性,一般用铸铁或钢制造。活塞有整体式和组合式两种结构。活塞杆是连接活塞和工作部件的传力零件,必须有足够的强度和刚度。活塞杆分实心和空心两种类型,通常都用钢制造。活塞杆在导向套内往复运动,其外圆表面应当耐磨并具有防锈性能,故活塞杆外圆表面需镀铬。图4-11所示为几种常见的活塞和活塞杆的连接形式。

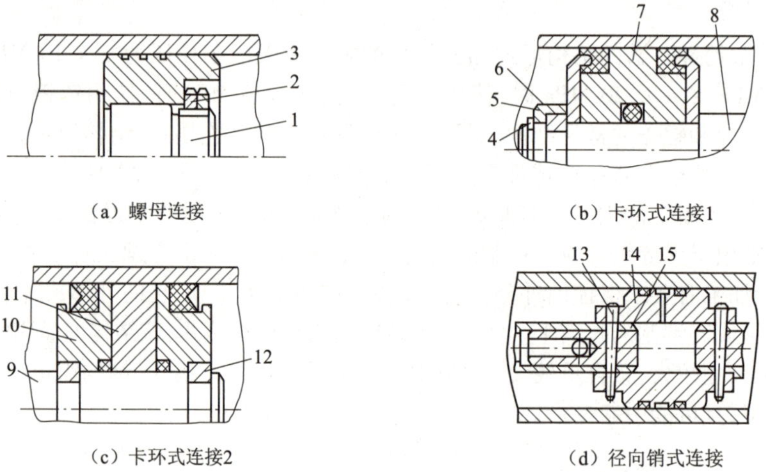

1、8、9、15—活塞杆;2—螺母;3、7、11、14—活塞;4—弹簧卡圈;
5—轴套;6、12—半圆环;10—密封圈座;13—锥销。

图4-11 常见的活塞和活塞杆的连接形式

图4-11(a)所示为活塞和活塞杆之间采用螺母连接,它适用于负载较小、受力无冲击的液压缸中。螺母连接虽然结构简单,安装方便可靠,但在活塞杆上车螺纹将削弱其强度。图4-11(b)、(c)所示为卡环式连接方式。图4-11(b)中活塞杆8上开有一个环形槽,槽内装有两个半圆环6以夹紧活塞7,半圆环6由轴套5套住,而轴套5的轴向位置用弹簧卡圈4来固定。图4-11(c)中的活塞杆,使用了两个半圆环12,它们分别由两个密封圈座10套住,半圆形的活塞11安放在密封圈座的中间。图4-11(d)所示是一种径向销式连接结构,用锥销13把活塞14固连在活塞杆15上。这种连接方式特别适用于双出杆式活塞。

3. 密封装置

液压缸中常见的密封装置如图4-12所示。图4-12(a)所示为间隙密封,它依靠运动间的微小间隙来防止泄漏。为了提高这种装置的密封能力，常在活塞的表面上制出几条细小的环形槽，以增大油液通过间隙时的阻力。间隙密封结构简单，摩擦阻力小，可耐高温，但泄漏大，加工要求高，磨损后无法恢复原有能力，只有在尺寸较小、压力较低、相对运动速度较高的缸筒和活塞间使用。图4-12(b)所示为摩擦环密封，它依靠套在活塞上的摩擦环(尼龙或其他高分子材料制成)在O形密封圈弹力作用下贴紧缸壁而防止泄漏。这种材料效果较好，摩擦阻力较小且稳定，可耐高温，磨损后有自动补偿能力，但加工要求高，装拆不便，适用于缸筒和活塞之间的密封。

图4-12(c)、(d)所示为密封圈(O形圈、V形圈等)密封，它利用橡胶或塑料的弹性使各种截面的环形圈贴紧在静、动配合面之间来防止泄漏。它的结构简单，制造方便，磨损后有自动补偿能力，性能可靠，在缸筒和活塞之间、缸盖和活塞杆之间、活塞和活塞杆之间、缸筒和缸盖之间都能使用。

对于活塞杆外伸部分来说，由于它很容易把脏物带入液压缸，使油液受污染，使密封件磨损，因此常需在活塞杆密封处增添防尘圈，并放在向着活塞杆外伸的一端。

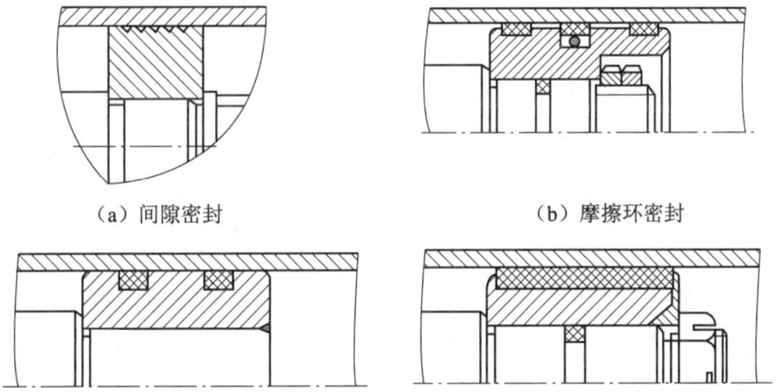

(a) 间隙密封　　(b) 摩擦环密封

(c) O形圈密封　　(d) V形圈密封

图4-12　密封装置

4. 液压缸的缓冲装置

当运动部件的质量较大、运动速度较高时，由于惯性力较大，具有很大的动量，因而在活塞运动到液压缸体的终端时，会与端盖发生机械碰撞，产生很大的冲击和噪声，严重影响机械精度。为此，在大型、高速或高精度的液压设备中，必须设置缓冲装置。常见的缓冲装置主要有下述几种：

(1)圆柱形环隙式缓冲装置

如图4-13(a)所示，当缓冲柱塞A进入缸盖上的内孔时，缸盖和活塞间形成环形缓冲油腔B，被封闭的油液只能经环形间隙δ排出，产生缓冲压力，从而实现减速缓冲，这种装置在缓冲过程中，由于回油通道的节流面积不变，故缓冲开始时产生的缓冲制动力很大，其缓冲效果较差，液压冲击较大，且实现减速所需行程较长，但这种装置结构简单，便于设计和降低成本，所以多用在一般系列化的成品液压缸中。

(2)圆锥形环隙式缓冲装置

如图4-13(b)所示，由于缓冲柱塞A为圆锥形，所以缓冲环形间隙δ随位移量不同而改变，即节流面积随缓冲行程的增大而缩小，使机械能的吸收较均匀，其缓冲效果较好，但仍有液压冲击。

(3)可变节流槽式缓冲装置

如图4-13(c)所示，在缓冲柱塞A上开有三角节流沟槽，节流面积随着缓冲行程的增大而逐渐减小，其缓冲压力变化较平缓。

微课

液压缸的缓冲装置

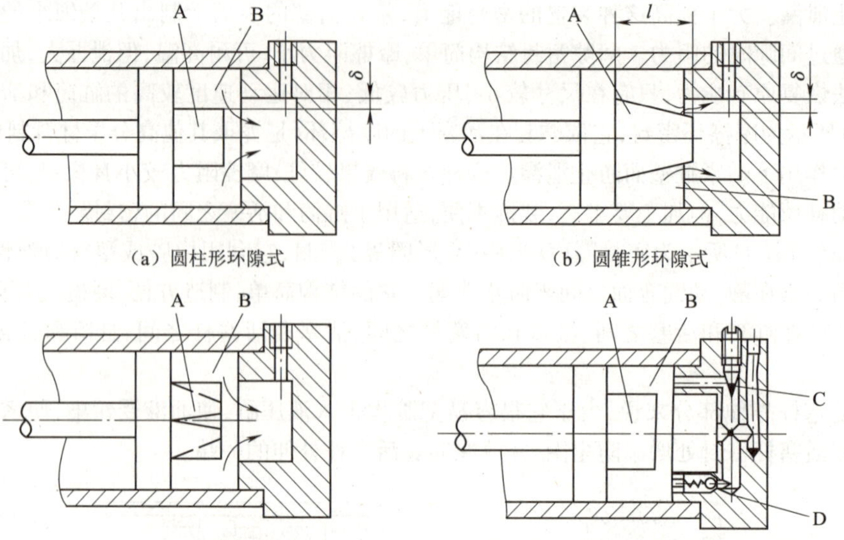

(a) 圆柱形环隙式　(b) 圆锥形环隙式

(c) 可变节流槽式　(d) 可调节流孔式

图 4-13　液压缸的缓冲装置

(4)可调节流孔式缓冲装置

如图 4-13(d)所示,当缓冲柱塞 A 进入到缸盖内孔时,回油口被柱塞堵住,只能通过节流阀 C 回油,调节节流阀的开度可以控制回油量,从而控制活塞的缓冲速度,当活塞反向运动时,压力油通过单向阀 D 很快进入到液压缸内,并作用在活塞的整个有效面积上,故活塞不会因推力不足而产生启动缓慢现象。这种缓冲装置可以根据负载情况调整节流阀开度的大小,从而改变缓冲压力的大小,因此适用范围较广。

5. 排气装置

液压系统中混入空气后会使其工作不稳定,产生振动、噪声、低速爬行及启动时突然前冲等现象。因此,在设计液压缸时必须考虑空气的排除。

对于要求不高的液压缸可以不设专门的排气装置,而将油口布置在缸筒两端的最高处,由流出的油液将缸中的空气带往油箱,再从油箱中逸出。对速度的稳定性要求高的液压缸和大型液压缸,则需在其最高部位设置排气孔并用管道与排气阀相连(见图 4-14)排气,或在其最高部位设置排气塞(见图 4-15)排气。当打开排气阀或松开排气塞的螺钉并使液压缸活塞(或缸体)以最大的行程快速运行时,缸中的空气即可排出。一般空行程往复 8 ~ 10 次即可将排气阀或排气塞关闭,液压缸便可进入正常工作。

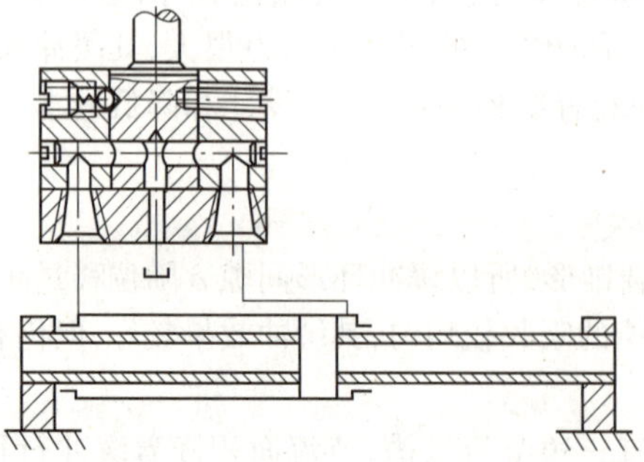

图 4-14　排气阀

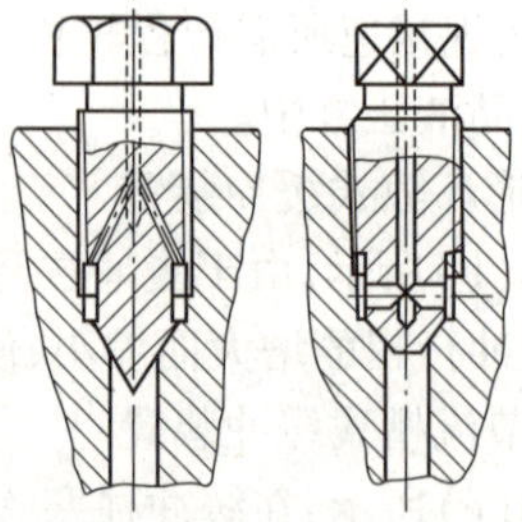

图 4-15　排气塞

任务3　液压缸的常见故障及排除方法分析

任务目标

针对液压缸爬行、冲击、推力不足等常见故障,分析产生原因,掌握排除方法。

素质目标

培养学生的职业道德和团队协作精神,强调在处理液压缸故障时,要严格遵守行业规范和操作流程,树立诚实守信的职业道德观念。

任务导入

液压缸在运行中发生故障,将会影响到液压系统的输出。因此需分析常见故障的产生原因,并掌握故障的排除方法。

任务实现

作为液压系统的一个执行部分,液压缸运行中发生故障,往往与整个系统有关,不能孤立地看待。应从外部到内部仔细分析故障原因,从而找出适当的解决办法,应避免盲目大拆大卸,造成停机停产。表4-2给出了液压缸在使用中的一些常见故障及其排除方法。

表4-2　液压缸的常见故障及排除方法

故障现象	原因分析	排除方法
爬行	1. 混入空气 2. 运动密封件装配过紧 3. 活塞杆与活塞不同轴 4. 导向套与缸筒不同轴 5. 活塞杆弯曲 6. 液压缸安装不良,其中心线与导轨不平行 7. 缸筒内径圆柱度超差 8. 缸筒内孔锈蚀、拉毛 9. 活塞杆两端螺母拧得过紧,使其同轴度降低 10. 活塞杆刚性差 11. 液压缸运动件之间间隙过大 12. 导轨润滑不良	1. 排除空气 2. 调整密封圈,使之松紧适当 3. 校正、修整或更换 4. 修正调整 5. 校直活塞杆 6. 重新安装 7. 镗磨修复,重配活塞或增加密封件 8. 除去锈蚀、毛刺或重新镗磨 9. 略松螺母,使活塞杆处于自然状态 10. 加大活塞杆直径 11. 减小配合间隙 12. 保持良好润滑
冲击	1. 缓冲间隙过大 2. 缓冲装置中的单向阀失灵	1. 减小缓冲间隙 2. 修理单向阀
推力不足或工作速度下降	1. 缸体和活塞的配合间隙过大,或密封件损坏,造成内泄漏 2. 缸体和活塞的配合间隙过小,密封过紧,运动阻力大 3. 运动零件制造存在误差和装配不良,引起不同心或单面剧烈摩擦 4. 活塞杆弯曲,引起剧烈摩擦 5. 缸体内孔拉伤与活塞咬死,或缸体内孔加工不良 6. 液压油中杂质过多,使活塞或活塞杆卡死 7. 油温过高,加剧泄漏	1. 修理或更换不合精度要求的零件,重新装配、调整或更换密封件 2. 增加配合间隙,调整密封件的压紧程度 3. 修理误差较大的零件,重新装配 4. 校直活塞杆 5. 镗磨、修复缸体或更换缸体 6. 清洗液压系统,更换液压油 7. 分析温升原因,改进密封结构,避免温升过高

续表

故障现象	原因分析	排除方法
外泄漏	1. 密封件咬边、拉伤或破坏 2. 密封件方向装反 3. 缸盖螺钉未拧紧 4. 运动零件之间有纵向拉伤和沟痕	1. 更换密封件 2. 改正密封件方向 3. 拧紧螺钉 4. 修理或更换零件

任务4　液压马达工作原理及结构分析

任务目标

1. 了解液压马达的分类、使用特点。
2. 掌握齿轮式液压马达、叶片式液压马达及柱塞式液压马达的结构、工作原理和职能符号。
3. 分析液压马达常见故障产生的原因,掌握排除故障的方法。

素质目标

培养学生的科学精神,在学习液压马达工作原理和结构的过程中,培养学生尊重科学、实事求是的态度。

任务导入

液压马达是液压传动系统中执行元件的一种,以输出回转运动为主,是将压力能转换为机械能的一种装置。了解液压马达的分类,掌握各类液压马达的工作原理及应用、职能符号的画法等。

任务实现

一、液压马达的特点及分类

1. 液压马达的特点

液压马达是把液体的压力能转换为机械能的装置,从原理上讲,液压泵可以作液压马达用,液压马达也可作液压泵用。但事实上同类型的液压泵和液压马达虽然在结构上相似,但由于两者的工作情况不同,使得两者在结构上也有某些差异。

①液压马达一般需要正反转,所以在内部结构上应具有对称性,而液压泵一般是单方向旋转的,没有这一要求。

②为了减小吸油阻力,减小径向力,一般液压泵的吸油口比出油口的尺寸大。而液压马达低压腔的压力稍高于大气压力,所以没有上述要求。

③液压马达要求能在很宽的转速范围内正常工作,因此,应采用液动轴承或静压轴承。因为当马达速度很低时,若采用动压轴承,就不易形成润滑膜。

④叶片泵依靠叶片跟转子一起高速旋转而产生的离心力使叶片始终贴紧定子的内表面,起到封油的作用,形成工作容积。若将其当液压马达用,必须在叶片根部装上弹簧,以保证叶片始终贴

紧定子内表面，以便液压马达能正常启动。

⑤液压泵在结构上须保证具有自吸能力，而液压马达就没有这一要求。

⑥液压马达必须具有较大的启动扭矩。所谓启动扭矩，就是液压马达由静止状态启动时，液压马达轴上所能输出的扭矩，该扭矩通常大于在同一工作压差时处于运行状态下的扭矩，所以，为了使启动扭矩尽可能接近工作状态下的扭矩，要求马达扭矩的脉动小，内部摩擦小。

由于液压马达与液压泵具有上述不同的特点，使得很多类型的液压马达和液压泵不能互逆使用。

2. 液压马达的分类

液压马达按其额定转速分为高速和低速两大类，额定转速高于500 r/min的属于高速液压马达，额定转速低于500 r/min的属于低速液压马达。高速液压马达的基本形式有齿轮式、螺杆式、叶片式和轴向柱塞式等。其主要特点是转速较高、转动惯量小，便于启动和制动，调速和换向的灵敏度高。通常高速液压马达的输出转矩不大（<1 000 N·m），所以又称为高速小转矩液压马达。

高速液压马达的基本形式是径向柱塞式，例如单作用曲轴连杆式、液压平衡式和多作用内曲线式等。此外在轴向柱塞式、叶片式和齿轮式液压马达中也有低速的结构形式。低速液压马达的主要特点是排量大、体积大、转速低（有时可达每分钟几转甚至零点几转），因此可直接与工作机构连接，不需要减速装置，使传动机构大为简化，通常低速液压马达输出转矩较大（≥1 000 N·m），所以又称为低速大转矩液压马达。

液压马达可按其结构类型分为齿轮式、叶片式和柱塞式；按排量分为是否可变液压马达，还可分为单向定量、双向定量、单向变量、双向变量等类型。其职能符号如图4-16所示。

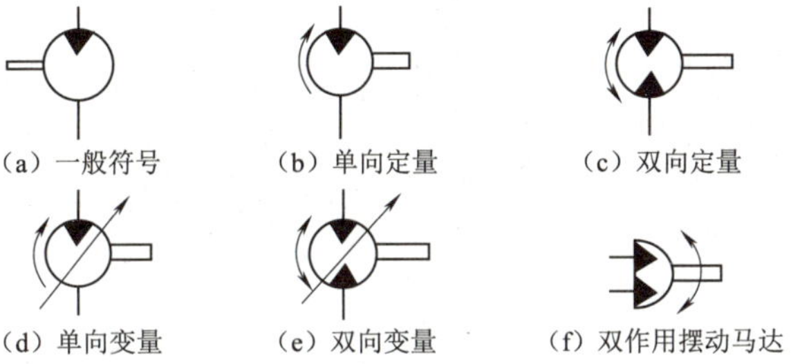

图4-16 液压马达职能符号

二、液压马达的主要性能参数

1. 转速和容积效率

若液压马达的排量为 V，以转速 n 旋转时，在理想情况下，液压马达需要油液流量为 Vn（理论流量）。由于液压马达存在泄漏，故实际所需流量应大于理论流量。设液压马达的泄漏量为 Δq，则实际供给液压马达的流量应为

$$q = Vn + \Delta q$$

液压马达的容积效率为理论流量和实际流量之比，即

$$\eta_v = \frac{Vn}{q} \tag{4-11}$$

液压马达的转速为

$$n = \frac{q}{V}\eta_v \tag{4-12}$$

2. 转矩和机械效率

若不考虑液压马达的摩擦损失,液压马达的理论输出转矩 T_t 的公式与泵相同,即

$$T_t = \frac{pV}{2\pi}$$

实际上液压马达存在机械损失,设由摩擦损失造成的转矩为 ΔT,则液压马达实际输出转矩 $T = T_t - \Delta T$。设机械效率为 η_m,则

$$\eta_m = \frac{T}{T_t} \tag{4-13}$$

液压马达的输出转矩为

$$T = T_t\eta_m = \frac{pV}{2\pi}\eta_m \tag{4-14}$$

3. 液压马达的总效率

液压马达的总效率 η 为液压马达的输出功率 $T2\pi n$ 和输入功率 pq 之比,即

$$\eta = \frac{T2\pi n}{pq} = \frac{T2\pi n}{\dfrac{pVn}{\eta_v}} = \frac{T}{\dfrac{pV}{2\pi}}\eta_v = \eta_m\eta_v \tag{4-15}$$

从上式可知,液压马达的总效率等于液压马达的机械效率 η_m 和容积效率 η_v 的乘积。

三、齿轮式液压马达

图 4-17 所示为外啮合齿轮液压马达的工作原理。图中Ⅰ为输出转矩的齿轮,Ⅱ为空转齿轮,当高压油输入液压马达高压腔时,处于高压腔的所有齿轮均受到液压油的作用(如图中箭头所示,凡是齿轮两侧面受力平衡的部分均未画出),其中互相啮合的两个齿的齿面,只有一部分处于高压腔。设啮合点 c 到两个齿轮齿根的距离分别为 a 和 b,由于 a 和 b 均小于齿高 h,因此两个齿轮上就各作用一个使它们产生转矩的作用力 $pB(h-a)$ 和 $pB(h-b)$。这里 p 代表输入油压力,B 代表齿宽(图中未画出)。在这两个力的作用下,两个齿轮按图示方向旋转,由转矩输出轴输出转矩。随着齿轮的旋转,油液被带到低压腔排出。

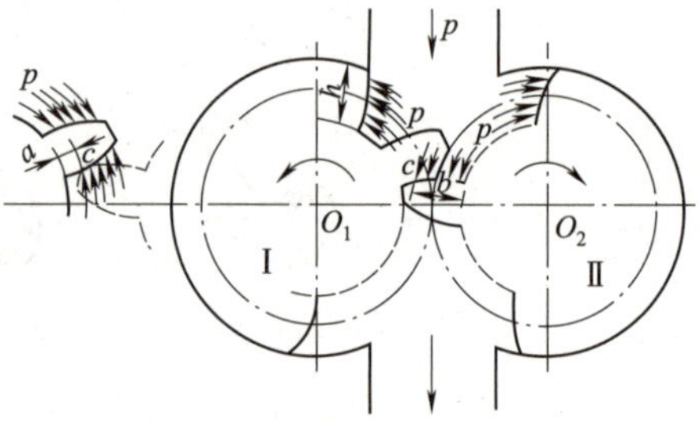

图 4-17 外啮合齿轮液压马达的工作原理

齿轮液压马达的结构与齿轮泵相似,但是由于液压马达的使用要求与泵不同,两者是有区别的。例如,为适应正反转要求,液压马达内部结构以及进、出油道都具有对称性,并且有单独的泄漏油管,将轴承部分泄漏的油液引到壳体外面去,而不能像泵那样由内部引入低压腔。这是因为液压马达低压腔油液是由齿轮挤出来的,所以低压腔压力稍高于大气压。若将泄漏的油液由液压马达内部引到低压腔,则所有与泄漏油道相连部分均承受回油压力,而使轴端密封容易损坏。

四、叶片式液压马达

图4-18所示为叶片式液压马达的工作原理，当压力油通入压油腔后，在叶片1、3和5、7上，一面作用有高压油，另一面则为低压油，由于叶片3、7受力面积大于叶片1、5，故由叶片受力差产生的力矩推动转子和叶片做逆时针方向旋转。当改变输油方向时，液压马达反转。

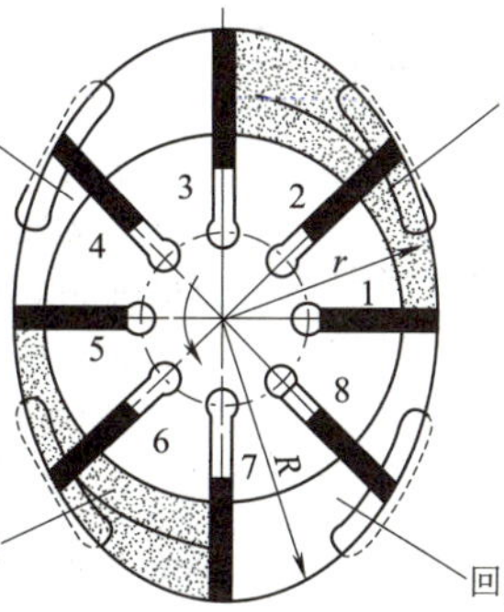

图4-18 叶片式液压马达的工作原理

为使液压马达正常工作，叶片式液压马达在结构上与叶片泵有一些重要区别。根据液压马达要双向旋转的要求，马达的叶片既不前倾也不后倾，而是径向放置。为使叶片始终紧贴定子内表面以保证正常启动，在吸、压油腔通入叶片根部的通路上应设置单向阀，使叶片底部能与压力油相通。另外还设有弹簧，使叶片始终处于伸出状态，保证初始密封。

叶片式液压马达的转子惯性小，动作灵敏，可以频繁换向，但泄漏量较大，不宜在低速情况下工作，因此叶片式液压马达一般用于转速高、转矩小、动作要求灵敏的场合。

五、柱塞式液压马达

轴向柱塞液压马达包括斜盘式轴向柱塞液压马达和斜轴式轴向柱塞液压马达两类。由于轴向柱塞液压马达和轴向柱塞泵的结构基本相同，工作原理是可逆的，因此大部分产品可作为泵使用。图4-19所示为轴向柱塞液压马达的工作原理。斜盘1和配油盘4固定不动，缸体2和马达轴5相连接，并可一起旋转。当液压油经配油窗口进入缸体孔作用到柱塞端面上时，液压油将柱塞顶出，对斜盘产生推力，斜盘则对处于压油区一侧的每个柱塞都要产生一个法向反力 F，这个力的水平分力 F_x 与柱塞上的液压力平衡，而垂直分力 F_y 则使每个柱塞都对转子中心产生一个转矩，使缸体2和马达轴5做逆时针方向旋转。如果改变液压马达液压油的输入方向，液压马达轴就可做顺时针方向旋转。

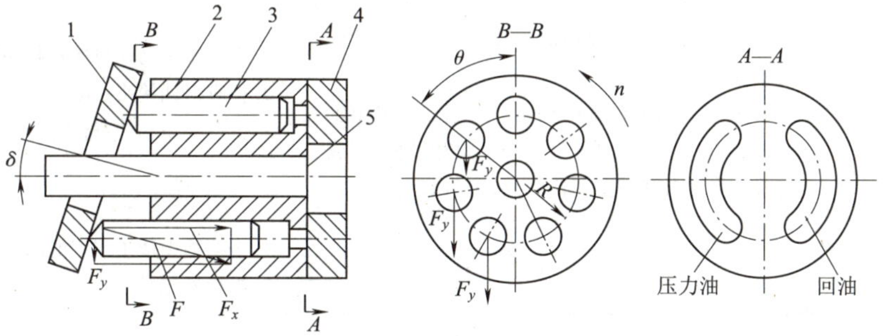

1—斜盘；2—缸体；3—柱塞；4—配油盘；5—马达轴。

图4-19 轴向柱塞液压马达的工作原理

柱塞马达的主要优点有结构紧凑、功率密度大、工作压力高、容易实现变量、效率高等。主要缺点有结构比较复杂、价格昂贵、抗污染能力差、使用维护要求较高等。

六、液压马达的常见故障及其排除方法

液压马达的常见故障及排除方法见表4-3。

表4-3 液压马达常见故障及排除方法

故障现象	产生原因	排除方法
液压马达不转或转动很慢	1. 载荷大,泵供油压力不够 2. 旋入液压马达壳体泄油孔的接头太长造成与转子相摩擦 3. 液压马达输出轴同轴度严重超差或输出轴太长,同液压马达、转子后退与后盖相摩擦	1. 提高泵供油压力,或调高溢流阀溢流压 2. 检查泄油接头长度 3. 拆下液压马达,检查液压马达的输出轴
冲击声	1. 补油压力不够(即回油背压不够) 2. 油中有空气 3. 液压泵供油不连续或换向阀频繁换向 4. 液压马达零件损坏	1. 提高补油压力,可采用在回油路上加单向阀或节流阀来解决 2. 检查油路,消除进气的原因或排出空气 3. 检查并消除液压泵和换向阀故障 4. 拆检液压马达
液压马达壳体温升不正常	1. 油温太高 2. 旋入液压马达壳体泄油孔的接头太长造成与转子相摩擦 3. 液压马达输出轴同轴度严重超差或输出轴太长,同液压马达、转子后退与后盖相摩擦 4. 液压马达效率低	1. 检查液压系统各液压元件有无不正常故障,如各液压元件正常则应加强油液冷却 2. 对制动器液压马达如果载荷压力不足以打开制动器,应在回油管路上加背压 3. 检查泄油接头长度 4. 拆下液压马达,检查液压马达输出轴
泄油量大、液压马达转无力	1. 液压马达活塞环损坏 2. 液压马达配油轴与转子体之间配合面损坏,主要是因油液中杂质嵌入配油轴与转子体之间的配合面,互相咬坏	1. 拆开液压马达调换活塞环 2. 检查配油轴,重新选配时,清洗管道和油箱
液压马达有外泄漏	1. 密封圈损坏 2. 旋入液压马达壳体泄油孔的接头太长造成与转子相摩擦 3. 液压马达输出轴同轴度严重超差或输出轴太长,同液压马达、转子后退与后盖相摩擦,造成液压马达壳体腔压力提高,冲破密封圈	1. 拆开液压马达更换密封圈 2. 检查泄油接头长度 3. 拆下液压马达,检查液压马达输出轴
液压马达入口压力表有极不正常的颤动	1. 油中有空气 2. 液压马达自身异常	1. 查明油中产生空气的原因,并消除 2. 拆检液压马达

素养园地

素质目标:培养严谨细致的工作作风,防微杜渐的安全防范意识。

事件:27岁的修理工王师傅正在对一辆轿车进行例行保养。据现场目击者称,王师傅独自一

人在工作,使用千斤顶将车辆抬起以便检修底盘。然而,就在他钻到车底进行作业时,意外发生了——千斤顶失灵了,整辆车压在了王师傅身上。即便及时营救,但也无法挽回王师傅年轻的生命。究竟是什么原因导致千斤顶突然失效?据专业人士分析,可能存在以下几种情况:一是千斤顶本身质量存在问题;二是操作不当导致千斤顶承重不均;三是地面不平整影响了千斤顶的稳定性。据知情人透露,事发前不久,王师傅曾向同事抱怨过手中的千斤顶"有点不对劲"。但由于工作繁忙,他并没有立即更换工具,而是选择继续使用。这个看似微不足道的细节,最终酿成了无法挽回的悲剧。这起事故再次敲响了安全警钟,它提醒我们,在日常工作中,即便是最微小的安全隐患也不容忽视。每个人都应该树立"安全第一"的意识,时刻保持警惕,不给意外留下可乘之机。

作业与思考

4-1 液压缸有哪些类型?它们的工作特点是什么?

4-2 液压缸的缸筒和缸盖的常见结构有哪些?并说明各常见结构的应用范围。

4-3 液压缸常见的活塞和活塞杆的连接方式有哪些?并说明各类连接方式的应用范围。

4-4 液压缸的缓冲装置有哪几种?并说明各类缓冲装置的应用范围。

4-5 画出各类液压缸的职能符号。

4-6 画出液压马达的职能符号。

项目5

液压辅助元件的认识

液压辅助元件是液压系统的组成部分之一,主要包括管件、过滤器、蓄能器、密封元件、油箱等,这些元件对液压系统的工作性能及其他元件的正常工作有直接的影响。本项目介绍一些常用的液压辅助元件。通过学习,掌握其结构组成、工作原理、特点及应用。

任务1　油箱结构及故障分析

任务目标

1. 认识油箱的结构,了解油箱的功用与分类。
2. 掌握油箱的结构要求及特点。
3. 分析油箱常见故障产生的原因,掌握排除故障的方法。

素质目标

通过学习油箱结构设计和故障排查,了解对液压系统稳定运行的重要性,培养学生的严谨态度与责任心。

任务导入

结合图5-1所示,通过对油箱典型结构的分析,了解油箱有哪些作用与分类、结构特点?分析油箱常见故障产生的原因,了解有哪些排除故障的方法?

任务实现

一、油箱的功用与分类

油箱的主要功能是储油、散热、分离油液中的气体和沉淀污物。油箱分为开式油箱与闭式油箱。开式油箱与大气相通,后者则不然。

油箱的典型结构如图5-1所示。油箱内部用隔板7、9将吸油管1与回油管4隔开。顶部、侧部和底部分别装有网式过滤器2、液位计6和排放污油的放油阀8。安装液压泵及其驱动电动机的安装板5则固定在油箱顶面上。

此外,近年来又出现了充气式的闭式油箱,它不同于开式油箱,闭式油箱是整个封闭的,顶部有一充气管,可送入0.05~0.07 MPa过滤纯净的压缩空气。空气或者直接与油液接触,或者被输入到蓄能器式的皮囊内不与油液接触。闭式油箱的优点是改善了液压泵的吸油条件,但它要求系统中的回油管、泄油管承受背压。闭式油箱本身还须配置安全阀、电接点压力表等元件以稳定充气压力,因此它只在特殊场合下使用。

微课

油箱的功能与结构

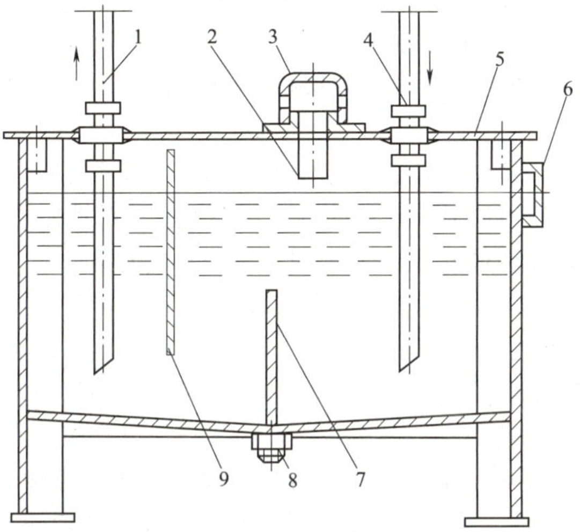

1—吸油管;2—网式过滤器;3—空气过滤器;4—回油管;
5—安装板;6—液位计;7、9—隔板;8—放油阀。

图5-1　油箱的典型结构

二、油箱的结构设计

油箱一般由钢板焊接而成,为了在相同的容量下得到最大的散热面积,油箱宜设计为立方体或宽:高:长为1:2:3的长方体。

①液压系统的回油管一般经油箱的上盖板插入油箱液面下,回油管管口切成45°斜口,斜口面向与回油管相距最近的箱壁。这样既有利于散热,又有利于杂质的沉淀。回油管口距箱底的距离应不小于回油管内径的3倍。

②液压泵的吸油管可经油箱上盖板插入油箱液面之下,但泵的吸入高度应不大于0.5 m,否则应将吸油管安装在油箱的侧壁(旁置式油箱)或油箱的下底板(下置式油箱)。为保护液压泵,一般应在吸油管进口装设吸油过滤器或滤网。安装吸油过滤器时,过滤器与箱底的距离应不小于吸油管内径的2倍,与箱壁的距离应不小于吸油管内径的3倍,以保证过滤器能够四面进油,使液压泵吸油通畅。

③为增大油液在油箱内的循环路径,便于分离回油带入的空气和污物,提高散热效果,设计油箱时除应使回油管口与吸油管口尽量远离外,还须在两管口之间加设隔板,将回油区与吸油区隔开。隔板高度为油箱最低液面高度的2/3。中小型油箱采用一块隔板且安装在油箱的中部,大型油箱可采用上、下两块隔板的结构,将油箱分隔为三部分。

④液压系统的外泄油管应单独接入油箱,一般从油箱的上盖板插入。液压泵和马达的外泄油管管口应插入液面以下,以免空气混入油液;液压控制阀及仪表的外泄油管管口则在液面以上。

⑤油箱上部应设加油口和通气孔。目前这两项功能由空气过滤器完成。空气过滤器包括空

气过滤和加油过滤两部分。加油时可滤去油液中的颗粒杂质,液压系统工作时既保证油箱液面与大气相通,又可防止空气中的尘埃落入油箱。选用空气过滤器时一般取其空气通流能力为液压泵流量的1.5倍。

⑥小型油箱一般采用揭开上盖进行清洗的方法。但对于大容量油箱,多采用在油箱侧壁设置清洗窗口的方法。清洗窗口应最大限度地保证可以清扫油箱内的各个角落和取出油箱内的附件。清洗窗口平时用侧板(加橡胶密封垫)密封,清洗时才取下。

⑦为便于清洗油箱时放尽油箱内的污油,油箱应做成倾斜的箱底,在最低位置设置放油孔,平时用油塞或截止阀封死。放油孔开在回油区的最低处。为使吸油区内的污油能够放出,应在中间隔板的下部开设过油缺口。

⑧为了监测液面,应在油箱侧壁易于观察的地方(最好靠近空气过滤器)安装液面指示计。有的液面指示计还带有温度计,可以显示油箱内的油液温度。如系统要求自动控制油温,应装设温度传感器;如系统要求自动监测最低液位,可装设液位控制继电器。

⑨油箱应有足够的强度和刚度。如果上盖安装泵-电动机装置,上盖板的厚度应适当加大。大容量的油箱一般采用骨架式结构

⑩为便于散热,排放污油,油箱底面与地面之间的距离应为150~200 mm。为便于运输与安装,油箱上还应设起吊钩或起吊孔。

⑪为防止油箱内壁生锈污染油液,可选用不锈钢或普通钢板内壁涂防锈涂料。选用防锈涂料时应考虑与工作介质的相容性。有时还采用普通钢板内壁磷化处理的方法。为保证表面处理的质量,在涂防锈涂料或磷化之前应对内表面进行预加工,如除油、酸洗等。

⑫若需要对油箱内的油液加热,可在油箱侧壁水平安装电加热器,电加热器的安装位置必须保证其加热部分始终浸入油液。

三、油箱的冷却与加热

1. 油箱的冷却

油箱的冷却要采用冷却器,对冷却器的基本要求是在保证散热面积足够大、散热效率高和压力损失小等前提下,要求结构紧凑、坚固,体积小和质量小,最好有自动控温装置,以保证油温控制的正确性。

冷却器按冷却介质的不同,可分为风冷式冷却器和水冷式冷却器两种。

①风冷式冷却器包括风扇(或鼓风机)和由许多带散热片的管子所组成的油散热器两部分。它迫使周围空气穿过带散热片的管子表面,而热的油液通过这些管子从散热片的内部流过。风冷式冷却器适用于移动式液压系统。它的缺点是空气换热系数很小,冷却效果较差。工程机械上多采用风冷式冷却器。

②水冷式冷却器可设计成多种形式,其中最简单的是在油箱中安装一根蛇形水管,水在管内流动,把油液的热量带走,但由于油液在油箱中做自然对流,故冷却效果较差。

近年出现的翅片式冷却器,效果较为理想,这种冷却器除了在水管外面通油液外,在液压油管外面又装设了横向或纵向的散热片(厚度为铝片或铜片的20%~80%),因而散热效果好、结构紧凑,且造价低、不生锈。

在多数情况下,油温的升高是由于大量高压油从溢流阀中溢出引起的。此时,冷却器可装在溢流阀的泄油管路上。

2. 油箱的加热

油箱的加热方式有电加热、蒸气加热、热水加热等。最常见的是电加热。因为电加热装置的结构简单,可根据允许最低温度自动调节。油用加热器由两根管子弯成,用法兰盘固定,端部接头通电源。安装时应使两根管子全部浸入油中,并安装在最低油面以下。加热器的容量不能太大,以免引起管壁附近的油液温度过高而变质。需要时,一个油箱可安装几个电加热器。

四、油箱的故障分析与排除

油箱常见故障现象、故障原因与排除方法见表5-1。

表5-1　油箱常见故障现象、故障原因及排除方法

故障现象	故障原因	排除措施
油箱温升严重	1. 油箱设置在高温辐射源附近,环境温度高 2. 液压系统存在溢流损失、节流损失等,这些损失转化为热量造成油液温升 3. 油液黏度选择过高或过低 4. 液压元件泄漏损失、容积损失和机械损失过大,这些损失转换成热量,造成系统温升过高 5. 管路沿程压力损失和局部压力损失过大,转化成热量后造成油液温度升高 6. 油箱设计时散热面积过小	1. 尽量避开热源 2. 正确设计液压系统,减少溢流损失、节流损失和管路损失,减少系统发热和油温升高 3. 正确选择油液黏度 4. 选择高效元件,提高液压元件的加工精度和装配精度,减少泄漏损失、容积损失和机械损失带来的发热 5. 正确配管,减少管路过细过长、弯曲过多等带来的沿程压力损失和局部压力损失 6. 油箱设计时,保证油箱有足够的散热面积
油箱内油液污染	1. 系统装配时残存油漆剥落片、焊渣等,造成油液污染 2. 外界侵入的污物造成油箱内油液污染 3. 液压系统工作过程中产生污物,造成油箱内油液污染	1. 在装配前清洗油箱内表面,去锈去油污后再油漆油箱内壁;以机身做油箱的液压机械,如机身是铸件则需清理干净芯砂,如是焊接件则清理干净焊渣 2. 油箱应加强防尘密封,在油箱顶部安设空气过滤器和大气相通,使空气经过滤后进入油箱;油箱内安装隔板,隔开回油区和吸油区;油箱底板倾斜,并在油箱底板最低处设置放油塞,用于清除油箱底部污物;吸油管离底板最高处距离要在150 mm以上,以防污物被吸入 3. 选择足够大容量的空气滤清器,使油箱顶层受热空气快速排出,同时可消除油箱顶层气压与大气压的差异,防止外界粉尘进入油箱;使用防锈性能好的润滑油,减少磨损物和锈的产生
油箱内油液和空气泡混合难以分离	1. 系统回油在油箱内搅拌,产生悬浮气泡,夹在油内和油混合 2. 箱盖上的空气过滤器被污物堵塞,导致油液与空气难以分离 3. 液压油消泡性能差	1. 设置隔板,隔开回油区与泵吸油区,同时在油箱底部装设金属斜网 2. 拆卸清洗空气过滤器 3. 采用消泡性能好的液压油

续表

故障现象	故障原因	排除措施
油箱振动和噪声过大	1. 油箱结构设计不合理 2. 泵产生气穴现象 3. 油箱油液温升过高,提高油中空气分离压,加剧系统噪声	1. 液压泵和电动机装置使用减振垫和弹性联轴器,同时保证电动机与泵安装同轴度;保证油箱板有足够的刚度;液压泵电动机装置下部垫吸声材料;液压泵电动机装置与油箱分设,回油管端离箱壁距离不小于5 cm,油箱采用保护罩等吸音材料隔离振动和噪声;油箱加罩壳,隔离噪声;液压泵装在油箱内,隔离噪声;油箱采用整体防振结构 2. 保证泵吸油口容许压力控制范围为正压力0.035 MPa;尽量使用高位油箱,但要合理确定油箱油面高度,不要随意加大 3. 采取合理措施,使油箱油温处于较低值范围(30~55℃)内

任务2　蓄能器功能及故障分析

任务目标

1. 认识活塞式与气囊式两种蓄能器的结构、特点及应用。
2. 掌握蓄能器的作用与应用。
3. 分析蓄能器常见故障产生的原因,掌握排除故障的方法。

素质目标

引导学生深入探究蓄能器工作原理和技术细节,培养学生对知识的追求和探索精神,使其具备严谨的科学态度和创新思维。

任务导入

结合图5-2、图5-3所示,认识蓄能器的结构,了解蓄能器正确的使用和安装方法,掌握蓄能器的作用与应用;分析蓄能器常见故障产生的原因,掌握排除故障的方法。

任务实现

蓄能器是液压系统中的储能元件。它能储存一定量的压力油,并在需要时迅速地或适量地释放出来,供系统使用。

一、蓄能器的类型

1. 活塞式蓄能器

图5-2所示为一种典型的活塞式蓄能器。这种蓄能器由活塞将油液和气体分开,气体从阀门3充入,油液经油孔a和系统连通。其优点是气体不易混入油液中,所以油不易氧化,系统工作较平稳,结构简单,工作可靠,安装容易,维护方便,寿命长;其缺点是由于活塞惯性大,有摩擦阻力,

故反应不够灵敏。活塞式蓄能器主要用于储能,不适于吸收压力脉动和压力冲击。

微课

蓄能器的类型

2. 气囊式蓄能器

图5-3所示为一种气囊式蓄能器。这种蓄能器是在高压容器内装入一个耐油橡胶制成的气囊,由气囊3与充气阀1一起压制而成,气囊内充气(一般为氮气),气囊外储油。壳体2下端有提升阀4,它能使油液通过阀口进入蓄能器,又能防止当油液全部排出时气囊膨胀出容器之外。气囊式蓄能器的优点是气囊惯性小,反应灵敏,容易维护;其缺点是气囊及壳体制造困难。

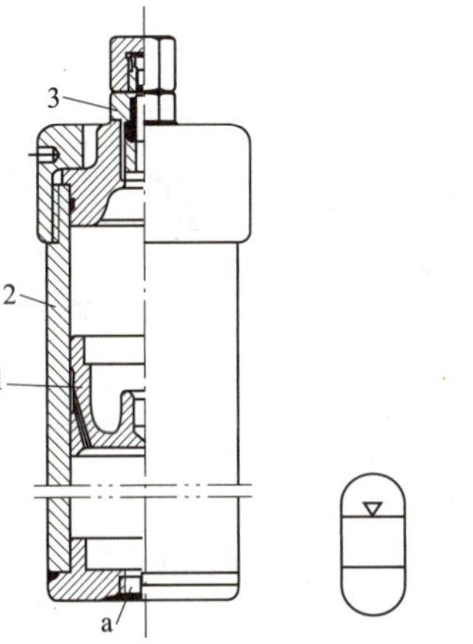

(a) 结构　　(b) 职能符号

1—活塞;2—缸体;3—阀门。

图5-2　活塞式蓄能器

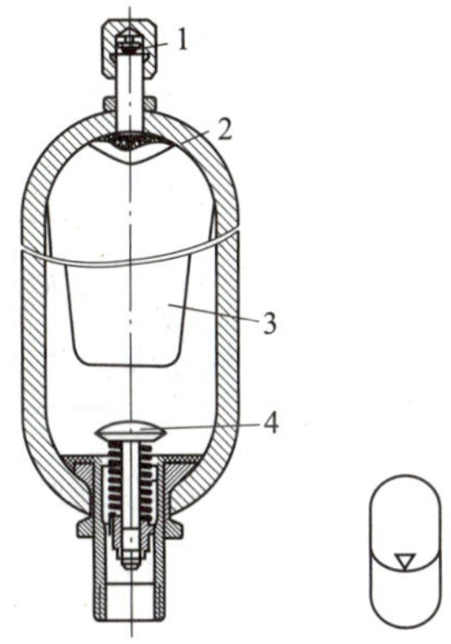

(a) 结构　　(b) 职能符号

1—充气阀;2—壳体;3—气囊;4—提升阀。

图5-3　气囊式蓄能器

此外还有重力式、弹簧式、气瓶式、隔膜式蓄能器等。

二、蓄能器的功能及应用

微课

蓄能器的功能及故障

1. 用作辅助动力源

用蓄能器作为辅助动力源,减小装机功率周期循环动作的液压系统,只在短时需要大流量,减小泵的规格和选用较小功率的主动机,减少系统发热,提高效率。如图5-4(a)所示,液压缸6停止运动时,液压泵1向蓄能器4充液;液压缸运动时,液压泵和蓄能器就会联合向液压缸供油。压力继电器3的作用是控制蓄能器的充液压力,当达到其调定压力时,压力继电器发出信号,使液压泵停止供油。

2. 系统保压

如图5-4(b)所示,执行机构停止后,卸荷阀被打开使液压泵卸荷,蓄能器补偿系统泄漏使系统保压。此外,蓄能器在液压泵发生故障时,作为应急能源在一定时间内可保持系统压力,防止系统发生故障。

3. 吸收压力冲击

在液压缸开停、换向阀换向、液压泵停车等液流发生激烈变化时会产生液压冲击而引起执行机构运动不均匀,严重时还会引起故障。蓄能器能吸收回路的冲击压力,起安全保护作用,如图5-4(c)所示。

4. 吸收压力脉动

如图 5-4(d)所示,蓄能器能吸收或减少液压泵的流量脉动和其他原因造成的压力脉动,降低系统的噪声和振动。

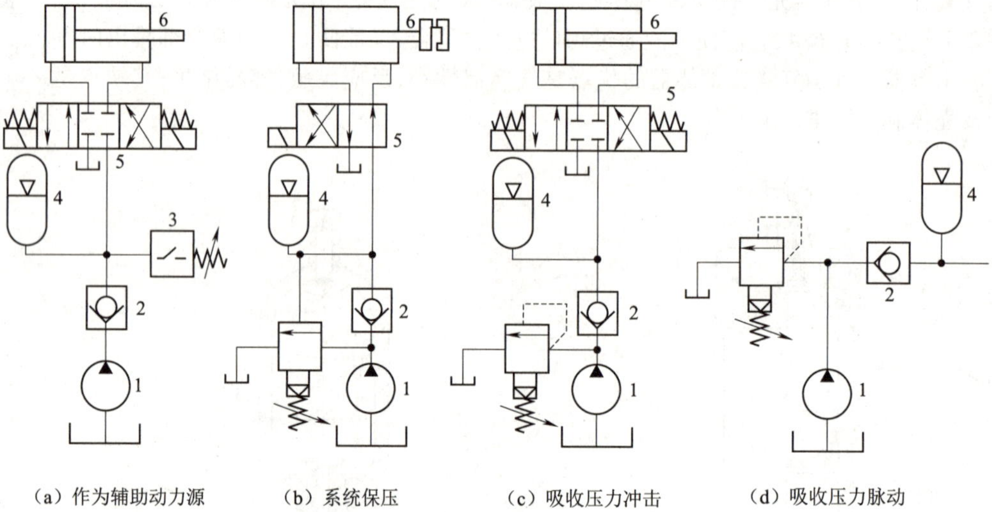

1—液压泵;2—单向阀;3—压力继电器;4—蓄能器;5—换向阀;6—液压缸。

图 5-4 蓄能器的作用

三、蓄能器的选择、使用和安装

1. 蓄能器的选择

选择蓄能器应考虑如下因素:工作压力及耐压;公称容积及允许的吸(排)流量或气体容积;允许使用的工作介质及介质温度等。其次,还应考虑蓄能器的质量及占用空间、价格、品质及使用寿命、安装维修的方便性及生产厂家的货源情况等。

蓄能器属压力容器,必须有生产许可证才能生产,所以一般不要自行设计、制造蓄能器,而应选择专业生产厂家的定型产品。

2. 蓄能器的使用

不能在蓄能器上进行焊接、铆焊及机械加工;蓄能器绝对禁止充氧气,以免引起爆炸;不能在充油状态下拆卸蓄能器。

检查气囊式蓄能器充气压力的方法:将压力表装在蓄能器的油口附近,用泵向蓄能器注满油液,然后使泵停止,让压力油通过与蓄能器相接的阀慢慢地从蓄能器流出。在排油过程中观察压力表,压力表指针会慢慢下降。当达到充气压力时,蓄能器的提升阀关闭,压力表指针迅速下降到零,压力迅速下降前的压力即为充气压力。也可利用充气工具直接检查充气压力,但由于每次检查都要放掉一点气体,故不适用于容量很小的蓄能器。

3. 蓄能器的安装

蓄能器应安装在便于检查、维修的位置,并远离热源。用于降低噪声、吸收压力脉动和压力冲击的蓄能器,应尽可能靠近振动源。蓄能器的铭牌应置于醒目的位置。必须将蓄能器牢固地固定在托架或地基上,以防止蓄能器从固定部位脱开而发生飞起伤人事故。非隔离式蓄能器及气囊式蓄能器应油口向下、充气阀向上竖直放置。蓄能器与液压泵之间应装设单向阀,防止液压泵卸荷或停止工作时蓄能器中的压力油倒灌。蓄能器与系统之间应装设截止阀,供充气、检查、维修蓄能器时或长时间停机时使用。

四、蓄能器故障分析与排除

蓄能器常见故障现象、故障原因及排除方法见表5-2。

表5-2　蓄能器常见故障及排除方法

故障现象	故障原因	排除方法
皮囊式蓄能器压力下降严重,经常需要补气	1. 蓄能器在工作过程中受到振动,造成充气阀的阀芯松动、密封锥面不密合,导致漏气 2. 蓄能器充气阀阀芯锥面上拉有沟槽,导致漏气 3. 蓄能器充气阀阀芯锥面上粘有污物,导致漏气 4. 充气阀阀芯上端的螺母松脱,导致皮囊内氮气瞬间泄完 5. 弹簧折断或漏装,导致皮囊内氮气瞬间泄完	1. 在充气阀密封盖内垫上厚度约3 mm的硬橡胶垫 2. 修磨密封锥面使之密合 3. 拆卸、清洗充气阀 4. 拧紧阀芯上端螺母 5. 更换或补装弹簧
皮囊使用寿命短	1. 皮囊质量差,蓄能器使用的工作介质与皮囊材质不相容 2. 有污物混入蓄能器皮囊 3. 选用的蓄能器公称容量不合适,导致油口流速超过7 m/s 4. 蓄能器工作介质的油温太高或过低 5. 蓄能器储能时,往复频率超过1次/10 s,导致寿命开始下降,当超过1次/3 s时,寿命急剧下降 6. 蓄能器安装不合理,配管设计不合理 7. 供油前充气压力大小不合适,导致蓄能器在最小工作压力时不能可靠工作 8. 供油前充气压力大小选择不合适,导致工作过程中皮囊收缩和膨胀的幅度过大而降低使用寿命	1. 选用高质量皮囊蓄能器,保证蓄能器工作介质与皮囊材质的相容性 2. 清洗蓄能器皮囊 3. 合适选用蓄能器公称容量,使油口流速不超过7 m/s 4. 采取措施,使蓄能器工作介质油温适宜 5. 蓄能器储能往复频率不超过1次/10 s 6. 合理安装蓄能器,合理进行配管 7. 供油前充气压力一般应在0.75～0.9倍最小工作压力的范围内选取 8. 供油前充气压力的选取范围为不小于最大工作压力的2.5%
蓄能器不起蓄能作用	1. 气阀漏气严重,皮囊内根本无氮气,或皮囊破损进油 2. 最小工作压力大于最大工作压力,即最大工作压力过低,蓄能器完全丧失储能功能	1. 加强气阀密封性,为皮囊加补氮气,更换皮囊 2. 降低充气压力或者根据负载情况提高工作压力
吸收压力脉动的效果差	1. 蓄能器与主管路分支点的连接管路细而长 2. 蓄能器安装位置距离脉动源过远,消除压力脉动效果差,有时甚至会加剧压力脉动	1. 蓄能器与主管路分支点的连接管路要短,通径要适当大些 2. 将蓄能器安装在靠近脉动源的位置
蓄能器释放出的流量稳定性差	蓄能器充放液瞬时流量时刻变化,特别是在大容量且压力变化范围较大的系统中,瞬时流量变化范围更大	1. 在蓄能器与执行元件间加装流量控制元件 2. 用多个小容量蓄能器并联来代替大容量蓄能器,并且多个并联蓄能器采用不同大小的充气压力 3. 尽量减少工作压力范围 4. 适当增大蓄能器结构容积(公称容积) 5. 保证在一个工作循环中,充液时间足够,同时减少充液期间系统的内泄漏

任务3　过滤器结构及故障分析

任务目标

1. 了解过滤器的要求。
2. 掌握网式过滤器、纸芯式过滤器等过滤器的结构特点及应用。
3. 分析过滤器常见故障产生的原因,掌握排除故障的方法。

素质目标

让学生认识到过滤器的过滤精度和质量直接影响液压系统的性能和寿命,培养学生注重质量的意识。

任务导入

过滤器可过滤掉油液中的污染颗粒,了解过滤器的要求、安装方法,掌握过滤器的分类,结构特点及应用。分析过滤器常见故障产生的原因,掌握排除故障的方法。

任务实现

液压系统工作过程中,由于外界灰尘、杂质等的侵入以及液压元件的磨损、油液和管件等的氧化变质,油液中会混入各种杂质。据统计,机械设备液压系统的故障70%以上是由于油液的污染所造成的。因此为了除去油液中的颗粒杂质,以免其损坏液压元件以致影响液压系统的正常工作,经常在液压系统中使用过滤器对油液进行过滤。

过滤器是从液流中除去污染颗粒的屏蔽层,当油液通过这种由重叠的小孔或通路组成的屏蔽层时,油液中的杂质颗粒被阻留,从而达到滤清油液的目的。

一、过滤器的要求

微课

过滤器的要求

1. 要有足够的过滤精度

当杂质颗粒直径 d 与相对运动件的间隙相近时,对零件最为有害。因此对油液中杂质颗粒的尺寸和数量应有所限制。在液压系统中过滤器的过滤精度是以杂质颗粒的最大颗粒度为标准的。

不同的液压系统对过滤器过滤精度的要求见表5-3。

表5-3　过滤精度推荐值

系统类别	润滑系统	传动系统			伺服系统	特殊要求的系统
工作压力/MPa	0~2.5	≤14	>14~21	≥21	21	35
过滤精度/μm	100	25~50	25	10	5	1

2. 足够的过滤能力

过滤能力是指过滤器允许通过油液的流量。使用中过滤能力随时间的延长会降低,所以过滤器除满足系统要求外,还应有一定的裕量。如吸油管路上的过滤器,其过滤能力一般应为液压泵流量的两倍以上。

3. 要有足够的机械强度

过滤器的滤芯及壳体应有一定的机械强度,并便于清洗。

4. 压降特性

液压系统中的过滤器对油液流动来说是一种阻力,因而油液通过滤芯时必然会出现压降。一般来说,在滤芯尺寸和流量一定的情况下,滤芯的过滤精度越高,压力降越大;在流量一定的情况下,滤芯的有效过滤面积越大,压降越小;油液的黏度越大,流经滤芯的压降也越大。

滤芯所允许的最大压降,应以不致使滤芯元件发生结构性破坏为原则。在高压系统中,滤芯在稳定状态下工作时承受到的仅仅是它那里的压降,这就是为什么纸质滤芯也能在高压系统中使用的原因。油液流经滤芯时的压降,大部分是通过试验或经验公式来确定的。

5. 纳垢容量

这是指过滤器在压降达到其规定限值之前可以滤除并容纳的污染物数量,这项性能指标可以用多次通过性试验来确定。过滤器的纳垢容量越大,使用寿命越长,所以它是反映过滤器寿命的重要指标。一般来说,滤芯尺寸越大,即过滤面积越大,纳垢容量就越大。增大过滤面积,可以使纳垢容量至少成比例地增加。

二、过滤器的类型和结构特点

微课

过滤器的类型和结构

按滤芯材料和结构的不同,过滤器可分为网式、线隙式、纸芯式、烧结式和磁性式等多种。

1. 网式过滤器

图 5-5 所示为网式过滤器的结构。铜丝网 3 包在四周开了很多窗口的金属或塑料圆筒 2 上。过滤精度由网孔大小和层数决定。网式过滤器的特点是结构简单,通流能力大,清洗方便,压降小,但过滤精度较低,有 80 μm、100 μm 和 180 μm 三个规格。网式过滤器常用于液压系统的吸油管路。

2. 线隙式过滤器

线隙式过滤器的结构如图 5-6 所示,它用金属线(常用铜线或铝线)绕在筒形芯架上组成滤芯,靠金属线间的微小间隙来阻挡油液中的杂质。这种过滤器的特点是结构简单,通流能力大,过滤精度较高(30 ~ 100 μm),但不易清洗。线隙式过滤器常用于低压系统的吸油管路。

3. 纸芯式过滤器

图 5-7 所示为纸芯式过滤器的结构,与线隙式过滤器的结构基本相同,只是滤芯的材质和结构不同。其滤芯分三层:外层为粗眼钢板网,中层为折叠成 W 形的滤纸,内层为金属丝网(与滤纸一并折叠在一起制成)。外层和内层起增大滤纸的强度和均匀折叠空间的作用。它的过滤精度较高(5 ~ 30 μm),通流能力大,滤芯价格低,但不能清洗,须经常更换纸芯。纸芯式过滤器常用于过滤精度要求较高的精密机床、数控机床、伺服机构、静压支承等系统中。

多数纸芯式过滤器上设置了污染指示器,其结构原理如图 5-8 所示。当滤芯堵塞严重,油液流经过滤器时产生的压力差达到规定值时,活塞和永久磁铁即向右移动,使感簧管的触点吸合,于是电路接通,发出信号,提醒操作人员更换滤芯,或实现自动停机保护。

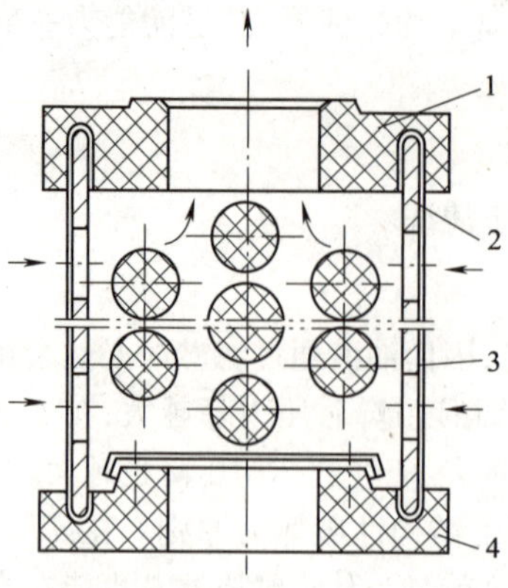

1—上盖;2—圆筒;3—铜丝网;4—下盖。

图 5-5　网式过滤器的结构

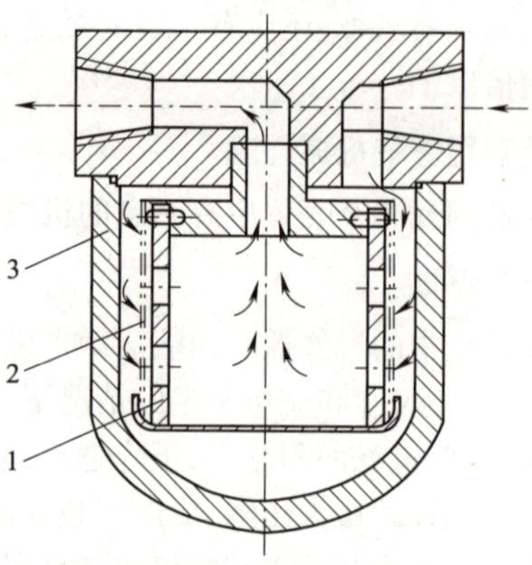

1—芯架;2—滤芯;3—壳体。

图 5-6　线隙式过滤器的结构

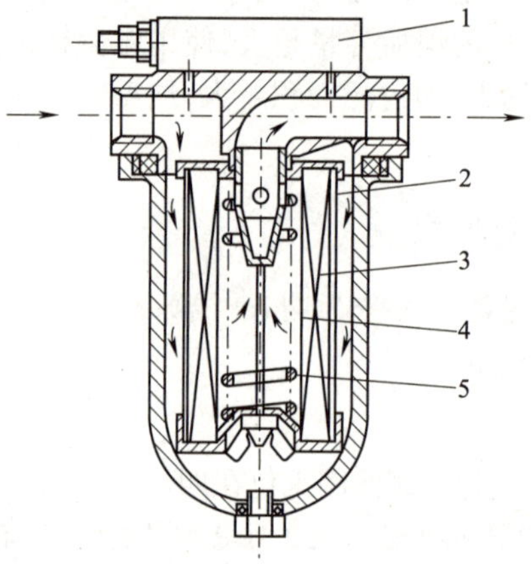

(a)

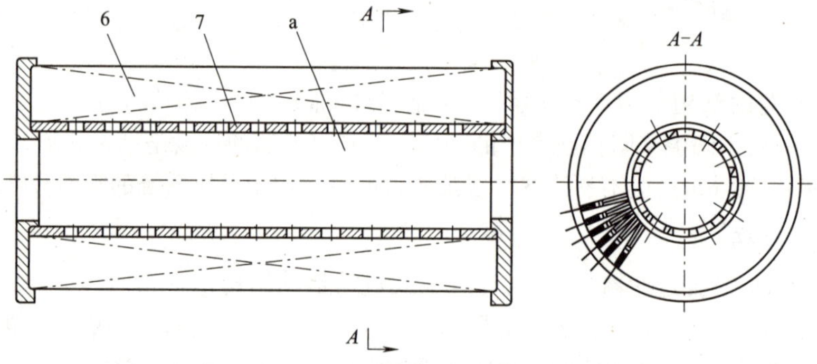

(b)

1—堵塞状态发讯装置;2—滤芯外层;3—滤芯中层;4—滤芯内层;
5—支承弹簧;6—纸芯;7—芯架。

图 5-7　纸芯式过滤器的结构

4. 烧结式过滤器

图5-9所示为烧结式过滤器的结构。它的滤芯由颗粒状的青铜粉末压制后烧结而成,利用颗粒间的微孔滤除油液中的杂质。其过滤精度较高(10~100 μm),耐压、耐腐蚀,性能稳定,制造简单。其缺点是清洗困难,若有颗粒脱落,会造成系统损坏。

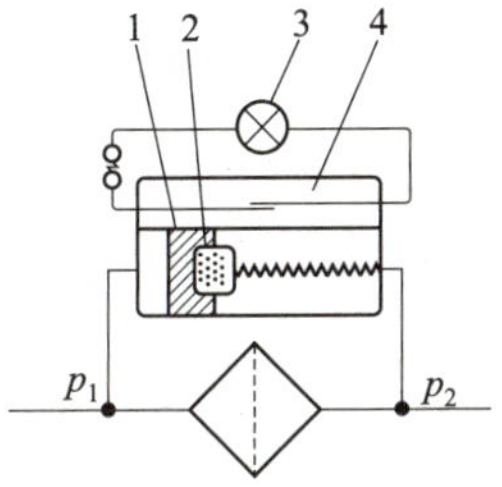

1—活塞;2—永久磁铁;3—指示灯;4—感簧管。

图5-8 污染指示器的结构原理

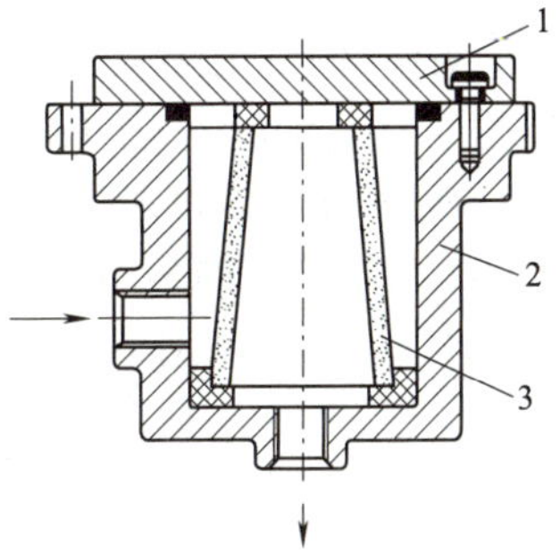

1—端盖;2—壳体;3—滤芯。

图5-9 烧结式过滤器的结构

5. 磁性式过滤器

磁性式过滤器是利用磁性来吸附油液中的铁末等可磁化的杂质的。由于这种过滤器对其他杂质不起作用,所以常和其他滤芯组成组合滤芯,制成具有复合式滤芯的过滤器。

三、过滤器的选用和安装

过滤器可以安装在液压系统的不同部位,过滤器的职能符号如图5-10(a)、(b)、(c)所示。

微课

过滤器的选用与安装

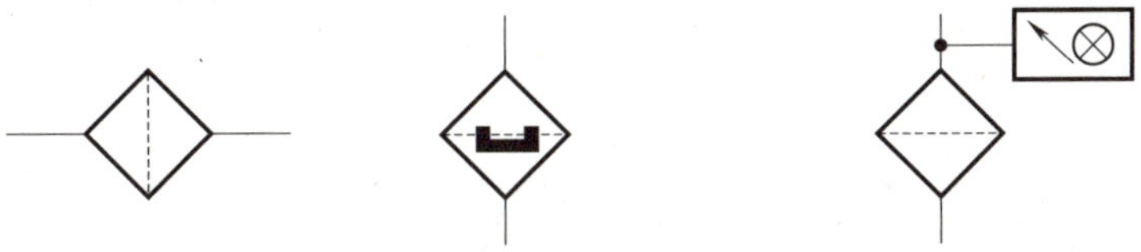

(a) 一般符号 (b) 带磁性滤芯的过滤器 (c) 带有光学阻塞指示器的过滤器

图5-10 过滤器的职能符号

1. 过滤器的选用

过滤器按其过滤精度(滤去杂质的颗粒大小)的不同,分为粗过滤器、普通过滤器、精过滤器和特精过滤器四种,它们分别能滤去直径大于100 μm、10~100 μm、5~10 μm和1~5 μm大小的杂质。

选用过滤器时,要考虑以下几个方面:

①过滤精度应满足预定要求。

②能在较长时间内保持足够的通流能力。

③滤芯具有足够的强度,不因液压的作用而损坏。

④滤芯的耐蚀性好,能在规定的温度下持久地工作。

⑤滤芯清洗或更换简便。

因此,过滤器应根据液压系统的技术要求,按过滤精度、通流能力、工作压力、油液黏度、工作温度等条件选定其型号。

2. 过滤器的安装

如图 5-11 所示,过滤器在液压系统中的安装位置通常有以下几种:

(1)安装在液压泵的吸油口处[见图 5-11(a)]

液压泵的吸油路上一般都安装有表面型过滤器,目的是滤去较大的杂质微粒以保护液压泵,此外过滤器的过滤能力应为液压泵流量的两倍以上,压力损失小于 0.02 MPa。

(2)安装在液压泵的出口油路上[见图 5-11(b)]

此处安装过滤器的目的是用来滤除可能侵入阀类等元件的污染物。其过滤精度应为 10 ~ 15 μm,且能承受油路上的工作压力和冲击压力,压降应小于 0.35 MPa。同时应安装安全阀以防过滤器堵塞。

(3)安装在系统的分支油路上[见图 5-11(c)]

对于开式液压系统,当液压泵的流量较大时,可在只有 20% ~ 30% 液压泵流量的支路上安装过滤器,以减小过滤器的体积。

(4)安装在系统的回油路上[见图 5-11(d)]

这种安装起间接过滤作用。一般与过滤器并联安装一个背压阀,当过滤器堵塞达到一定压力值时,背压阀打开。

(5)单独过滤系统

大型液压系统可专设一个液压泵和过滤器组成独立过滤回路。

液压系统中除了整个系统所需的过滤器外,还常常在一些重要元件(如伺服阀、精密节流阀等)的前面单独安装一个专用的精过滤器来确保它们的正常工作。过滤器应安装在易于检查的地方,以便清洗和更换,为了安全,最好安装过滤器的堵塞指示器或发信装置。

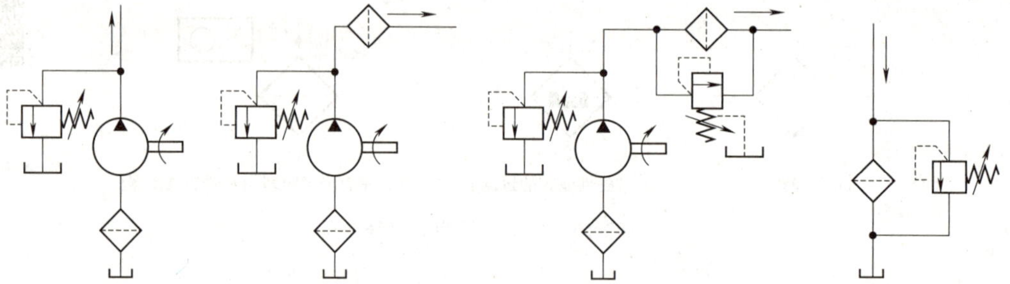

(a) 装在液压泵的吸油口处　(b) 安装在液压泵的出口油路上　(c) 安装在系统的分支油路上　(d) 安装在系统的回油路上

图 5-11　过滤器的安装

四、过滤器故障分析与排除

过滤器常见故障现象、故障原因及排除方法见表 5-4。

表 5-4　过滤器常见故障现象及排除方法

故障现象	故障原因	排除方法
滤芯发生破坏变形	1. 滤芯在工作中被污染物严重阻塞而未得到及时清洗，流进与流出滤芯的压差增大，使滤芯强度不够而导致滤芯变形破坏 2. 过滤器选用不当，超过了其允许的最高工作压力 3. 液压系统因某种故障使高压蓄能器油液反灌，冲坏过滤器	1. 定期检查清洗过滤器，排除污物 2. 正确选用过滤器，保证实际应用场合要求的强度、耐压能力与所选用过滤器的种类和型号相符 3. 针对液压系统具体故障原因，采取相应解决措施
金属网状过滤器脱焊，金属网与骨架脱离，失去过滤作用	1. 工作环境温度高，造成过滤器处局部油温过高，超过或接近焊料熔点温度，导致金属网状过滤器脱焊 2. 焊接不牢，油液冲击造成脱焊	1. 将金属网的焊料由锡铅焊料改为银焊料或银铜焊料，提高焊料的熔点 2. 金属网与骨架重新牢固焊接
金属粉末烧结式过滤器掉粒，堵塞节流孔	烧结粉末滤芯质量不合格	选用检验合格的烧结式过滤器
过滤器堵塞	污垢严重堵塞滤芯	毛刷清扫和溶剂清洗相结合
带堵塞指示发信装置的过滤器在堵塞后发信装置不发信	1. 堵塞指示发信装置的活塞被污物卡死而不能右移 2. 弹簧错装成大刚度的弹簧	1. 清洗活塞，排除污物 2. 更换刚度适宜的弹簧
带堵塞指示发信装置的过滤器在滤芯未堵塞时发信装置总不停地发信	1. 活塞被污物卡死在右端 2. 弹簧折断或漏装	1. 清洗活塞，排除污物 2. 重新安装弹簧
带旁通阀的过滤器失去过滤功能	1. 密封圈破损或漏装 2. 弹簧折断或漏装	1. 更换或补装密封圈 2. 更换或补装弹簧

任务 4　密封装置结构特点分析

微课

密封装置的结构特点

任务目标

1. 分析密封装置在液压系统中的作用，了解对密封装置的要求、使用方法。
2. 掌握 O 形密封圈、组合型密封圈等各类密封圈的结构特点及应用。

素质目标

通过学习密封装置结构特点，引导学生关注其设计和制造的精细之处，培养学生精益求精、追求卓越的工匠精神。

任务导入

在液压传动系统中，密封装置起到防止油液外泄和内泄，保证系统压力；同时防止外部杂质进入系统内部,污染油液,因此须了解密封装置的要求、使用方法,掌握密封装置的分类,结构特点及应用。

任务实现

在液压系统中,某些零件之间存在耦合关系。其耦合间隙可能是平面间隙,也可能是环形间隙。构成耦合关系的零件有的相对固定,有的相对运动。由于耦合零件之间存在间隙,不但高压区的油液会经此间隙向低压区转移形成外漏和内漏,而且空气中的尘埃或异物会乘隙而入,这将导致液压系统的容积损失、油温升高、污染工作介质及环境等,因此必须采取有效的密封措施。按构成耦合面的两个零件之间是否有相对运动,可将密封元件分为动密封和静密封;按工作原理,可将密封元件分为间隙密封和接触密封。

一、对密封装置的要求

①在工作压力和一定的温度范围内,应具有良好的密封性能,并随着压力的增加能自动提高密封性能。

②密封装置和运动件之间的摩擦力要小,摩擦因数要稳定。

③耐蚀性好,不易老化,工作寿命长,耐磨性好,磨损后在一定程度上能自动补偿。

④结构简单,使用、维护方便,价格低廉。

二、间隙密封

间隙密封是通过对相对运动零件的精密加工,使其配合间隙非常微小(0.01 ~ 0.05 mm)而实现密封,如图 5-12 所示。在圆柱配合面的间隙密封中,常在配合表面上开几条环形的小槽(宽 0.3 ~ 0.5 mm,深 0.5 ~ 1 mm,间距为 2 ~ 5 mm)。油在这些小槽中形成涡流,能减缓漏油速度,还能在油压作用下使两配合件同轴,起到降低摩擦阻力和避免因偏心而增加漏油量等作用。这些小槽叫压力平衡槽。

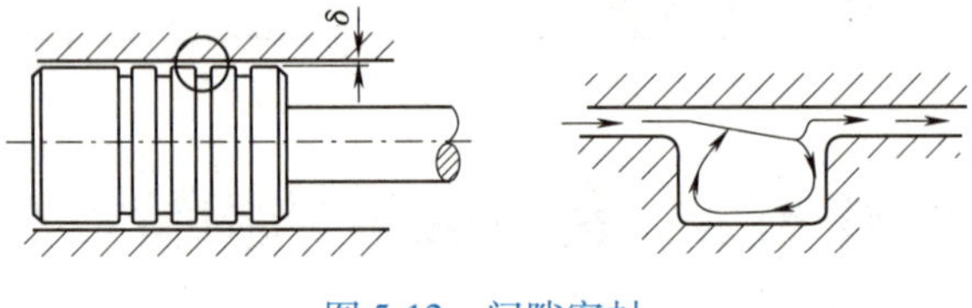

图 5-12　间隙密封

间隙密封结构简单,摩擦阻力小,磨损小,润滑性能好,是一种结构简单、紧凑的密封方式,在液压泵、液压马达、各种液压阀中得到广泛的应用。其缺点是密封效果差,密封性能随工作压力的升高而变差。尺寸较大的液压缸,要达到间隙密封所需要的加工精度比较困难,也不够经济。因此间隙密封在液压缸中仅用于尺寸较小、压力较低、运动速度较高的活塞与缸体内孔间的密封。

三、接触密封

接触密封常用的密封件是密封圈。它既可以用于静密封,也可以用于动密封。密封件常以其截面形状命名,有 O 形、Y 形、V 形等。此外,还有防尘圈、油封、组合密封垫圈等密封装置。

1. O 形密封圈

O 形密封圈的主要材料为合成橡胶。图 5-13(a)所示为其安装前的常态形状,图 5-13(b)所示为其安装后的截面示意。它属于应用最广泛的密封件之一。其密封性好、结构简单、动摩擦阻力小、成本低、使用方便。其工作压力可达70 MPa,工作温度可为－40～＋120 ℃。O形密封圈可用于静密封,也可用于动密封,且可同时对两个方向起密封作用。其缺点是用作动密封时,启动摩擦阻力较大,寿命相应缩短。

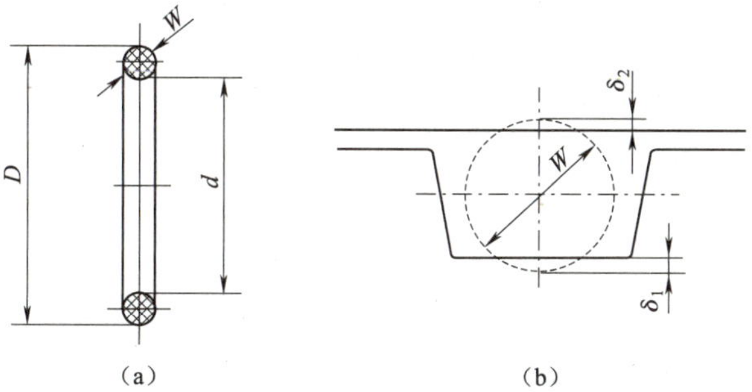

图5-13　O形密封圈

2. 唇形密封圈

唇形密封圈根据截面的形状可分为Y形、V形、U形、L形等。其工作原理如图5-14所示。液压力将密封圈的两唇边 h_1 压向形成间隙的两个零件的表面。这种密封作用的特点是能随着工作压力的变化自动调整密封性能,压力越高,则唇边被压得越紧,密封性越好;当压力降低时唇边压紧程度也随之降低,从而减少了摩擦阻力和功率消耗,除此之外,还能自动补偿唇边的磨损,保持密封性能不降低。

目前,液压缸中普遍使用图5-15所示的所谓小Y形密封圈作为活塞和活塞杆的密封。其中,图5-15(a)所示为轴用密封圈,图5-15(b)所示为孔用密封圈。这种小Y形密封圈的特点是断面宽度和高度的比值大,增加了底部支承宽度,可以避免摩擦力造成的密封圈的翻转和扭曲。

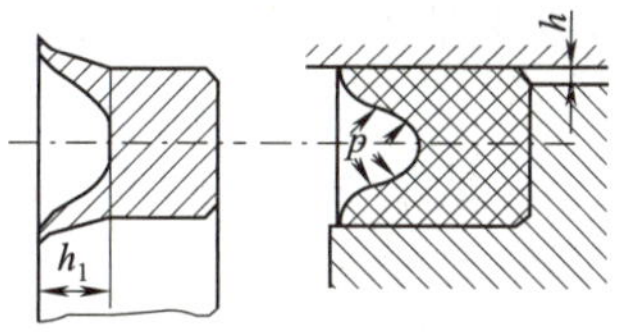

图5-14　唇形密封圈的工作原理

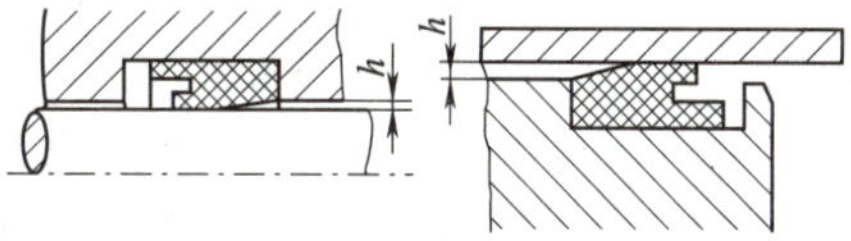

图5-15　小Y形密封圈

在高压和超高压情况下(压力大于25 MPa),V形密封圈也有应用,V形密封圈的形状如图5-16所示,它由多层涂胶织物压制而成,通常由压环、密封环和支承环三个圈叠在一起使用,此时已能保证良好的密封性,当压力更高时,可以增加中间密封环的数量,这种密封圈在安装时要预压紧,所以摩擦阻力较大。

唇形密封圈安装时应使其唇边开口面对液压油,使两唇张开,分别贴紧在零部件的表面上。

3. 组合密封圈

随着液压技术的应用日益广泛,系统对密封的要求越来越高,普通的密封圈单独使用已不能很好地满足密封性能,特别是使用寿命和可靠性方面的要求,因此,人们研究和开发了由包括密封圈在内的两个以上元件组成的组合式密封装置。

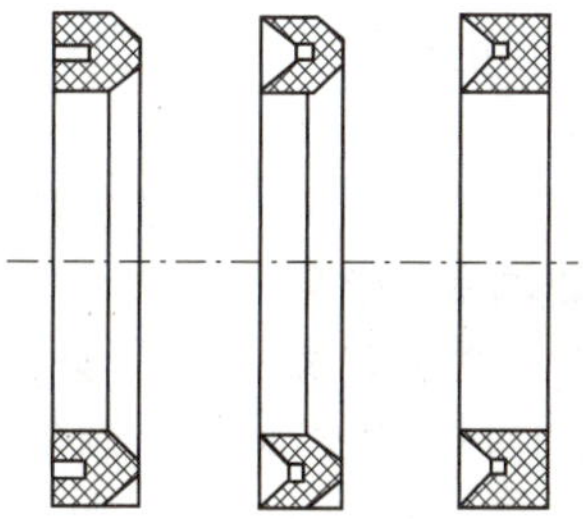

(a) 支承环 (b) 密封环　(c) 压环

图5-16　V形密封圈

图 5-17(a)所示的为 O 形密封圈与截面为矩形的聚四氟乙烯塑料滑环组成的组合密封装置。其中,滑环 2 紧贴密封面,O 形密封圈 1 为滑环提供弹性预压力,在介质压力等于零时构成密封,由于密封间隙靠滑环,而不是 O 形密封圈,因此摩擦阻力小而且稳定,可以用于 40 MPa 的高压;往复运动密封时,速度可达 15 m/s;往复摆动与螺旋运动密封时,速度可达 5 m/s。该组合密封装置的缺点是抗侧倾能力稍差,在高低压交变的场合下工作容易漏油。图 5-17(b)所示为由支承环 3 和 O 形密封圈 1 组成的轴用组合密封,由于支持环与被密封件之间为线密封,其工作原理类似唇边密封。支持环采用一种经特别处理的化合物,具有极佳的耐磨性、低摩擦和保形性,不存在橡胶密封低速时易产生的“爬行”现象。其工作压力可达 80 MPa。

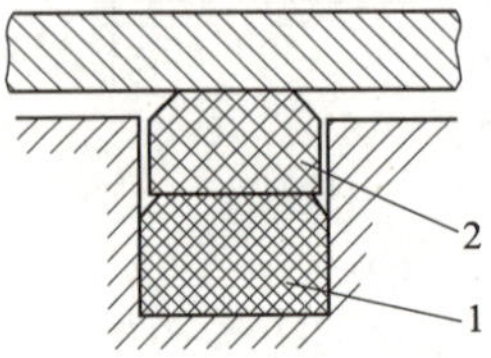

(a) O形密封圈和塑料滑环

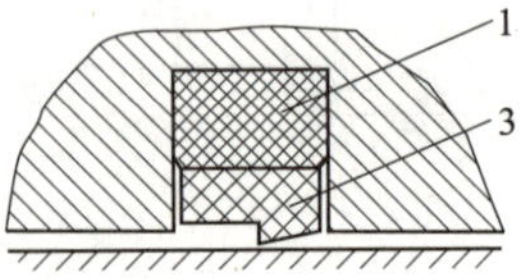

(b) 支持环O形密封圈

1—O 形密封圈;2—滑环;3—支承环。

图 5-17　组合式密封装置

四、密封圈的使用要求

密封圈的使用要求具体如下:

①当密封圈用于圆柱环形间隙密封时,若密封圈的安装沟槽开在轴上,选取密封圈的公称外径与轴的外径相等;若密封圈的安装沟槽开在轴的耦合件上,选取密封圈的公称内径与轴的外径相等。沟槽的形式、尺寸及公差,表面粗糙度等必须严格按有关标准确定。轴与孔的配合公差(密封间隙)与工作介质的工作压力、密封圈的硬度及密封圈的公称直径(Y 形和 V 形密封圈)或截面直径(O 形密封圈)有关,须根据有关标准选取。

②当 O 形密封圈用于平面密封时,O 形密封圈的外径要满足 $D_1 \geqslant (d_1 + 2B)$ (d_1 为密封孔径、B 为固定沟槽的最小宽度,其大小与 O 形密封圈的截面直径有关)。

③当工作压力小于 10 MPa 时,为防止 O 形密封圈被挤入间隙,可在 O 形密封圈的承压面设置挡圈,挡圈的材料为聚四氟乙烯、尼龙等,其硬度高于 O 形密封圈。

④因 Y 形和 V 形密封圈仅单方向起密封作用,若需要双向密封,则需要设置两个密封圈,两密封圈背向安装,唇边对着高压侧。

⑤一般情况,Y 形密封圈可不用支承环,但在介质工作压力变化较大,相对滑动速度较高的场合,要使用支承环固定密封圈。为了使工作压力同时加到密封圈内外唇边上,使唇边张开,需在支承环上开几个小孔。

⑥当 V 形密封圈不能从轴向装入时,可以切口(45°)安装,但多个 V 形圈的切口应相互错开,以免影响密封效果。

⑦安装密封圈时,为安装方便不致切坏密封圈,应在所通过的各部位,如缸筒和活塞杆的端部,加工 15° ~ 30°的倒角,倒角应有足够的长度。

⑧注意密封圈的清洁,防止安装时带入铁屑、尘土、棉纱等杂物。

任务5 管件结构特点分析

任务目标

1. 分析管件在液压系统中的作用，了解对管件的要求。
2. 掌握硬管、橡胶软管、扩口式管接头、扣压式胶管接头等各类管件的结构特点及应用。

素质目标

通过学习管件结构特点，引导学生思考管件选择和安装对整个液压系统的影响，培养学生的工程伦理意识。

任务导入

在液压传动系统中，管件用于液压元件之间的连接和工作介质的运输，保证液压系统正常工作；因此须了解对管件的要求，掌握管件的分类、结构特点及应用。

任务实现

管件包括油管（输送工作介质）和管接头（连接管道与管道或液压元件）。液压系统对管件的要求如下：

①要有足够的强度，一般限制所承受的最大静压和动态冲击压力。

②液流的压力损失要小，一般通过限制流量或流速予以保证。

③密封性要好，绝对不允许有外泄漏存在。

④与工作介质之间有良好的相容性，耐油、抗腐蚀性要好。

⑤装拆、布管方便。

一、油管

1. 硬管

微课

油管

（1）钢管

钢管分为无缝钢管和焊接钢管。无缝钢管耐压高（能承受 25～32 MPa 高压），变形小，而且耐油、抗腐蚀，因此，广泛应用于中高压系统。无缝钢管有冷拔和热轧两种。系统的压油管路多采用10号、15号冷拔无缝钢管。这是因为其尺寸准确，质地均匀，强度高和可焊接性好。焊接钢管价格便宜，但承压低，其最高工作压力不大于1 MPa，可用于主油路中的吸油管路和回油管路。要求防腐蚀、防锈的场合，可选用不锈钢管；超高压系统，可选用合金钢管。

钢管能承受高压，刚性好，抗腐蚀，价格低廉。缺点是弯曲和装配均较困难，需要专门的工具或设备。因此，常用于中、高压系统或低压系统中装配部位限制少的场合。

（2）纯铜管

纯铜管可以根据需要较容易地弯成任意形状，安装方便，且管壁光滑，摩擦阻力小。但其耐压力较低,抗振能力差,因而仅适用于压力低于 5 MPa 的管路。另外,由于油与铜接触能加速油液氧化,且铜价格较贵,因而仅用于小型中、低压设备内部装配不方便处和控制装置、仪表的小直径油管。

2. 软管

(1)耐油橡胶软管

橡胶软管用作两个相对运动部件的连接油管,分高压和低压两种。高压软管由耐油橡胶夹 2~3 层钢丝编织网制成。层数越多,承受的压力越高,其最高承受压力可达 42 MPa。低压软管由耐油橡胶夹帆布制成,其承受压力一般在 1.5 MPa 以下。

橡胶软管安装方便,不怕振动,并能吸收部分液压冲击。其缺点是制造困难,成本高,寿命短,刚性差,因此,不拆卸的固定连接油管不用软管。橡胶软管的规格和耐压能力可查阅有关标准。

(2)尼龙管

尼龙管为乳白色半透明新型油管,其承压能力因材质而异,可为 2.5~8.0 MPa。尼龙管有软管和硬管两种,其可塑性大。硬管加热后也可以随意弯曲成形和扩口,冷却后又能定形不变,使用方便,价格低廉。尼龙管是一种有发展前途的非金属油管。

(3)耐油塑料管

耐油塑料管价格便宜,装配方便。但承压低,使用压力不超过 0.5 MPa,长期使用会老化,只用作泄油管和某些回油管。

3. 安装油管的要求

(1)安装硬管的要求

①硬管安装时,对于平行或交叉管道,相互之间要有 10 mm 以上的空隙,以防止干扰和振动。在高压大流量场合,为防止管道振动,需每隔 1 m 左右用管夹将管道固定在支架上。

②管道安装时,路线应尽可能短,布管要整齐,直角转弯要少。其弯曲半径应大于管道外径的 3 倍,弯曲后管道的椭圆度小于 10%,不得有波浪变形、凹凸不平及压裂与扭转等现象。

③对安装前的钢管应检查其内壁是否有锈蚀现象。一般应用 20% 的硫酸或盐酸进行酸洗,酸洗后用 10% 的苏打水中和,再用温水洗净、干燥、涂油,进行静压试验,确认合格后再安装。

(2)安装软管的要求

①软管的弯曲半径不应小于软管外径的 10 倍。对于金属波纹软管,若用于运动连接,则其最小弯曲半径不应小于内径的 20 倍。

②耐油橡胶软管和金属波纹软管与管接头成套供货。弯曲时耐油橡胶软管的弯曲处距管接头的距离至少是外径的 6 倍;金属波纹软管的弯曲处距管接头的距离应大于管内径的 2~3 倍。

③软管在安装和工作中不允许有拧、扭现象。

④耐油橡胶软管用于固定件的直线安装时要有一定的长度裕量,以适应胶管工作时 -2%~+4% 的长度变化(油温变化、受拉、振动等因素引起)的需要。

⑤耐油橡胶软管不能靠近热源,要避免与设备上的尖角部分相接触和摩擦,以免划伤管子。

二、管接头

管接头用于管道与管道或管道与液压元件之间的连接。对管接头的主要要求是安装、拆卸方便,抗振动,密封性能好。

1. 扩口式管接头

扩口式管接头如图 5-18 所示。接管(一般为铜管或薄壁钢管)端部的扩口角度为 74°,导套的内锥孔为66°。装配时的拧紧力通过接头螺母转换成轴向压紧力，由导套传递给接管的管口部分，使扩口锥面与接头体的密封锥面之间获得接触比压，在起刚性密封作用的同时，也起到连接作用并承受由管内流体压力所产生的接头体与接管之间的轴向分力。这种管接头的最高工作压力一般小于16 MPa。

微课

扩口式、卡套式、焊接式、活动铰接式管接头

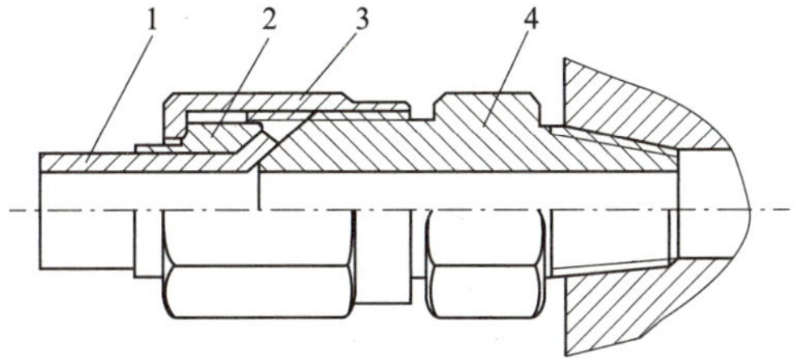

1—接管；2—导套；3—接头螺母；4—接头体。

图5-18　扩口式管接头

2. 卡套式管接头

图5-19所示为卡套式管接头的一种基本形式，它由接头体、卡套和螺母等零件组成。拧紧螺母时，依靠卡套楔入接头体与接管之间的缝隙而实现连接。接头体的拧入端与焊接式管接头一样，可以是圆柱细牙螺纹，也可以是圆锥螺纹。这种管接头的最高工作压力可达40 MPa。

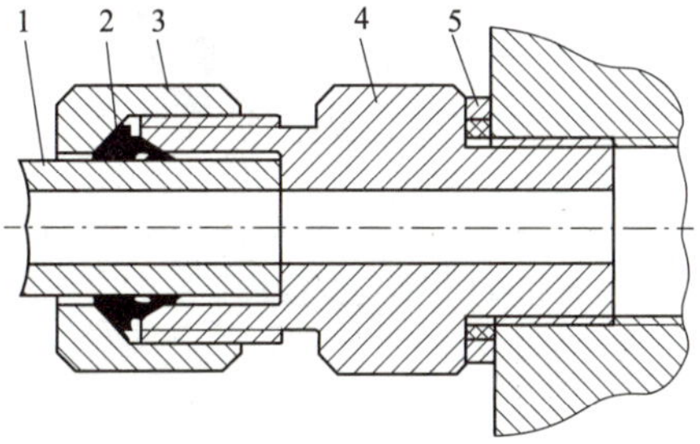

1—接管；2—卡套；3—螺母；4—接头体；5—组合密封垫。

图5-19　卡套式管接头

3. 焊接式管接头

焊接式管接头主要由接头体、螺母和接管等组成，如图5-20所示。接头体的拧入端为细牙螺纹时，其接合面应加组合密封垫。若拧入端为圆锥螺纹，则不必装组合密封垫。接头体与接管之间用O形密封圈密封，接管被螺母紧压在接头体端面，其外端与钢管焊接相连。

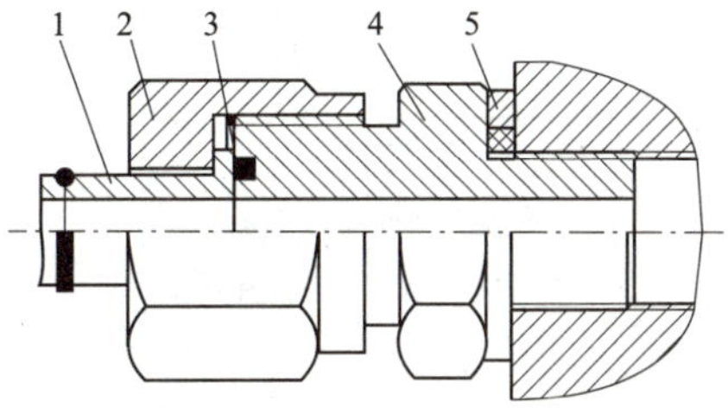

1—接管；2—螺母；3—O形密封圈；4—接头体；5—组合密封圈。

图5-20　焊接式管接头

焊接式管接头结构简单,制造方便,耐高压(32 MPa),密封性能好。其缺点是对钢管与接管的焊接质量要求高。

4. 活动铰接式管接头

铰接式管接头用于液流方向成直角的连接。与普通直角管接头相比,其优点是可以随意调整布管方向,安装方便,占用空间小。

铰接式管接头按安装之后成直角的两油管是否可以相对摆动,可分为固定式和活动式。图 5-21 所示为活动铰接式管接头。活动铰接式管接头的接头芯靠台肩和弹簧卡圈保持其与接头体的相对位置,两者之间有间隙可以转动,其密封由套在芯子外圆的 O 形密封圈予以保证。铰接式管接头与管道的连接可以是卡套式或焊接式,使用压力可达 32 MPa。

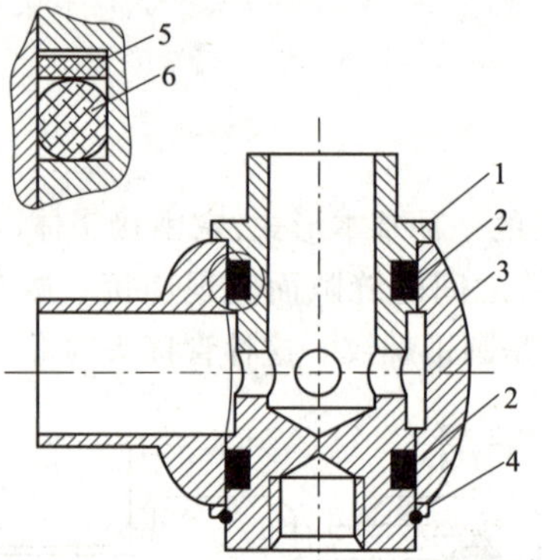

1—接头芯;2—密封件;3—接头体;4—弹簧卡圈;5—挡圈;6—O 形密封圈。

图 5-21　活动铰接式管接头

5. 扣压式胶管接头

如图 5-22 所示,扣压式胶管接头主要由接头外套和接头芯组成。接头外套的内壁开有环形切槽,接头芯的外壁呈圆柱形,上有周向切槽。当剥去胶管的外胶层,将其套入接头芯时,拧紧接头外套并在专用设备上扣压,以达到紧密连接的目的。这种管接头的最高工作压力可达 40 MPa。

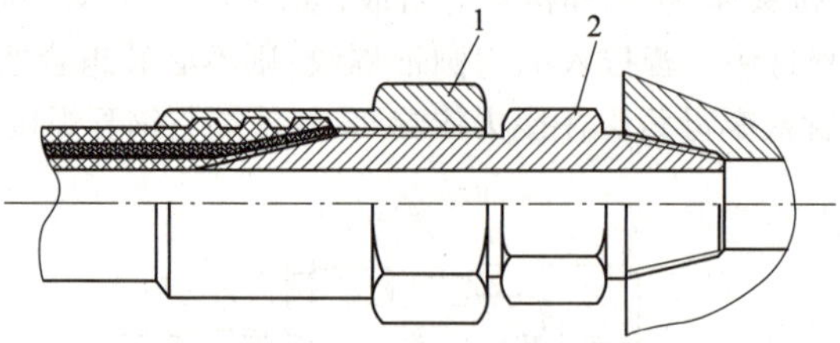

1—接头外套;2—接头芯。

图 5-22　扣压式胶管接头

6. 快换接头

快换接头是一种不需要使用任何工具就能实现迅速连接或断开的管接头。它适用于须经常装拆的液压管路。

图 5-23 所示为一种快换接头的接通工作位置,此时两个接头体的结合是通过接头体上的6～12 个钢球被压落在接头体的 V 形槽内实现的。接头体内的单向阀由前端的顶杆作用,分别后退压缩弹簧,此时通道打开,液体可由任何一端流向另一端。

当需要断开油路时,只需将外套向左推,同时拉出内接头体,于是钢球退出 V 形槽,接头体内的单向阀阀芯在弹簧力的作用下外移,将管道关闭,油液不会外漏。当油路断开后,左接头外圈弹簧使外套回位。快换接头的额定最高工作压力可达 32 MPa。

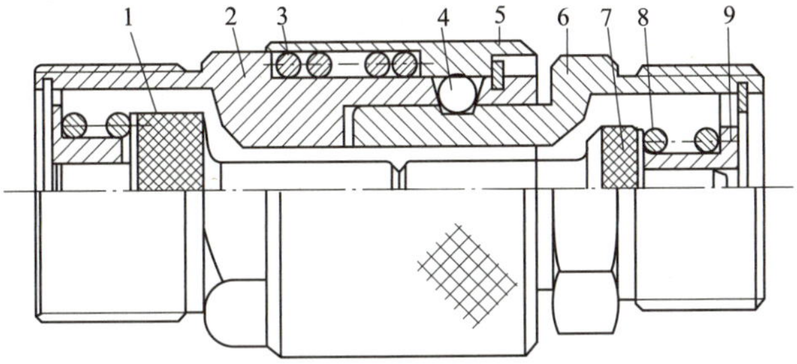

1、7—单向阀芯;2—外接头体;3、8—弹簧;4—钢球;5—外套;6—内接头体;9—弹簧座。

图 5-23　快换接头

素养园地

素质目标:培养科技创新思维,树立民族自豪感。

事件:武汉纺织大学研制耐高温弹性密封装置,助力"天问一号"探测器成功着陆火星。探测器在火星表面软着陆是其中风险最大、技术难度最高的环节。当"天问一号"探测器抛掉大底和背罩,露出着陆平台和火星车时,大推力发动机开始工作,探测器观察地面,寻找最安全的具体着陆地点,此时,巡视器上 12 台姿控发动机配合主发动机起到减速和姿态调整作用。"火星探测器耐高温弹性密封装置"就装配在姿控发动机喷口尾管和导流锥管连接处,该装置使用特种无机纤维材料与金属材料复合编织,成功将姿控发动机喷口产生的 1 500 ℃高温阻隔、密封,并实现了姿控发动机喷口尾管和导流锥管的弹性连接。耐高温弹性热密封技术阻断了发动机火焰高温热传导对周边设备运行的影响,确保发动机火焰不泄漏,实现了姿控发动机火焰喷射时产生的反推力精准可控,为探测器平稳着陆火星提供了重要保障。

作业与思考

5-1 油箱的功用是什么?设计方式应注意哪些问题?

5-2 蓄能器有哪些功用?安装和使用蓄能器应注意哪些问题?

5-3 液压系统对过滤器的要求有哪些?

5-4 常用的过滤器有哪几种?它们各适用于什么场合?过滤器一般安装在什么位置?

5-5 液压系统对密封装置的要求有哪些?

5-6 常用的密封装置有哪几种?它们各适用于什么场合?

5-7 液压系统对管件的要求有哪些?

5-8 常用的油管有哪几种?它们各适用于什么场合?

5-9 常用的管接头有哪几种?它们各适用于什么场合?

项目6

液压控制元件的认识

在液压传动系统中，液压控制元件主要用来控制液压执行元件运动的方向、承载的能力和运动的速度，以满足机械设备工作性能的要求。按其用途可分为方向控制阀、压力控制阀和流量控制阀三大类。尽管其类型各不相同，但它们之间存在着共性，在结构上所有阀都由阀体、阀芯和驱动阀芯动作的元件（如弹簧、电磁铁等）组成，在工作原理上所有阀的阀口开度面积，进、出油口的压力差与流经阀的流量都遵循孔口流量公式，所有的阀都是通过控制阀体和阀芯的相对运动来实现控制目的的。

任务1　了解液压控制元件的分类

任务目标

1. 了解按用途、按控制方法、按结构等方式分类的液压控制阀的特点。
2. 熟悉液压系统对液压控制阀的要求。

素质目标

通过介绍各类液压控制元件在不同领域的广泛应用，激发学生对液压行业的认同感，增强对所学专业的热爱。

任务导入

在液压传动系统中，液压控制阀是控制液体在管中流动的方向，调节液体的压力和流量，保证执行元件的输出要求。那么液压控制阀是如何分类，液压系统对液压控制阀有哪些要求？

任务实现

液压控制阀是液压系统的控制元件，其作用是控制和调节液压系统中液体流动的方向、压力的高低和流量的大小，以满足执行元件的工作要求。

一、液压阀的分类

液压控制阀的种类繁多，除了不同品种、规格的通用阀外，还有许多专用阀和复合阀。就液压阀的基本类型来说,通常按以下方式进行分类。

微课

液压阀的分类

1. 按用途分类

(1)压力控制阀

用来控制和调节液压系统中液流的压力或利用压力控制的阀类称为压力控制阀,如溢流阀、减压阀、顺序阀、电液比例溢流阀、电液比例减压阀等。

(2)流量控制阀

用来控制和调节液压系统中液流流量的阀类称为流量控制阀,如节流阀、调速阀、分流阀、电液比例流量阀等。

(3)方向控制阀

用来控制和改变液压系统中液流方向的阀类称为方向控制阀,如单向阀、换向阀等。

以上三类阀可互相组合,成为复合阀,以减少管路连接,使结构更为紧凑,提高系统效率,如单向行程调速阀等。

2. 按控制方式分类

(1)开关阀或定值控制阀

这是最常见的一类液压阀,又称为普通液压阀。此类阀采用手动、机动、电磁铁和控制液压油等控制方式启闭液流通路、定值控制液流的压力和流量。

(2)伺服控制阀

这是一种根据输入信号(电气、机械、气动等)及反馈量成比例地连续控制液压系统中液流的压力、流量的阀类,又称为随动阀。伺服控制阀具有很高的动态响应和静态性能,但其价格昂贵、抗污染能力差,主要用于控制精度要求很高的场合。

(3)电液比例控制阀

电液比例控制阀的性能介于普通液压阀和伺服控制阀之间,它可以根据输入信号的大小连续地、成比例地控制液压系统中液流的参量,满足一般工业生产对控制性能的要求。与伺服控制阀相比,电液比例控制阀具有结构简单、价格较低、抗污染能力强等优点,因而在工业生产中得到广泛应用。但电液比例控制阀存在中位死区,工作频宽比伺服控制阀低。电液比例控制阀又分为两种,一种是直接将开关定值控制阀的控制方式改为比例电磁铁控制的普通电液比例控制阀,另一种是带内反馈的新型电液比例控制阀。

(4)数字控制阀

用计算机数字信息直接控制的液压阀称为电液数字阀。数字控制阀可直接与计算机连接,不需要数-模转换器。与比例控制阀、伺服控制阀相比,数字控制阀具有结构简单、工艺性好、价廉、抗污染能力强、重复性好、工作稳定可靠、放大器功耗小等优点,如高速开关阀。在数字控制阀中,最常用的控制方法有增量控制型和脉宽调制(PWM)型。数字控制阀的出现至今已有30多年,但其发展速度不快,应用范围也不广。其主要原因是增量控制型存在分辨率限制,而PWM型主要受两个方面的制约:一是控制流量小且只能单通道控制,在流量较大或要求方向控制时难以实现;二是有较大的振动和噪声,影响可靠性和使用环境。此外,数字控制阀由于按照载频原理工作,故控制信号频宽比模拟器件低。

3. 根据结构形式分类

液压控制阀一般由阀芯、阀体、操纵控制机构等主要零件组成。根据阀芯结构形式的不同,液压控制阀又可以分为以下几类。

(1)滑阀类

滑阀类的阀芯为圆柱形,通过阀芯在阀体孔内的滑动来改变液流通路开口的大小,以实现液流压力、流量及方向的控制。

(2)提升阀类

提升阀类有锥阀、球阀、平板阀等,利用阀芯相对阀座孔的移动来改变液流通路开口的大小,以实现液流压力、流量及方向的控制。

(3)喷嘴挡板阀类

喷嘴挡板阀是利用喷嘴和挡板之间的相对位移来改变液流通路开口大小,以实现控制的阀类。该类阀主要用于伺服控制和比例控制元件。

4. 根据连接和安装方式分类

(1)管式阀

管式阀阀体上的进、出油口通过管接头或法兰与管路直接连接。其连接方式简单,自重小,在移动式设备或流量较小的液压元件中应用较广。其缺点是阀只能沿管路分散布置,装拆维修不方便。

(2)板式阀

板式阀由安装螺钉固定在过渡板上,阀的进、出油口通过过渡板与管路连接。过渡板上可以安装一个或多个阀。当过渡板安装有多个阀时,又称为集成块。安装在集成块上的阀与阀之间的油路通过块内的流道沟通,可减少连接管路。板式阀由于集中布置且装拆时不会影响系统管路,因而操纵、维修方便,应用十分广泛。

(3)插装阀

插装阀主要有二通插装阀、三通插装阀和螺纹插装阀。二通插装阀是将其基本组件插入特定设计加工的阀体内,配以盖板、先导阀组成的一种多功能复合阀。因插装阀基本组件只有两个油口,因此被称为二通插装阀,简称插装阀。该阀具有通流能力大、密封性好、自动化和标准化程度高等特点。三通插装阀具有液压油口、负载油口和回油箱油口,起到两个二通插装阀的作用,可以独立控制一个负载腔。但由于通用化、模块化程度远不及二通插装阀,因此未能得到广泛应用。螺纹式插装阀是二通插装阀在连接方式上的变革,由于采用螺纹连接,使其安装简捷方便,整个体积也相对减小。

(4)叠加阀

叠加阀是在板式阀基础上发展起来的结构更为紧凑的一种形式。阀的上下两面为安装面,并开有进、出油口。同一规格、不同功能的阀的油口和安装连接孔的位置尺寸相同。使用时根据液压回路的需要,将所需的阀叠加并用长螺栓固定在底板上,系统管路与底板上的油口相连。

5. 按操纵方法分类

液压阀按操纵方法可分为手动式液压阀、机动式液压阀、电动式液压阀、液动式液压阀和电液动式液压阀等多种。

二、对液压阀的基本要求

各种液压阀,由于不是对外做功的元件,而是用来实现执行元件(机构)所提出的力(力矩)、速度、变向的要求,因此对液压控制阀的共同要求如下:

①动作灵敏、性能好、工作可靠且冲击振动小。

②油液通过阀时的液压损失要小。

③密封性能好。

④结构简单紧凑、体积小,安装、调整、维护、保养方便,成本低廉,通用性大,寿命长。

任务2　方向控制阀结构原理及故障分析

任务目标

1. 掌握普通单向阀和液控单向阀的结构、工作原理及职能符号的画法。

2. 了解换向阀的分类、控制方式等相关基础知识。

3. 掌握手动换向阀、电磁换向阀、液动换向阀等常用换向阀的结构、工作原理及职能符号的画法。

4. 分析方向控制阀常见故障产生的原因,掌握故障排除方法。

素质目标

通过学习方向控制阀故障分析,培养学生面对复杂故障时具有解决问题的能力和耐心。

任务导入

在液压系统中,方向控制阀是控制液体的流动方向。掌握各类方向控制阀的结构、工作原理及特点;掌握职能符号的画法。

任务实现

方向控制阀是用来改变液压系统中各油路之间液流通断关系的阀类,如单向阀、换向阀及压力表开关等。

一、单向阀

微课

普通单向阀的工作原理

单向阀包括普通单向阀和液控单向阀。

1. 普通单向阀

普通单向阀是只允许液流单方向流动而反向截止的元件。

液压系统中对普通单向阀的主要要求:①液流正向通过阀时压力损失小;②反向截止时密封性能好;③动作灵敏,工作时冲击和噪声小等。

如图6-1所示,它由阀体1、阀芯2、弹簧3等零件组成。图6-1(a)所示为管式单向阀,图6-1(b)所示为板式单向阀。压力油从进油口 P_1 流入,作用于锥形阀芯2上,当克服弹簧3的弹力时,顶开阀芯2,经过环形阀口[对于图6-1(a)还要经过阀芯上的四个径向孔]从出油口 P_2 流出。当液流反向时,在弹簧力和油液压力的作用下,阀芯锥面紧压在阀体的阀座上,则油液不能通过。图6-1(c)所示为单向阀的职能符号。

为了保证单向阀工作灵敏可靠,单向阀中的弹簧刚度一般都较小。单向阀的开启压力为0.035~0.05 MPa,通过其额定流量时的压力损失一般不超过0.1~0.3 MPa。若更换刚度较大的弹簧,使其开启压力达到0.2~0.6 MPa,则可作背压阀使用。

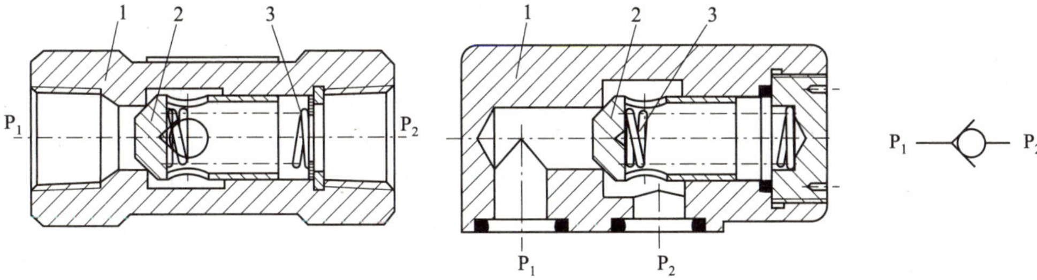

（a）管式　　（b）板式　　（c）职能符号

1—阀体;2—阀芯;3—弹簧。

图 6-1　普通单向阀

2. 液控单向阀

图 6-2(a)所示为液控单向阀，它与普通单向阀相比，在结构上增加了控制油腔 a、控制活塞 1 及控制油口 K。当控制油口不通压力油时，其主油道的油只能从 P_1 进，从 P_2 出，反向截止。当控制油口通以一定压力的控制油时，控制活塞 1 右移，使锥阀芯 2 也右移，阀即呈开启状态，此时单向阀可以反方向通过油流，即油可从 P_2 进，从 P_1 出。为了减小控制活塞移动的阻力，将控制活塞制成台阶状并设一外泄油口 L。控制油的压力不应低于油路压力的 30%~50% 。

图 6-2(c)所示为带卸压阀芯的液控单向阀(高压)。当 P_2 处油腔压力较高时，顶开锥阀所需要的控制压力可能很高。为了减小控制油口 K 的开启压力，在锥阀内部可增加一个卸荷阀芯 3。在控制活塞 1 顶起锥阀芯 2 之前，先顶起卸荷阀芯 3，使上下腔油液经卸荷阀芯上的缺口沟通，锥阀上腔 P_2 的压力油泄到下腔，压力降低。此时控制活塞便可以较小的力将锥阀芯顶起，使 P_1 和 P_2 两腔完全连通。这样，液控单向阀用较低的控制油压即可控制有较高油压的主油路。实际应用这种结构的液控单向阀可以使控制压力与工作压力之比降低到 4.5% 左右，常用于高压系统。

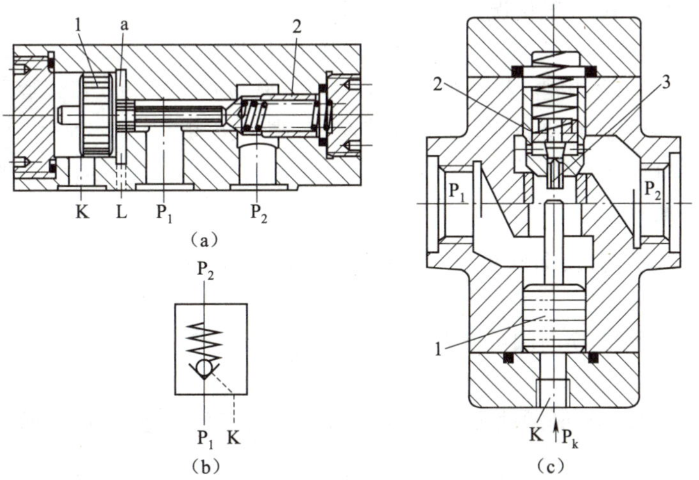

1—控制活塞;2—锥阀芯;3—卸荷阀芯。

图 6-2　液控单向阀

微课

液控单向阀结构与工作原理

液控单向阀具有良好的单向密封性，常用于执行元件需要长时间保压、锁紧的情况下，也常用于防止立式液压缸停止运动时因自重而下滑以及速度换接回路中。这种阀也称液压锁。

如图6-3所示,两个液控单向阀共用一个阀体和控制活塞,这样组合的结构称为液压锁。当从A_1口通入液压油时,在导通A_1口与A_2口油路的同时推动活塞右移,顶开右侧的单向阀,解除B_2口到B_1口的反向截止作用;当B_1口通入液压油时,在导通B_1口与B_2口油路的同时推动活塞左移,顶开左侧的单向阀,解除A_2口到A_1口的反向截止作用;而当A_1口与B_1口没有液压油作用时,两个液控单向阀都为关闭状态,锁紧油路。

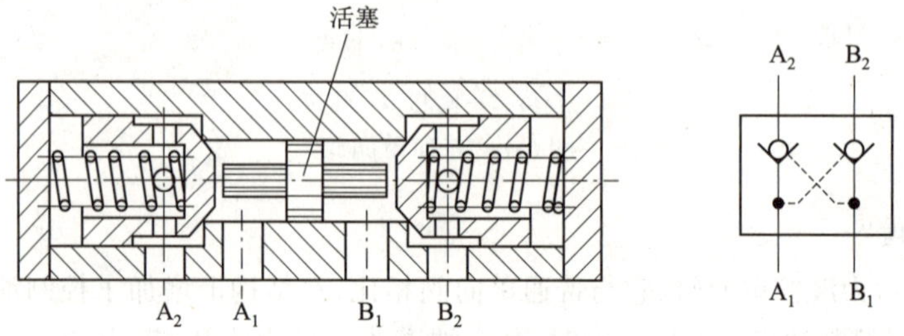

图6-3　液压锁及其职能符号

二、换向阀

换向阀是借助于阀芯与阀体之间的相对运动,控制与阀体相连的各油路实现通、断或改变液流方向的元件。对换向阀的基本要求:①液流通过阀时压力损失小;②互不相通的油口间的泄漏小;③换向可靠、迅速且平稳无冲击。

1. 换向阀的工作原理

图6-4所示为滑阀式三位五通换向阀的工作原理。

该液压阀由阀体和阀芯组成。阀体的内孔开有五个沉割槽,对应外接五个油口,称为五通阀。阀芯上有三个台肩与阀体内孔配合。在液压系统中,一般情况设P、T(T_1、T_2)为液压油口和回油口;A、B为接负载的工作油口(下同)。在图6-4所示位置(中间位置),各油口互不相通;若使阀芯右移一段距离,则P、A相通,B、T_2相通,液压缸活塞右移;若使阀芯左移,则P、B相通,A、T_1相通,液压缸活塞左移。

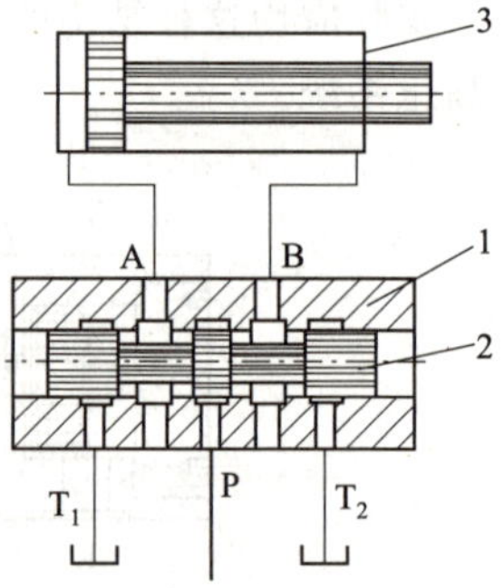

1—阀体;2—阀芯;3—液压缸。

图6-4　换向阀的工作原理

2. 换向阀的分类

按阀的结构形式不同,换向阀可分为滑阀式、转阀式、球阀式、锥阀式。

按阀的操作方式不同,换向阀可分为手动、机动、电磁动、液动、电液动等,其操作符号如图6-5所示。

按阀的工作位置数和控制通路数不同,换向阀可分为二位二通、二位三通、二位四通、三位四通等。

3. 滑阀式换向阀

(1)阀体和阀芯的几种配合形式

前面以五槽三台肩三位五通换向阀为例介绍了换向阀的工作原理。实际应用时,常常在阀体内将两个 T 口沟通后封闭其中一个，成为四通阀，如图 6-6(a)所示。对于这类具有代表性的阀，阀体和阀芯之间可以具有多种配合形式。图 6-6(b)所示是三槽二台肩换向阀，其油口通断情况很明显，其结构简单，但回油压力直接作用在阀芯两端，对两端密封要求较高；图 6-6(c)所示是五槽四台肩换向阀，其结构稍复杂些；图 6-6(d)所示为四槽四台肩换向阀，它将两个 T 口的连通从阀体改到阀芯。无论结构上如何变化，其油口通断的工作原理是相同的，都可用图 6-6(e)所示的职能符号表示。

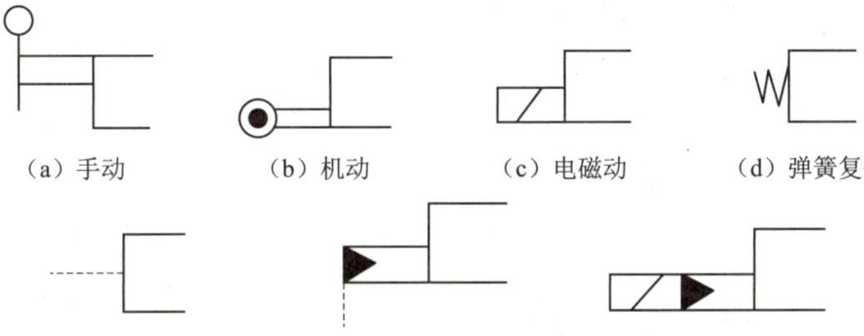

(a) 手动　(b) 机动　(c) 电磁动　(d) 弹簧复位

(e) 液动　(f) 液动外控　(g) 电液动

图 6-5　换向阀的操作方式符号

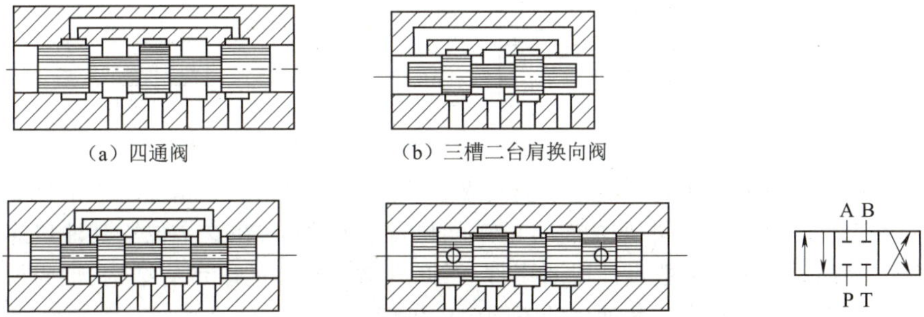

(a) 四通阀　(b) 三槽二台肩换向阀

(c) 五槽四台肩换向阀　(d) 四槽四台肩换向阀　(e) 职能符号

图 6-6　阀体与阀芯配合形式

微 课

换向阀图形符号的表达意义

(2)位置数、通路数及中位机能

①换向阀的位置数。位置数是指正常工作时换向阀受外力操纵所能实现的工作位置数目。如图 6-6(e)所示，在图形符号中，“位”数用粗实线方格(或长方格)表示，有几位即画几个格。

②换向阀的通路数。通路数是指换向阀外连工作油口的数目。在图形符号中，用“⊥”表示油路被阀芯封闭，用“↑”表示油路连通，以箭头表示流动方向，但箭头一般并不重要。一个方格内油路与方格的交点数即为通路数，有几个交点就是几通。

表 6-1 列出了几种常用换向阀的结构原理及职能符号。

表 6-1　常用换向阀的结构原理及职能符号

名　　称	结构原理图	职 能 符 号
二位二通	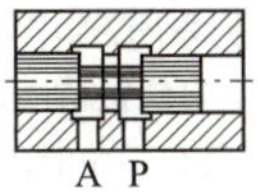	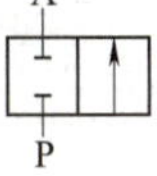

续表

名　称	结构原理图	职 能 符 号
二位三通	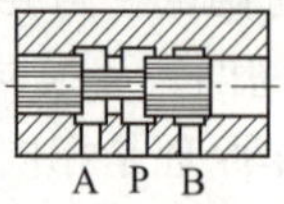	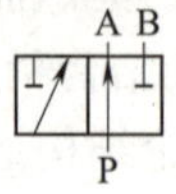
二位四通	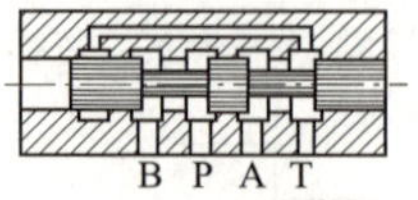	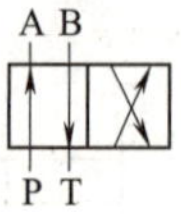
二位五通	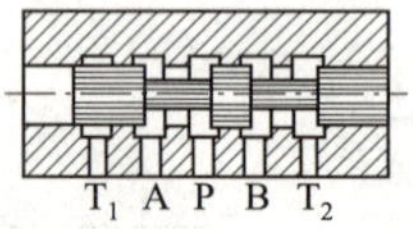	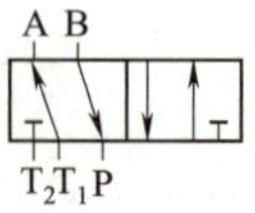
三位四通	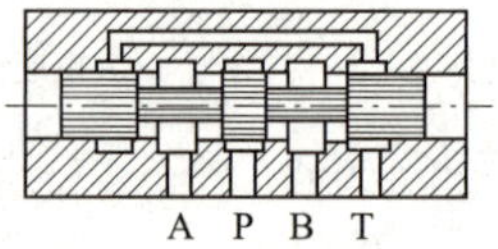	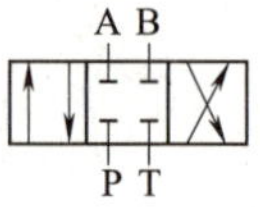
三位五通	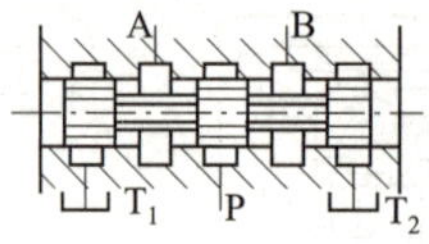	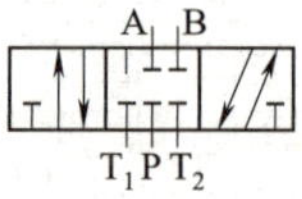

③换向阀的中位机能。换向阀都有两个或两个以上工作位置,其中未受到外部操纵作用时所处的位置为常态位。对于三位阀,职能符号的中间位置为常态位,在这个位置其油口连通方式称为中位机能。换向阀的阀体一般设计成通用件,对同规格的阀体配以台肩结构、轴向尺寸及内部通孔等不同的阀芯可实现常态位各油口的不同中位机能。

表 6-2 列出了常用的几种中位机能的名称、结构原理、职能符号和中位特点。

表 6-2　三位四通换向阀的中位机能举例

中位形式	结构原理	职能符号	中位特点
O		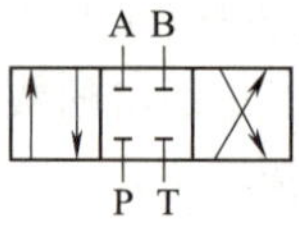	液压阀从其他位置转换到中位时,执行元件立即停止,换向位置精度高,但液压冲击大;液压执行元件停止工作后,油液被封闭在阀后的管路及元件中,重新启动时较平稳;在中位时液压泵不能卸荷
H	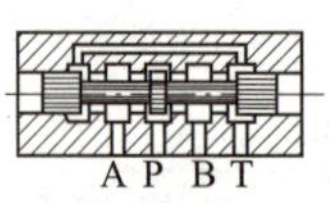	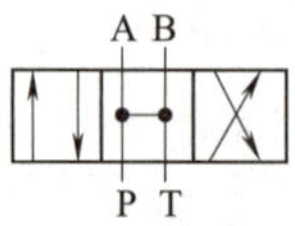	换向平稳,液压缸冲出量大,换向位置精度低;执行元件浮动;重新启动时有冲击;液压泵在中位时卸荷
Y		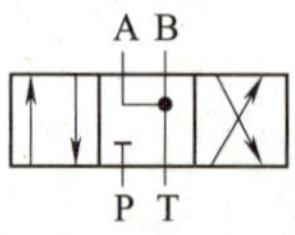	P 口封闭,A、B、T 口导通。换向平稳,液压缸冲出量大,换向位置精度低;执行元件浮动;重新启动时有冲击;液压泵在中位时不卸荷

续表

中位形式	结构原理	职能符号	中位特点
P		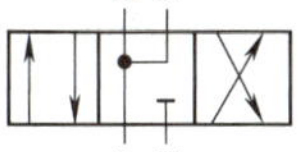	T 口封闭，P、A、B 口导通。换向平稳，液压缸冲出量大，换向位置精度低；执行元件浮动（差动液压缸不能浮动）；重新启动时有冲击；液压泵在中位时不卸荷
M	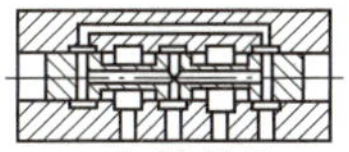	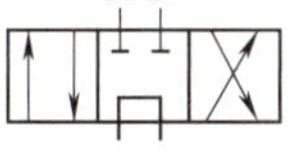	液压阀从其他位置转换到中位时，执行元件立即停止，换向位置精度高，但液压冲击大；液压执行元件停止工作后，执行元件及管路充满油液，重新启动时较平稳；在中位时液压泵卸荷

4. 几种常用的换向阀

（1）手动换向阀

手动换向阀是利用手动杠杆等机构来改变阀芯和阀体的相对位置从而实现换向的阀类。图 6-7（b）所示为弹簧自动复位式三位四通手动换向阀的结构。操纵手柄 1 通过杠杆使阀芯 3 在阀体 2 内从图示位置向左或向右移动，以改变油路的连通形式或液压油流动的方向。松开操纵手柄后，阀芯在弹簧 4 的作用下恢复到中位。这种换向阀的阀芯不能在两端工作位置上定位，故称为自动复位式手动换向阀。它适用于动作频繁、持续工作时间较短的场合，操作比较安全，常用于工程机械。

若将图 6-7（b）所示的手动换向阀的左端改为图 6-7（a）所示的结构，当阀芯向左或向右移动后，就可借助钢球 5 使阀芯保持在左端或右端的工作位置上，故称为弹簧钢球定位式手动换向阀。它适用于机床、液压机、船舶等需保持工作状态时间较长的场合。手动换向阀还可改造成为脚踏操纵的形式。

微课

三位四通手动换向阀工作原理与结构

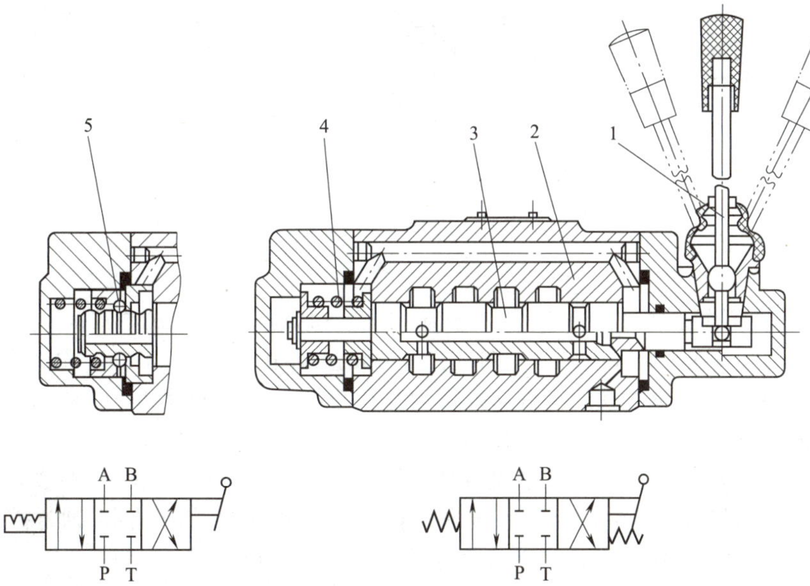

（a）弹簧钢球定位式结构及职能符号　　（b）弹簧自动复位式结构及职能符号

1—手柄；2—阀体；3—阀芯；4—弹簧；5—钢球。

图 6-7　三位四通手动换向阀

(2)机动换向阀

机动换向阀又称行程阀。它一般是利用安装在运动部件上的行程挡块压下顶杆或滚轮,使阀芯移动来实现油路切换的。机动换向阀常为二位阀,用弹簧复位,有二通、三通、四通等几种。二位二通又分常开(常态位置两油口连通)和常闭(常态位置两油口不通)两种形式。

图6-8(a)所示为二位二通常闭式机动换向阀的结构原理图。在图示状态(常态)下,阀芯3被弹簧4顶向上端,油口P和A不通。当挡块1压下滚轮2经推杆使阀芯移到下端时,油口P和A连通。图6-8(b)所示为其职能符号。

(3)电磁换向阀

电磁换向阀是利用电磁铁的吸力控制阀芯换位的换向阀。它操作方便,布局灵活,有利于提高设备的自动化程度,因而应用最广泛。

电磁换向阀包括换向滑阀和电磁铁两部分。电磁铁因其所用电源不同而分为交流电磁铁和直流电磁铁。交流电磁铁常用电压为220 V和380 V,不需要特殊电源,电磁吸力大,换向时间短(0.01~0.03 s),但换向冲击大,噪声大,发热量大,换向频率不能太高(约30次/min),寿命较低。若阀芯被卡住或电压低,电磁吸力小,衔铁未动作时,其线圈很容易烧坏,因而常用于换向平稳性要求不高、换向频率不高的液压系统。直流电磁铁的工作电压一般为24 V,其换向平稳,工作可靠,噪声小,发热少,寿命高,允许使用的换向频率可达120次/min。其缺点是启动力小,换向时间较长(0.05~0.08 s),且需要专门的直流电源,成本较高。因而常用于换向性能要求较高的液压系统。近年来出现一种自整流型电磁铁。这种电磁铁上附有整流装置和冲击吸收装置,使衔铁的移动由自整流直流电控制,使用很方便。

微课

二位二通机动换向阀的工作原理

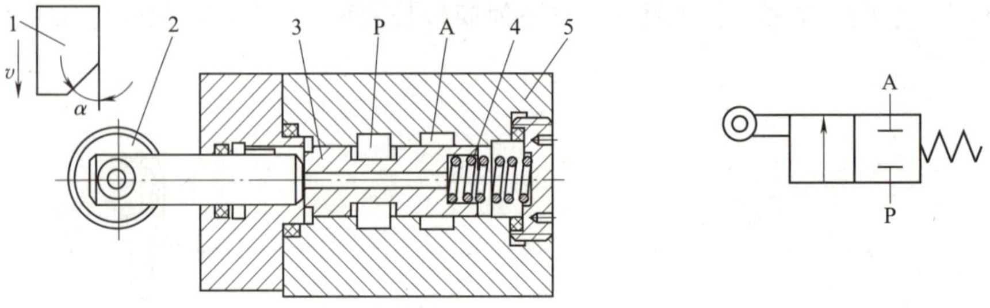

(a) 结构图　　(b) 职能符号

1—挡块;2—滚轮;3—阀芯;4—弹簧;5—阀体。

图6-8　二位二通机动换向阀

电磁铁按衔铁工作腔是否有油液,又可分为“干式”和“湿式”。干式电磁铁不允许油液流入电磁铁内部,因此必须在滑阀和电磁铁之间设置密封装置,而在推杆移动时产生较大的摩擦阻力,也易造成油的泄漏。湿式电磁铁的衔铁和推杆均浸在油液中,运动阻力小,且油还能起到冷却和吸振作用,从而提高了换向可靠性及使用寿命。

图6-9(a)所示为二位三通干式交流电磁换向阀。其左边为一交流电磁铁,右边为滑阀。当电磁铁不通电时(图示位置),其油口P与A连通;当电磁铁通电时,衔铁1右移,通过推杆2使阀芯3推压弹簧4并向右移至端部,其油口P与B连通,而P与A断开。

图6-9(b)所示为三位四通直流湿式电磁换向阀。阀的两端各有一个电磁铁和一个对中弹簧。当右端电磁铁通电时,右衔铁1通过推杆2将阀芯3推至左端,阀右位工作,其油口P通A,B通T;当左端电磁铁通电时,阀左位工作,其阀芯移至右端,油口P通B,A通T。

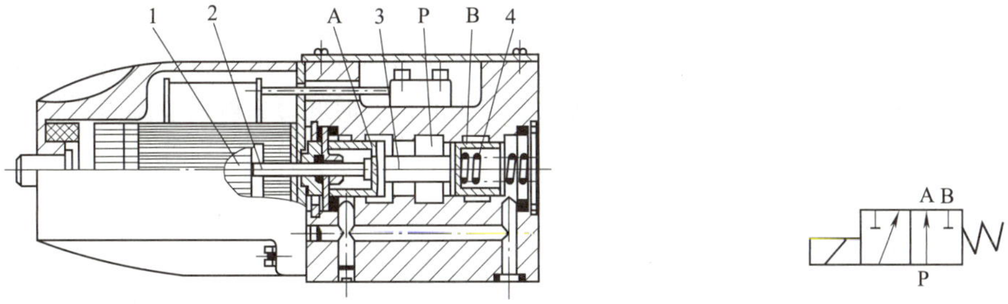

（a）二位三通电磁换向阀

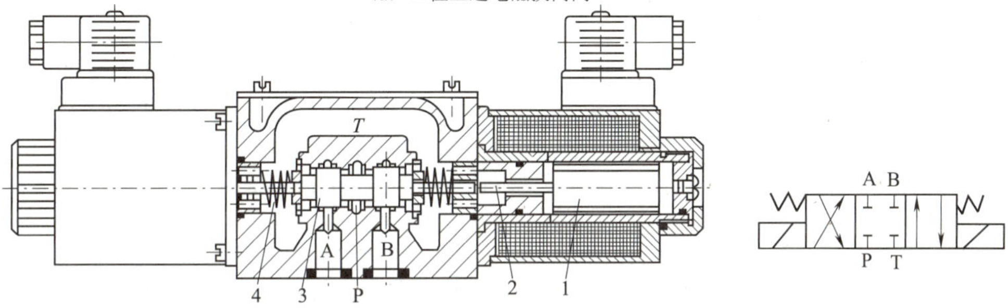

（b）三位四通电磁换向阀

1—衔铁；2—推杆；3—阀芯；4—弹簧。

图 6-9　电磁换向阀

微课

二位三通电磁换向阀的工作原理

微课

三位四通电磁换向阀的工作原理

(4)液动换向阀

液动换向阀是利用控制油路的压力油在阀芯端部所产生的液压力来推动阀芯移动，从而改变阀芯位置的换向阀。对于三位阀而言，按阀芯的对中形式，液动换向阀可分为弹簧对中型和液压对中型两种；按其换向时间的可调性，液动换向阀可分为可调式和不可调式两种。图 6-10(a)所示为换向时间不可调式三位四通液动换向阀(弹簧对中型)。阀芯两端分别接通控制油口 K_1 和 K_2。当 K_1 通压力油，K_2 通回油时，阀芯右移，P 与 A 通，B 与 T 通；当 K_2 通压力油，K_1 通回油时，阀芯左移，P 与 B 通，A 与 T 通；当 K_1 和 K_2 都通回油时，阀芯在两端对中弹簧的作用下处于中位。当对液动换向阀换向平稳性要求较高时，应采用换向时间可调式液动换向阀，即在滑阀两端 K_1、K_2 控制油路中加装阻尼调节器，如图 6-10(b)所示。阻尼调节器由一个单向阀和一个节流阀并联组成，单向阀用来保证滑阀端面进油畅通，而节流阀用于滑阀端面回油的节流。调节节流阀开口大小，即可调整阀芯的动作时间。

(5)电液换向阀

电液换向阀是由电磁换向阀和液动换向阀组成的复合阀。电磁换向阀为先导阀，它用以改变控制油路的方向；液动换向阀为主阀，它用以改变主油路的方向。这种阀的优点是可用反应灵敏的小规格电磁阀方便地控制大流量的液动阀换向。

图 6-11(a)、(b)、(c)所示为三位四通电液换向阀的结构简图、职能符号和简化符号。当电磁换向阀的两电磁铁均不通电时(图示位置)，电磁阀芯在两端弹簧力作用下处于中位。这时液动换向阀芯两端的油经两个小节流阀及电磁换向阀的通路与油箱(T)连通，因而它也在两端弹簧的作用下处于中位，主油路中，A、B、P、T 油口均不相通。当左端电磁铁通电时，电磁阀芯移至右端，由 P 口进入压力油经电磁阀油路及左端单向阀进入液动换向阀的左端油腔，而液动换向阀右端的油则可经右节流阀及电磁阀上的通道与油箱连通，液动换向阀芯即在左端液压推力的作用下移至右

端,即液动换向阀左位工作。其主油路的通油状态为 P 通 A,B 通 T;反之,当右端电磁铁通电时,电磁阀芯移至左端,液动换向阀右端进压力油,左端经左节流阀通油箱,阀芯移至左端,即液动换向阀右位工作。其通油状态为 P 通 B,A 通 T。液动换向阀的换向时间可由两端节流阀调整,因而可使换向平稳,无冲击。

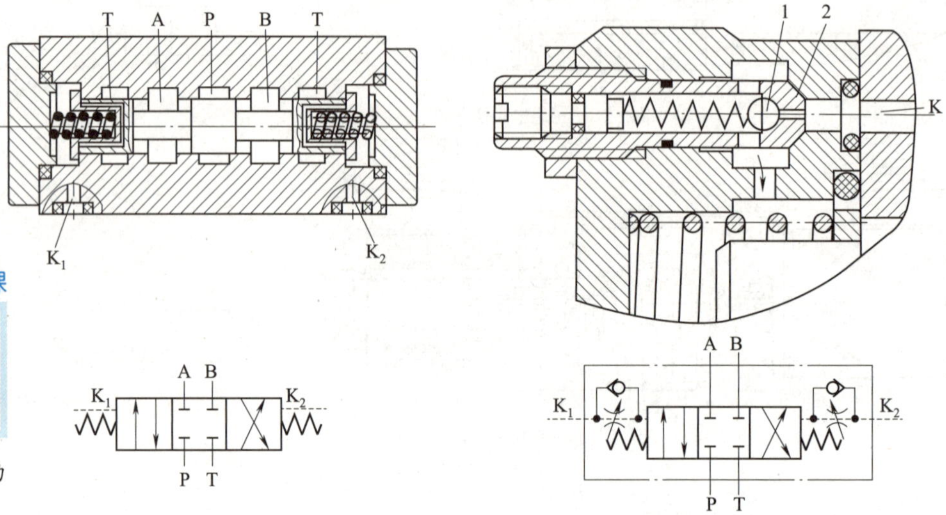

(a)换向时间不可调式液动换向阀结构　　(b)换向时间可调式液动换向阀阻尼调节器结构

1—单向阀钢球;2—节流阀芯。

图 6-10　三位四通液动换向阀(弹簧对中型)

微课

三位四通液动换向阀工作原理

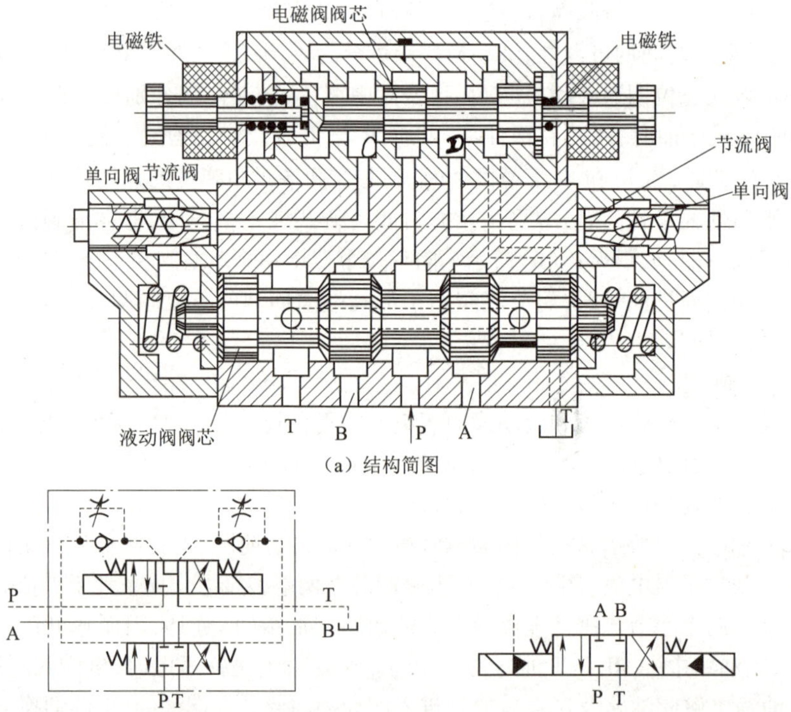

(a)结构简图

(b)职能符号　　(c)简化符号

图 6-11　三位四通电液换向阀

微课

电液换向阀的工作原理

(6)多路换向阀

多路换向阀是一种集中布置的组合式手动换向阀,常用于工程机械等要求集中操纵多个执行元件的设备中。多路换向阀的组合方式有并联式、串联式和顺序单动式三种,符号如图 6-12 所示。

当多路换向阀为并联式组合[图 6-12(a)]时,泵可以同时对三个或单独对其中任何一个执行元件供油。在对三个执行元件同时供油的情况下,由于负载不同,三者将先后动作。当多路换向阀为串联式组合[图 6-12(b)]时,泵依次向各执行元件供油,第一个阀的回油口与第二个阀的压油口相连。各执行元件可单独动作,也可同时动作。在三个执行元件同时动作的情况下,三个负载压力之和不应超过泵压。当多路换向阀为顺序单动式组合[图 5-9(c)]时,泵按顺序向各执行元件供油。操作前一个阀时,就切断了后面阀的油路,从而可以防止各执行元件之间的动作干扰。

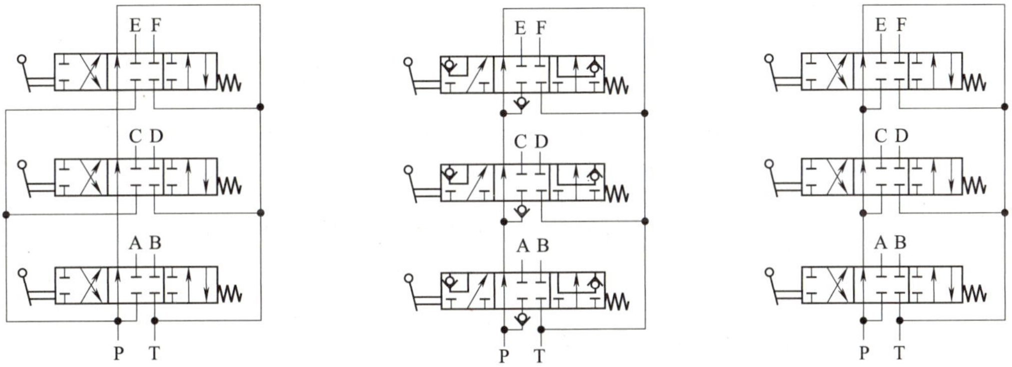

(a) 并联式　(b) 串联式　(c) 顺序单动式

图 6-12 多路换向阀

三、方向控制阀常见故障及排除方法

1. 单向阀常见故障及排除方法

单向阀常见故障及排除方法见表 6-3。

表 6-3 单向阀常见故障原因及排除方法

故障现象	故障原因	排除方法
发生异常声音	1. 油的流量超过允许值 2. 与其他阀共振 3. 在卸压单向阀中用于立式大液压缸等回路没有卸压装置	1. 更换流量大的阀 2. 可略微改变阀的稳定压力,也可调试弹簧的刚度 3. 补充卸压装置回路
阀与阀座有严重泄漏	1. 阀座锥面密封不好 2. 滑阀或阀座拉毛 3. 阀座碎裂	1. 重新研配 2. 重新研配 3. 更换并研配阀座
不起单向控制作用	1. 阀体孔变形,使滑阀在阀体孔内咬住 2. 滑阀配合处有毛刺,使滑阀不能正常工作 3. 滑阀变形胀大,使滑阀在阀体孔内咬住	1. 修研阀体孔 2. 修理,除毛刺 3. 修研滑阀外径
接合处泄漏	螺钉或管螺纹没拧紧	拧紧螺钉或管螺纹

2. 液控单向阀常见故障及排除方法

液控单向阀常见故障及排除方法见表6-4。

表6-4　液控单向阀常见故障原因及排除方法

故障现象	故障原因	排除方法
液控失灵(当有压力油作用于控制活塞上时,不能实现正反两个方向的油液流通)	1. 控制活塞因毛刺或污物卡死在阀体孔内,推不开单向阀,造成液控失灵 2. 外泄式液控单向阀的泄油孔因污物阻塞;或者安装板上未设计泄油口;或者虽设计有泄油口但加工时未完全钻穿 3. 内泄式液控单向阀的泄油口(即反向流出口)的背压值太高,导致压力控制油推不动控制活塞,顶不开单向阀 4. 控制油压力太低(对IY型液控单向阀,控制压力应为主油路压力的30%~40%,最小控制压力一般不得低于1.8 MPa;对于DFY型液控单向阀,控制压力应为额定工作压力的60%以上) 5. 外泄式液控单向阀的控制活塞磨损严重,内泄漏增大,控制压力油大量泄往泄油口,导致控制压力不够 6. 控制活塞歪斜别劲,不能灵活移动	1. 拆卸并清洗掉污物,去毛刺或重新研配控制活塞 2. 拆卸液控单向阀,清洗泄油孔,去除污物;在安装板上重新设计泄油口;加工时完全钻穿泄油口 3. 降低泄油口背压值 4. 提高控制油压力 5. 电镀、研配控制活塞,或重配控制活塞 6. 重配控制活塞,解决运动别劲问题
振动和冲击大,有噪声	1. 液控单向阀应用回路设计不合理 2. 对于DDFY型双向液控单向阀,阀套和阀芯上的阻尼孔太小或被污物堵塞 3. 空气进入系统及液控单向阀中 4. 液控单向阀用工作油压作为控制压力,控制油压力过高	1. 进行正确的回路设计 2. 适当增大阻尼孔尺寸,拆卸阀体,清洗阻尼孔,清除污物 3. 采取措施,排除进入系统和液控单向阀中的空气 4. 在控制油路上增设减压阀,对控制油压力进行调节,使其不至于过大
不发液控信号(控制活塞未引入压力油时,单向阀可打开反向通油)	1. 单向阀"不起单向阀作用"故障的原因 2. 控制活塞卡死在顶开单向阀阀芯的位置上 3. 修理时更换的控制活塞推杆太长	1. 单向阀"不起单向阀作用"故障的排除方法 2. 研配控制活塞 3. 更换合理长度的推杆
内泄漏大(单向阀在关闭时,封不死油,反向不保压)	1. 普通单向阀"内泄漏大"故障的原因 2. 控制活塞磨损严重,其外周内泄漏大	1. 普通单向阀"内泄漏大"故障的排除方法 2. 电镀研配控制活塞
外泄漏	堵头、进出油口及阀盖等结合处没有密封装置	在密封处加密封垫或密封

3. 换向阀常见故障及排除方法

换向阀常见故障及排除方法见表6-5。

表6-5 液控单向阀常见故障原因及排除方法

故障现象	故障原因	排除方法
阀芯不动或不到位	1. 滑阀卡住 (1)滑阀(阀芯)与阀体配合间隙过小,阀芯在孔中容易卡住而不能动作或动作不灵 (2)阀芯(或阀体)被碰伤,油液被污染 (3)阀芯几何形状超差。阀芯与阀孔装配不同心,产生轴向液压卡紧现象 2. 液动换向阀的控制油路有故障 (1)油液控制压力不够,滑阀不动,不能换向或换向不到位 (2)节流阀关闭或堵塞 (3)滑阀两端泄油口没有接回油箱或泄油管堵塞 3. 电磁铁故障 (1)交流电磁铁因滑阀卡住,铁芯吸不到底面而被烧毁 (2)漏磁、吸力不足 (3)电磁铁接线焊接不良,接触不好 4. 弹簧折断、漏装、太软,都不能使滑阀恢复中位,因而不能换向 5. 电磁换向阀的推杆磨损后长度不够或行程不正确,使阀芯移动过小或过大,都会引起换向不灵或不到位	1. 检修滑阀 (1)检查间隙情况,研修或更换阀芯 (2)检查、修磨或重配阀芯,必要时更换新油 (3)检查、修正几何偏差及同心度,检查液压卡紧情况并修复 2. 检查控制油路 (1)提高控制油压,检查弹簧是否过硬,以便更换 (2)检查、清洗节流口 (3)检查并接通回油箱,清洗回油管,使之畅通 3. 检查并修复 (1)检查滑阀卡住故障,更换电磁铁 (2)检查漏磁原因,更换电磁铁 (3)检查并重新焊接 4. 检查、更换或补装 5. 检查并修复,必要时可更换推杆
换向冲击与噪声	1. 控制流量过大,滑阀移动速度太快,产生冲击声 2. 单向节流阀阀芯与阀孔配合间隙过大,单向阀弹簧漏装,阻尼失效,产生冲击声 3. 电磁铁的铁芯接触面不平或接触不良 4. 滑阀时卡时动或局部摩擦力过大 5. 固定电磁铁的螺栓松动而产生振动	1. 调小单向节流阀的节流口,减慢滑阀移动速度 2. 检查、修整(修复)到合理间隙,补装弹簧 3. 清除异物,并修整电磁铁的铁芯 4. 研磨修整或更换滑阀 5. 紧固螺栓,并加防松垫圈

任务3 压力控制阀结构原理及故障分析

任务目标

1. 掌握溢流阀的分类、结构、工作原理及职能符号的画法。
2. 掌握顺序阀的分类、结构、工作原理及职能符号的画法。
3. 掌握减压阀的分类、结构、工作原理及职能符号的画法。
4. 掌握压力继电器的结构、工作原理及职能符号的画法。
5. 分析减压阀、控制阀常见故障的产生原因,掌握故障排除方法。

素质目标

通过学习压力控制阀的结构、原理、故障及解决方法,培养学生的辩证思维和创新精神。

任务导入

在液压系统中,压力控制阀用于调节液体压力的大小。掌握各类压力控制阀的结构、工作原理及特点;掌握职能符号的画法。

任务实现

压力控制阀是控制液压系统压力或利用压力变化来实现某种动作的阀的统称。这类阀的共同特点是利用阀芯上液体压力与弹簧力相平衡的原理来进行工作的。压力控制阀按用途不同可分为溢流阀、顺序阀、减压阀和压力继电器等。

一、溢流阀

溢流阀有多种用途,主要是运用溢流的方法使液压泵的供油压力得到调整并保持基本恒定。溢流阀按其结构原理可分为直动式溢流阀和先导式溢流阀两种。

对溢流阀的主要要求:①调压范围大,调压偏差小,动作灵敏;②过流能力强;③工作时噪声小等。

1. 直动式溢流阀

图 6-13(a)所示为直动式溢流阀的结构原理图。来自进油口 P 的压力油经阀芯 3 上的径向孔和阻尼孔 a 通入阀芯的底部,阀芯的下端便受到压力为 p 的油液作用,若作用面积为 A,则压力油作用于该面上的力为 pA。调压弹簧 2 作用在阀芯上的预紧力为 F_s。当进油压力较小($pA < F_s$)时,阀芯处于下端(图 6-13 所示)位置,将进油口 P 和回油口 T 隔开,即不溢流。随着进油压力升高,当 $pA = F_s$ 时,阀芯即将开启。当 $pA > F_s$ 时,阀芯上移,调压弹簧进一步被压缩,油口 P 和 T 相通,溢流阀开始溢流。当溢流阀稳定工作时,若不考虑阀芯的自重以及摩擦力和液动力的影响,则 $p = F_s/A$,由于 F_s 变化不大,故可以认为溢流阀进口处的压力 p 基本保持恒定,这时溢流阀起定压溢流作用。

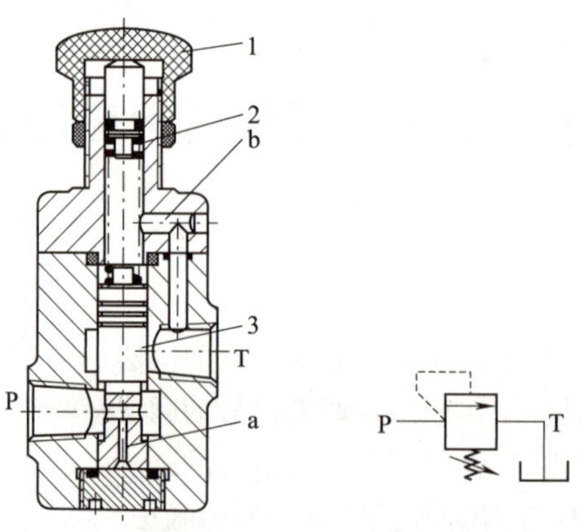

(a) 结构原理图　　(b) 职能符号

1—调节螺母;2—调压弹簧;3—阀芯。

图 6-13　直动式溢流阀

微课

直动式溢流阀的工作原理

调节螺母1可以改变弹簧的预压缩量,从而调定溢流阀的溢流压力。阻尼小孔a的作用是增加液阻以减小滑阀的振动(移动过快而引起)。泄油口b可将泄漏到弹簧腔的油液引到回油口T。

这种溢流阀因压力油直接作用于阀芯,故称为直动式溢流阀。直动式溢流阀一般只能用于低压小流量的场合,当控制较高压力和较大流量时,需要刚度较大的调压弹簧,不但手动调节困难,而且溢流阀口开度(调压弹簧附加压缩量)略有变化便会引起较大的压力变化。直动式溢流阀的最大调整压力为2.5 MPa。图6-13(b)所示为直动式溢流阀的职能符号,也是溢流阀的一般符号。

2. 先导式溢流阀

先导式溢流阀由主阀和先导阀两部分组成,先导阀类似于直动式溢流阀,是一个小流量锥阀芯直动型溢流阀。图6-14(a)所示,当溢流阀的进口压力为零时,先导阀和主阀在弹簧作用下关闭,阀内无油液流过。当阀的进口压力升高时,阀的进口腔、阻尼孔5、流道a的液阻,以及先导阀芯与阀座间容腔内的压力也逐渐上升。当压力达到并超过先导阀的开启压力时,先导阀开启,油液经主阀芯中部流至出油口T。此油液经阻尼孔5时将在两端产生压差,使主阀芯下部环形面积上的压力大于上部环形面积的压力。但由于上部环形面积大于下部,且阀芯上作用有弹簧力,所以合力的作用仍使主阀关闭。随阀的进口压力增加,流经阻尼孔5和先导阀口的流量增加,阻尼孔5两端压差同时增加。当在上、下环形面积上产生的液动力的合力正好与主阀弹簧力相平衡时,主阀芯处于开启的临界状态,此时主阀芯与阀座的相互作用力正好为零。当进口压力再增加,流经阻尼孔5的流量继续增大,流经阻尼孔5的压差作用在上下环形面积上的液动力的合力将克服弹簧力使主阀开启。这时,系统的流量将分成两部分,少量流量通过先导阀后经主阀芯中部流回阀出油口T,大部分流量则经主阀节流口流回油口T。流经主阀节流口的流量便在进油口P建立起压力,由于阀的控制调节作用,使阀的流量变化时,阀的进口压力基本保持恒定。

这种结构的阀,其主阀芯是利用压差作用开启的,主阀芯弹簧力很小,因而即使压力较高,流量较大,其结构尺寸仍较紧凑、小巧,且压力和流量的波动也比直动式溢流阀小,但其灵敏度不如直动式溢流阀高。

3. 溢流阀的静态特性

溢流阀是液压系统中极为重要的控制元件,其工作性能的优劣对液压系统的工作性能影响很大。所谓溢流阀的静态特性,是指溢流阀在稳定工作状态下(即系统压力没有突变时)的压力-流量特性、启闭特性、卸荷压力及压力稳定性等。

(1)压力-流量特性(p-q特性)

压力-流量特性又称溢流特性,它表示溢流阀在某一调定压力下工作时,其溢流量的变化与阀进口实际压力之间的关系。图6-15(a)所示为直动式溢流阀和先导式溢流阀的压力-流量特性曲线。图中,横坐标为溢流量q,纵坐标为阀进油口压力p。溢流量为额定值q_n时所对应的压力p_n称为溢流阀的调定压力。溢流阀刚开启时(溢流量为额定溢流量的1%时),阀进口的压力p_0称为开启压力。调定压力p_n与开启压力p_0的差值称为调压偏差,即溢流量变化时溢流阀工作压力的变化范围。调压偏差越小,其性能越好。由图可见,先导式溢流阀的特性曲线比较平缓,调压偏差也小,故其性能比直动式溢流阀好。因此,先导式溢流阀宜用于系统溢流稳压,直动式溢流阀因其灵敏性高,宜用于系统安全保护。

(2)启闭特性

溢流阀的启闭特性是指溢流阀从刚开启到通过额定流量(又称全流量),再由额定流量到闭合(溢流量减小为额定值的1%以下)整个过程中的压力-流量特性。

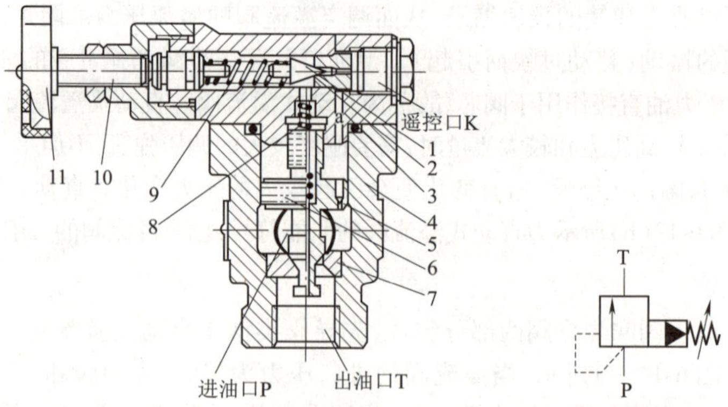

(a) 结构原理图　　(b) 职能符号

1—锥阀;2—先导阀座;3—阀盖;4—阀体;5—阻尼孔;6—主阀芯;7—主阀座
8—主阀弹簧;9—调压弹簧(先导阀弹簧);10—调节螺钉;11—调压手轮。

图 6-14　先导式溢流阀的结构原理

溢流阀闭合时的压力 p_K 称为闭合压力。闭合压力 p_K 与调定压力 p_n 之比称为闭合比。开启压力 p_0 与调定压力 p_n 之比称为开启比。由于阀开启时阀芯所受的摩擦力与进油压力方向相反,而闭合时阀芯所受的摩擦力与进油压力方向相同,因此在相同的溢流量下,开启压力大于闭合压力。图 6-15(b)所示为溢流阀的启闭特性。图中,横坐标为溢流阀进油口的控制压力,纵坐标为溢流阀的溢流量,实线为开启曲线,虚线为闭合曲线。由图可见这两条曲线不重合。在某溢流量下,两曲线压力坐标的差值称为不灵敏区。因压力在此范围内变化时,阀的开度无变化,它的存在相当于加大了调压偏差,且加剧了压力波动。因此该差值越小,阀的启闭特性越好。由图中的两组曲线可知,先导式溢流阀的不灵敏区比直动式溢流阀不灵敏区小一些。为保证溢流阀有良好的静态特性,一般规定其开启比不应小于 90% ,闭合比不应小于 85% 。

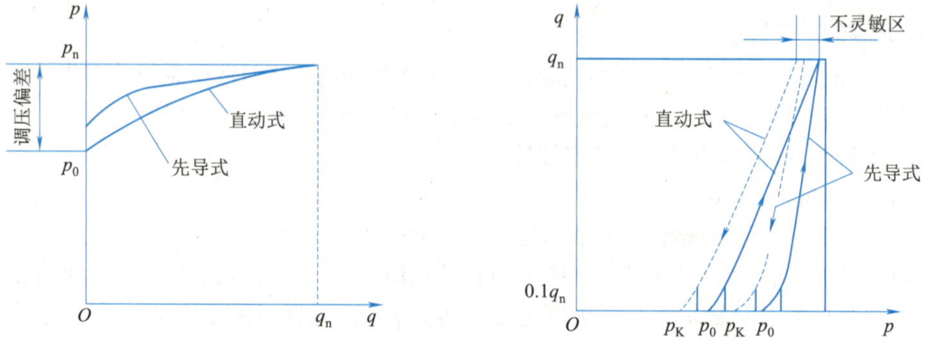

(a) 压力-流量特性　　(b) 启闭特性

图 6-15　溢流阀的静态特性

(3)压力稳定性

溢流阀工作压力的稳定性由两个指标来衡量:一是在额定流量 q_n 和额定压力 p_n 下,其进口压力在一定时间(一般为 3 min)内的偏移值;二是在整个调压范围内,通过额定流量 q_n 时进口压力的振摆值。对中压溢流阀这两项指标均不应超出 ±0.2 MPa。如果溢流阀的压力稳定性不好,就会出现剧烈的振动和噪声。

(4)卸荷压力

将溢流阀的外控口 K 与油箱连通时，其主阀阀口开度最大，液压泵卸荷。这时溢流阀进出油口的压力差，称为卸荷压力。卸荷压力越小，油液通过阀口时的能量损失就越小，发热也越少，说明阀的性能越好。

二、顺序阀

微 课

顺序阀的工作原理

顺序阀是利用油路中压力的变化来控制阀口启闭，以实现各工作部件依次顺序动作的液压元件，常用于控制多个执行元件的顺序动作，故名顺序阀。顺序阀按结构不同分为直动式顺序阀和先导式顺序阀两种，一般先导式顺序阀用于压力较高的场合。当顺序阀利用外来液压力进行控制时，称为液控顺序阀。不论是直动式顺序阀还是先导式顺序阀都和对应的溢流阀原理类似，主要不同是溢流阀的调压弹簧腔的泄漏油和出油口相连，而顺序阀单独接回油箱。

顺序阀的工作原理和溢流阀相似，其主要区别在于：溢流阀的出口接油箱，而顺序阀的出口接执行元件。顺序阀的内泄漏油不能用通道与出油口相连，而必须用专门的泄油口接通油箱。对顺序阀的主要要求：①调压范围大；②动作可靠，不因压力波动等原因产生误动作，保证系统安全；③过流能力强，工作时噪声小等。

1. 直动式顺序阀

图 6-16(a)所示为直动式顺序阀的结构原理图。常态下，进油口 P_1 与出油口 P_2 不通。进油口油液经阀体 3 和下盖 1 上的油道流到活塞 2 的底部，当进油口油液压力低于弹簧 5 的调定压力时，阀口关闭。当进油口油液压力高于弹簧的调定压力时，控制活塞在油液压力作用下克服弹簧力将阀芯 4 顶起，使 P_1 与 P_2 相通，压力油便可经阀口流出。弹簧腔的泄漏油从泄油口 L 流回油箱。因顺序阀的控制油液直接从进油口引入，故称为内控外泄式顺序阀，其职能符号如图 6-16(b)所示。

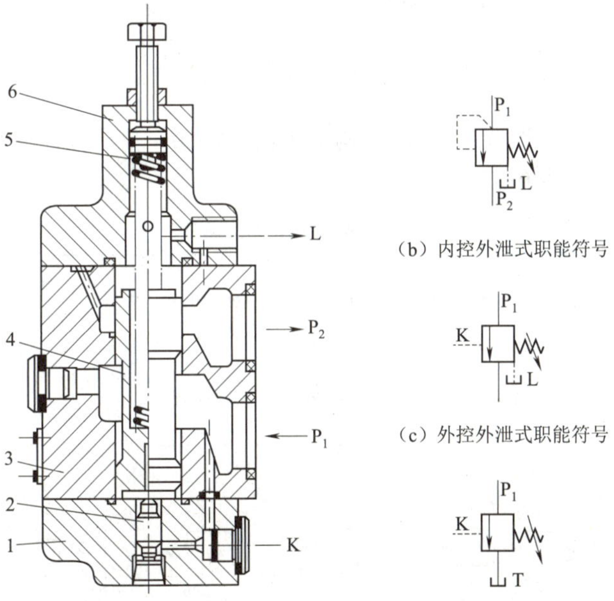

(a) 结构原理图　(b) 内控外泄式职能符号　(c) 外控外泄式职能符号　(d) 外控内泄式职能符号

1—下盖；2—活塞；3—阀体；4—阀芯；5—弹簧；6—上盖。

图 6-16　直动式顺序阀

将图 6-16(a)中的下盖 1 旋转 90°或 180°安装,切断原控油路,将外控口 K 的螺塞取下,接通控制油路,则阀的开启由外部压力油控制,便构成外控外泄式顺序阀,其职能符号如图 6-16(c)所示。若再将上盖 6 旋转 180°安装,并将外泄口 L 堵塞,则弹簧腔与出油口相通,构成外控内泄式顺序阀,其职能符号如图 6-16(d)所示。

2. 先导式顺序阀

图 6-17 所示为先导式顺序阀的结构原理及其职能符号。当先导式顺序阀的入口通入液压油时,油液经过主阀芯的径向孔,右侧通阀芯右腔,左侧经阻尼孔 R 通主阀弹簧腔,并作用在先导调压阀的阀芯上。当顺序阀的进油压力低于调定压力时,调压先导锥阀关闭,主阀芯左、右所受的液压力平衡,靠主阀弹簧作用使顺序阀口闭合;达到锥阀开启压力时,液压油顶开先导锥阀,其泄漏油经 L 口单独接回油箱;当进油压力达到顺序阀预先调定压力时,顺序阀口开启,油液从顺序阀出油口 P_2 输出,使下一级液压元件(液压缸等)动作。先导式顺序阀也可以通过远程控制口 K 进行远程控制。

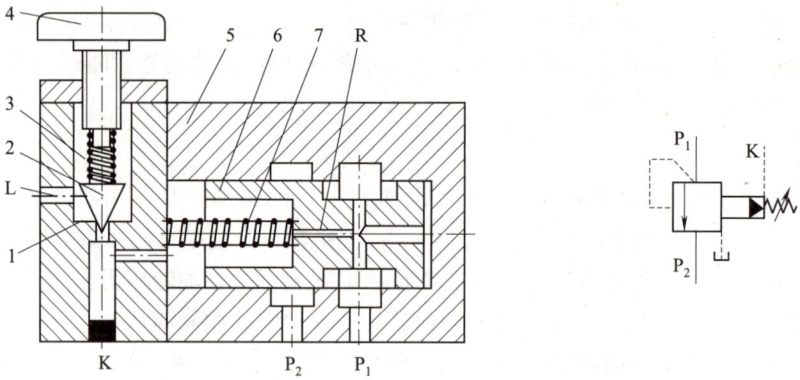

(a) 结构原理　　(b) 职能符号

1—先导阀阀座;2—先导阀阀芯;3—调压弹簧;4—调压手轮;5—主阀体;6—主阀芯;7—主阀芯弹簧。

图 6-17　先导式顺序阀

在顺序阀的阀体内并联设置单向阀,可构成单向顺序阀。单向顺序阀也有内控、外控之分。各种顺序阀的职能符号见表 6-6。

表 6-6　顺序阀的职能符号

控制与泄油方式	内控外泄	外控外泄	内控内泄	外控内泄	内控外泄加单向阀	外控外泄加单向阀
名称	顺序阀	外控顺序阀	背压阀	卸荷阀	内控单向顺序阀	外控单向顺序阀
职能符号	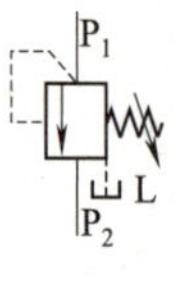	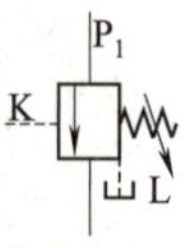	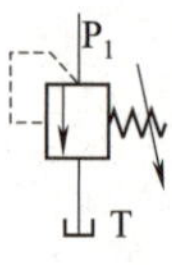	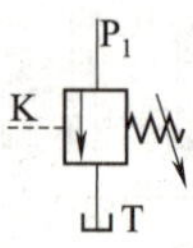	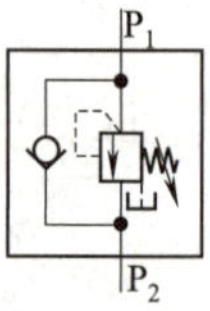	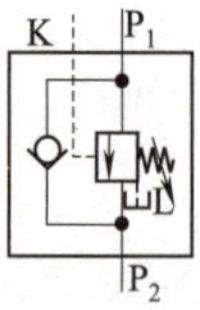

三、减压阀

减压阀是使出口压力低于进口压力的一种压力控制阀。利用减压阀可降低系统提供的压力，使同一系统具有两个或两个以上的压力回路。减压阀按结构不同分为直动式和先导式两种，根据功用的不同可以分为定值减压阀、定差减压阀和定比减压阀。

1. 定值减压阀

定值减压阀的功用是获得比进口压力低但稳定的出口工作压力。常用在夹紧油路或润滑油路中。对定值减压阀的主要要求：维持出口压力稳定，受入口压力和通过流量变化影响小。

图 6-18 所示为先导式减压阀，它由先导阀与主阀组成。油压为 p_1 的压力油，由主阀的进油口流入，经减压阀口 h 后由出油口流出，其压力为 p_2。出口油液经阀体 7 和下阀盖 8 上的孔道 a、b 及主阀芯 6 上的阻尼孔 c 流入主阀芯上腔 d 及先导阀右腔 e。当出口压力 p_2 低于先导阀弹簧的调定压力时，先导阀处于关闭状态，主阀芯上、下腔油压相等，它在主阀弹簧力作用下处于最下端位置（图示位置）。这时减压阀口 h 开度最大，不起减压作用，其进、出口油压基本相等。

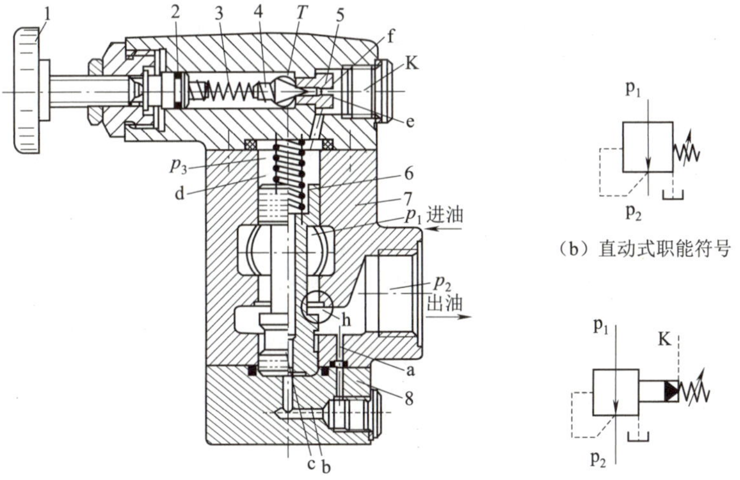

（a）结构原理图　　（c）先导式职能符号

1—调压手轮；2—密封圈；3—弹簧；4—先导阀芯；5—阀座；6—主阀芯；7—主阀体；8—阀盖。

图 6-18　先导式减压阀

微 课

先导型减压阀的工作原理

当 p_2 达到先导阀弹簧调定压力时，先导阀开启，主阀芯上腔油经先导阀流回油箱 T，主阀下腔油经阻尼孔向上流动，使阀芯两端产生压力差。主阀芯在此压差作用下向上抬起，关小减压阀口 h，阀口压降 Δp 增加。由于出口压力为调定压力 p_2，因而其进口压力 p_1 值会升高，即 $p_1 = p_2 + \Delta p$（或 $p_2 = p_1 - \Delta p$），阀在此过程中起到了减压作用。这时若由于负载增大或进口压力向上波动而使 p_2 增大，在 p_2 大于弹簧调定压力的瞬时，主阀芯上移，使开口 h 迅速减小，Δp 进一步增大，出口压力 p_2 便自动减小，即恢复为原来的调定压力。在 p_2 小于弹簧调定压力的瞬时，锥阀芯微量右移，p_2 增大，主阀芯下移，使开口 h 迅速增大，Δp 进一步减小，出口压力 p_2 便自动上升，亦恢复为原来的调定压力。由此可见，减压阀能利用出油口压力的反馈作用，自动控制阀口开度，保证出口压力基本上为弹簧调定的压力。因此，它也被称为定值减压阀。图 6-18（c）所示为先导式减压阀的职能符号。

减压阀的阀口为常开型，其泄油口必须由单独设置的油管通往油箱，且泄油管不能插入油箱液面以下,以免造成背压,使泄油不畅,影响阀的正常工作。

当阀的外控口 K 接一远程调压阀,且远程调压阀的调定压力低于减压阀的调定压力时,可以实现二级减压。

2. 定差减压阀

定差减压阀可使阀的进、出口压差保持为定值。如图 6-19 所示,进油口 P_1 的高压油经节流口减压后从出口 P_2 以低压油流出,同时出口的低压油经阀芯中心孔将压力 p_2 传至阀芯的上腔,其进、出油压在阀芯有效作用面积上的压差与弹簧力相平衡,即

$$p_1 - p_2 = \frac{k(x_0 + \Delta x)}{\frac{\pi}{4}(D^2 - d^2)} \tag{6-1}$$

式中 k——弹簧刚度;

x_0——弹簧正常工作时的压缩量;

Δx——压差波动时弹簧压缩量的变化量;

D、d——阀芯的有效直径[见图 6-19(a)]。

在工作中若弹簧的压缩量变化不大(实际情况就是如此),则此减压阀的进、出口压差就基本保持恒定。

3. 定比减压阀

定比减压阀可使阀进、出口压力间保持一定的比例关系。图 6-20 所示为定比减压阀的结构原理及其职能符号。阀芯的作用力平衡关系

$$p_1A_1 + k(x_0 + \Delta x) = p_2A_2 \tag{6-2}$$

这里,弹簧的刚度很小,几乎可以没有,所以,进、出口压力之间的关系约为

$$\frac{p_1}{p_2} = \frac{A_2}{A_1} \tag{6-3}$$

即如果忽略刚度很小的弹簧的作用,就可以认为这个液压阀的进、出口压力比为大、小柱塞的断面积之比。

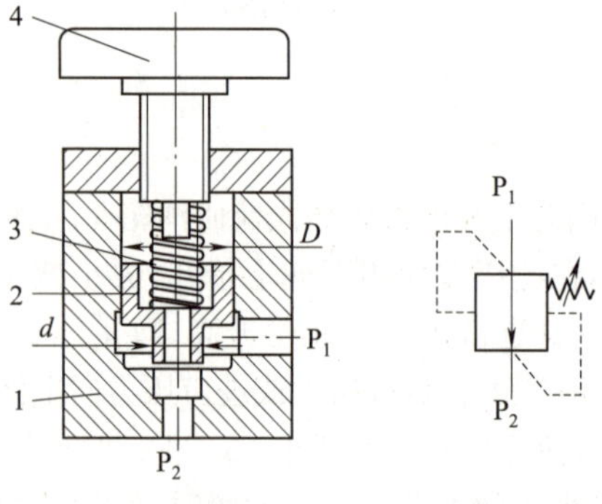

(a) 结构原理图　(b) 职能符号

1—阀体;2—阀芯;3—弹簧;4—调压手轮。

图 6-19　定差减压阀

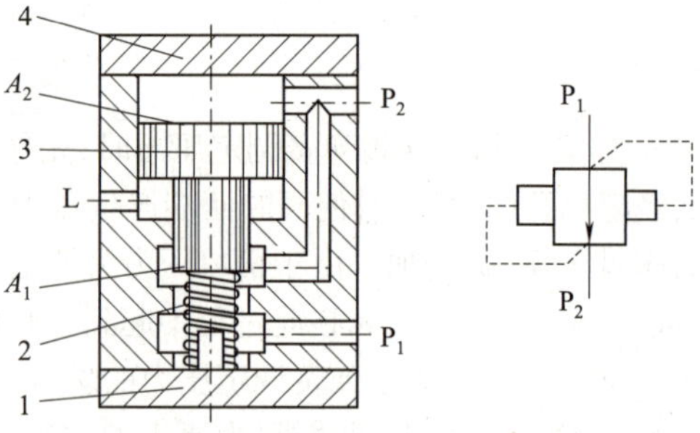

(a) 结构原理图　(b) 职能符号

1—下阀盖;2—弹簧;3—阀芯;4—上阀盖。

图 6-20　定比减压阀

4. 压力继电器

压力继电器是一种将油液的压力信号转换成电信号的电液控制元件,当油液压力达到压力继

电器的调定压力时，即发出电信号，以控制电磁铁、电磁离合器、继电器等元件动作，使油路卸压、换向，执行元件实现顺序动作，或关闭电动机，使系统停止工作，起安全保护作用等。

压力继电器根据液压系统的压力变化自动接通和断开有关电路，借以实现程序控制和安全保护作用。图 6-21 所示为压力继电器的结构原理及其职能符号。当 P 口连接的液压油压力达到压力继电器动作的调定压力时，通过柱塞 1 推动杠杆 3 压动微动开关 4 发出电信号。调节螺钉可改变弹簧 2 的压缩量，相应就调节了发出电信号时的控制油压力。当系统压力降低时，在弹簧力作用下柱塞下移，压力继电器复位而切断电信号。压力继电器发出电信号时的压力称为开启压力，切断电信号时的压力称为闭合压力。由于摩擦力的作用，开启压力高于闭合压力，其差值称为压力继电器的灵敏度，差值小则灵敏度高。

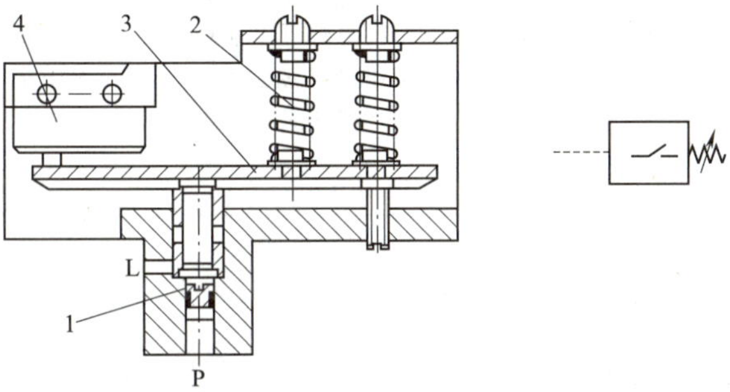

（a）结构原理图　　（b）职能符号

1—柱塞；2—弹簧；3—杠杆；4—微动开关。

图 6-21　压力继电器

四、压力控制阀的性能比较

各种压力控制阀的结构和原理十分相似，在结构上仅有局部不同，有的是进出油口连接差异，有的是阀芯结构形状有局部改变。熟悉各类压力控制阀的结构性能特点，会对分析与排除其故障大有帮助。表 6-7 所示列出了溢流阀、顺序阀和减压阀的性能比较。

表 6-7　溢流阀、顺序阀、减压阀的性能比较

名　称	溢 流 阀	顺 序 阀	减 压 阀
职能符号	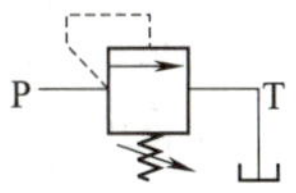	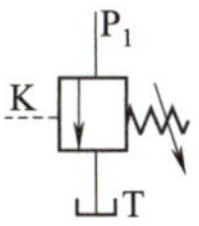	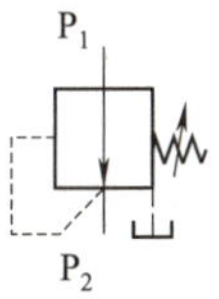
控制油路特点	把进油口油液引到阀芯底部，与弹簧力平衡，所以是控制进油路压力，常态下阀口关闭	同溢流阀，把进油口油液引到阀芯底部，所以是控制进油路压力，常态下阀口关闭	把出油口油液引到阀芯底部，与弹簧力平衡，所以是控制出口油路压力，常态下阀口全开
回油特点	阀的出油口油液直接流回油箱，故泄漏油可在阀体内与回油口连通，属于内泄式	同减压阀，即出油口油液接另一个缸中，所以要单独设置泄油口 L，也属于外泄式	阀的出油口油液是低于进油压力的二次压力油，供给辅助油路，所以要单独设置泄油口 L，属于外泄式

续表

名　称	溢 流 阀	顺 序 阀	减 压 阀
基本用法	用作溢流阀、安全阀、卸荷阀,一般接在泵的出口,与主油路并联。若作背压阀用,则串联在回油路上,调定压力较低	串联在系统中,控制执行机构的顺序动作。多数与单向阀并联,作为单向顺序阀用	串联在系统内,接在液压泵与分支油路之间
举例及说明	用作溢流阀时,油路常开,泵的压力取决于溢流阀的调整压力,多用于节流调速的定量泵系统 用作安全阀时,油路常闭,系统压力超过安全阀的调整值时,安全阀打开,多用于变量泵系统	用作顺序阀、平衡阀。顺序阀结构与溢流阀相似,经过适当改装,两阀可以互相代替。但顺序阀要求密封性较高,否则会产生误动作	作减压用,使辅助油路获得比主油路低且较稳定的压力油,阀口是常开的

五、压力控制阀故障分析与排除方法

1. 溢流阀常见故障及排除方法

溢流阀常见故障及排除方法见表6-8。

表6-8　溢流阀常见故障及排除方法

故 障 现 象	故 障 原 因		排 除 方 法
无压力	主阀故障	1. 主阀阀芯阻尼孔被堵塞(装配时未洗干净、油液过脏) 2. 主阀阀芯在开启位置卡死(如零件精度低、装配质量差、油液过脏) 3. 主阀阀芯复位弹簧折断或弯曲,使主阀阀芯不能复位	1. 清洗阻尼孔使其畅通,过滤或更换油液 2. 拆开检修、重新装配;阀盖紧固螺钉拧紧要均匀;过滤或更换油液 3. 更换弹簧
	先导阀故障	1. 调压弹簧折断或未装 2. 锥阀或钢球破碎或未装	1. 更换或补装 2. 更换或补装
	装错	进、出油口装反	纠正
	液压泵故障	见液压泵故障分析	见液压泵故障分析
压力升不高	主阀故障	1. 主阀口密封锥面封闭性差(锥面磨损、不圆、不同轴、有脏物) 2. 阀芯工作有卡滞现象,使阀口密封面不能严密结合 3. 主阀盖处有泄漏(密封垫损坏、装配不良、螺钉松动)	1. 研配或更换、清洗,修配,使之良好结合 2. 修配,使之良好结合 3. 拆开检修,更换密封垫,重新装配,确保螺钉预紧力均匀
	先导阀故障	1. 调压弹簧弯曲、太软或长度过短 2. 锥阀阀口密封锥面封闭性差(锥面磨损、不圆、有脏物、胶质粘住)	1. 更换弹簧 2. 检修更换,使其达到密封要求

续表

故障现象	故障原因		排除方法
压力突然上升	主阀故障	主阀阀芯动作不灵敏，在关闭状态突然被卡死（零件加工精度低、装配质量差油液过脏）	检修更换零件，过滤或更换液压油
	先导阀故障	先导阀阀芯与阀座结合面突然被粘住，脱不开	清洗修配或更换液压油
压力突然下降	主阀故障	1. 主阀阻尼孔突然被堵塞 2. 主阀阀芯动作不灵敏，在开启状态突然被卡死（零件加工精度低、装配质量差、油液过脏） 3. 主阀盖密封垫突然被破坏	1. 清洗、过滤或更换液压油 2. 检修更换零件，过滤或更换液压油 3. 更换密封垫
	先导阀故障	1. 先导阀阀芯突然破裂 2. 调压弹簧突然断裂	1. 更换阀芯 2. 更换弹簧
压力波动	主阀故障	1. 主阀阀芯动作不灵活，时有卡滞现象 2. 主阀阀芯阻尼孔时堵时通 3. 主阀阀口密封面接触不良，磨损不均 4. 阻尼孔太大，阻尼作用差	1. 检查原因，采取措施排除 2. 检查原因，采取措施排除 3. 修配或更换零件 4. 适当缩小或重新加工阻尼孔
	先导阀故障	1. 调压弹簧弯曲 2. 锥阀阀口密封面接触不良，磨损不均 3. 调压锁紧螺母松动使压力变动	1. 更换弹簧 2. 修配或更换零件 3. 调压后应把锁紧螺母锁紧
振动和噪声	主阀故障	主阀工作时径向力不平衡（加工、装配精度差，污物，使配合间隙大、不均匀）导致阀的工作不稳定	检查零件精度，对不合格的零件进行更换，检修零件去除毛刺，清洗阀
	先导阀故障	1. 锥阀阀口密封面接触不良（封油面圆度不佳、表面质量差、磨损不均等）造成调压弹簧受力不均衡，阀芯振荡加剧，发出噪声 2. 调压弹簧轴心线与端面不垂直（弹簧弯曲、阀座装偏、弹簧在定位杆上偏向一侧），这样阀芯会倾斜，造成密封面接触不均匀，阀芯振荡加剧，发出噪声	1. 控制封油面的圆度误差在0.01 mm以内，表面粗糙度值控制在0.4 μm 2. 更换弹簧、提高装配质量
	系统中有空气	泵吸入空气或系统中存在空气	排除空气
	使用不当	通过流量超过允许值	在额定范围内使用
	回油不畅	回油管内阻力过高或回油口距油箱底面太近	适当增大管径，减少弯头，调整回油管口位置，应离油箱底面两倍管径以上
泄漏明显	阀的精度误差	1. 阀内各动、静配合间隙过大 2. 阀口密封面接触不良或磨损严重 3. 零件结合面密封性差	检查、修理、更换零件或阀
	日常维护差	各主要部件的螺钉、管接头未定期紧固，结合面密封件未定期更换	定期紧固、更换和维护

2. 顺序阀常见故障及排除方法

顺序阀常见故障及排除方法见表6-9。

表6-9 顺序阀常见故障及排除方法

故障现象	故障原因	排除方法
始终出油,因而起顺序作用	1. 阀芯在打开位置上卡死(如几何精度差,间隙太小,弹簧弯曲、断裂,油液太脏) 2. 单向阀在打开位置上卡死(如几何精度差,间隙太小,弹簧弯曲、断裂,油液太脏) 3. 单向阀密封不良(如几何精度差) 4. 调压弹簧断裂 5. 调压弹簧漏装 6. 未装锥阀或钢球 7. 锥阀或钢球碎裂	1. 修理,使配合间隙达到要求,并使阀芯移动灵活;检查油质,过滤或更换油液;更换弹簧 2. 修理,使配合间隙达到要求,并使单向阀芯活动灵活;检查油质,过滤或更换油液;更换弹簧 3. 修理,使单向阀密封良好 4. 更换弹簧 5. 补装弹簧 6. 补装 7. 更换
不出油,因而不起顺序作用	1. 阀芯在关闭位置上卡死(如几何精度低,弹簧弯曲,油液脏) 2. 锥阀芯在关闭位置上卡死 3. 控制油液流动不畅通(如阻尼孔堵死,或遥控管道被压扁堵死) 4. 遥控压力不足,或下端盖接合处漏油严重 5. 通向调压阀油路上的阻尼孔被堵死 6. 泄漏口管道中背压太高,使滑阀不能移动 7. 调节弹簧太硬或压力调得太高	1. 修理,使滑阀移动灵活;更换弹簧;过滤或更换油液 2. 修理,使滑阀移动灵活;过滤或更换油液 3. 清洗或更换管道,过滤或更换油液 4. 提高控制压力,拧紧螺钉并使之受力均匀 5. 清洗 6. 泄漏口管道不能接在排油管道上一起回油,应单独排回油箱 7. 更换弹簧,适当调整压力
调定压力值不符合要求	1. 调压弹簧调整不当 2. 调压弹簧变形,最高压力调不上去 3. 滑阀卡死	1. 重新调整所需要的压力 2. 更换弹簧 3. 检查滑阀的配合间隙,修配使滑阀移动灵活;过滤或更换油液
振动与噪声	1. 回油阻力(背压)太高 2. 油温过高	1. 降低回油阻力 2. 控制油温在规定范围内

3. 减压阀常见故障及排除方法

减压阀常见故障及排除方法见表6-10。

表6-10 减压阀常见故障及排除方法

故障现象	故障原因	排除方法
不起减压作用	1. 直动式减压阀有的将顶盖方向装错,使回油孔堵塞 2. 滑阀与阀体孔的制造精度差,滑阀被卡住 3. 滑阀上的阻尼小孔被堵塞 4. 调压弹簧太硬或发生弯曲被卡住 5. 钢球或锥阀与阀座孔配合不良 6. 泄漏通道被堵塞,滑阀不能移动	1. 重新装配顶盖,将顶盖上的回油孔与阀体上的回油孔对准 2. 研配滑阀与阀体孔,使之移动灵活无阻滞 3. 清洗并疏通滑阀上的阻尼孔 4. 更换软硬、长度合适的弹簧 5. 更换钢球或修磨锥阀,并研配阀座孔 6. 清洗滑阀和阀体,使泄漏通道畅通

续表

故障现象	故障原因	排除方法
压力不稳定	1. 滑阀与阀体配合间隙过小，滑阀移动不灵活 2. 滑阀弹簧太软，产生变形或在阀芯中被卡住，使滑阀移动困难 3. 滑阀阻尼孔时通时阻塞 4. 锥阀与锥阀座接触不良，如锥阀磨损、有伤痕，锥阀、阀座孔不圆 5. 锥阀调压弹簧变形 6. 液压系统内进入空气	1. 修磨滑阀并研磨滑阀孔，使配合间隙符合要求 2. 更换软硬合适的弹簧 3. 更换液压油，清洗并疏通滑阀上的阻尼孔 4. 修磨锥阀，并研磨阀座孔，使之配合良好 5. 更换调压弹簧 6. 排除液压系统内空气
泄漏严重	1. 滑阀磨损后与阀体孔配合间隙太大 2. 密封件老化或磨损 3. 锥阀与阀座孔接触不良或磨损严重 4. 各连接处螺钉松动或拧紧力不均匀	1. 重置滑阀，与阀体孔配磨，使其间隙至规定值 2. 更换密封件 3. 修磨锥阀，研磨阀体孔，使其配合紧密 4. 紧固各连接处螺钉

任务 4　流量控制阀结构原理及故障分析

任务目标

1. 了解节流阀常用节流口的形式；掌握节流阀的结构、工作原理及职能符号的画法。
2. 掌握调速阀的结构、工作原理及职能符号的画法。
3. 分析减压阀、控制阀常见故障的产生的原因，掌握故障排除方法。

素质目标

通过学习流量控制阀故障分析，培养学生解决问题的能力和认真负责、敬业奉献的职业操守。

任务导入

在液压系统中，流量控制阀是调节液体的流量大小。掌握各类流量控制阀的结构、工作原理及特点；掌握职能符号的画法。

任务实现

液压系统中执行元件运动速度的大小，由输入执行元件的油液流量的大小来确定。流量控制阀就是依靠改变阀口通流面积（节流口局部阻力）的大小或通流通道的长短来控制流量的液压阀类。常用的流量控制阀有节流阀、调速阀和同步阀等。液压传动系统对流量控制阀的主要要求：①较大的流量调节范围，且流量调节要均匀；②当阀前、后压差发生变化时，通过阀的流量变化要小，以保证负载运动的稳定；③油温变化对通过阀的流量影响要小；④液流通过全开阀时的压力损失要小；⑤当阀口关闭时，阀的泄漏量要小。

一、节流阀

微课

节流阀的工作原理

1. 常用节流口的形式

节流阀是最简单的流量控制阀,它的关键功能部位是节流口。节流口的形状和大小对流量阀的工作性能有着重大的影响。图 6-22 所示为几种常见的节流口形式。

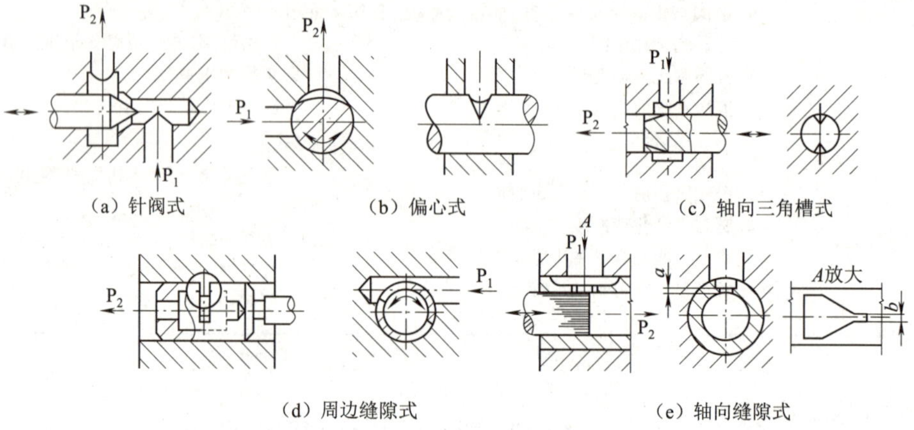

图 6-22　节流口的形式

(1)针阀式节流口[见图 6-22(a)]

当针阀作轴向移动时,即可改变环形节流开口的大小以调节流量。这种结构加工简单,但节流口长度大,水力半径小,易堵塞,流量受油温影响较大。一般用于对性能要求不高的场合。

(2)偏心式节流口[见图 6-22(b)]

这种形式的节流口在阀芯上开一个截面为三角形(或矩形)的偏心槽,当转动阀芯时,就可以改变节流口的大小,以调节流量。这种节流口的性能与针阀式节流口相似,但容易制造。其缺点是阀芯上的径向力不平衡,旋转阀芯时较费力,一般用于压力较低、流量较大和流量稳定性要求不高的场合。

(3)轴向三角槽式节流口[见图 6-22(c)]

在阀芯端部开有一个或两个斜的三角槽,轴向移动阀芯就可以改变三角槽通流面积从而调节流量。在高压阀中有时在轴端铁削斜面来代替三角槽以改善工艺性。这种节流口水力半径较大,小流量时的稳定性较好。当三角槽对称布置时,液压径向力得到平衡,因此适用于高压。

(4)周边缝隙式节流口[见图 6-22(d)]

这种节流口在阀芯上开有狭缝,油液可以通过狭缝流入阀芯内孔再经左边的孔流出,旋转阀芯可以改变缝隙节流开口的大小。周边缝隙式节流口可以做成薄刃结构,从而获得较小的最低稳定流量。但是阀芯径向受力不平衡,故只在低压节流阀中采用。

(5)轴向缝隙式节流口[见图 6-22(e)]

在套筒上开有轴向缝隙,轴向移动阀芯就可以改变缝隙的通流面积大小。这种节流口可以做成单薄刃或双薄刃式结构,因此流量对温度变化不敏感。此外,这种节流口水力半径大,小流量时稳定性好,因而可用于性能要求较高的场合。

2. 节流阀的结构

图 6-23 所示为一种典型的节流阀。压力油从进油口 P_1 流入,经节流口后从出油口 P_2 流出。

节流口的形状为轴向三角槽式。阀芯 1 右端开有小孔,使阀芯左右两端的液压力抵消掉一部分,因而调节力矩较小,便于在高压下进行调节。当调节节流阀的手轮 3 时,可通过推杆 2 推动节流阀芯 1 左右移动。节流阀芯的复位靠复位弹簧 4 的弹力来实现。通过节流阀芯左右移动改变节流口的开口量,从而实现对流量的调节。

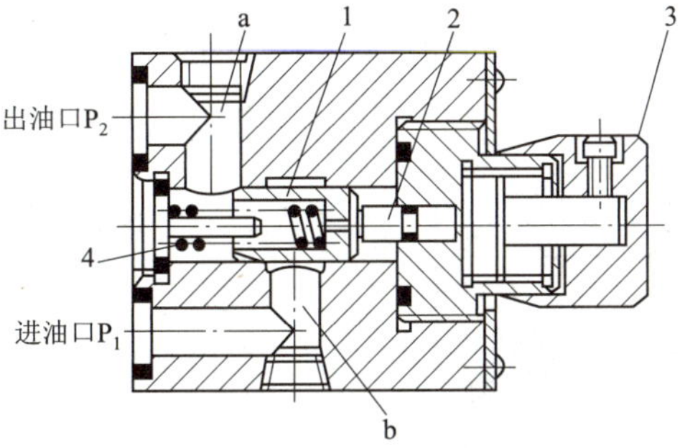

(a) 结构原理图

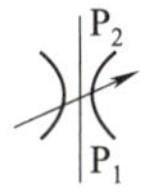

(b) 职能符号

1—阀芯;2—推杆;3—手轮;4—复位弹簧。

图 6-23 节流阀

该种阀的额定压力为 6.3 MPa,额定流量有 10 L/min、25 L/min、63 L/min、100 L/min 四种规格。只适用于负载和温度变化不大或速度稳定性要求不高的中低压系统。

图 6-24(a)所示为适用于高压系统的节流阀。它的节流口形式也采用轴向三角槽式。压力油从进油口流入,经阀芯上的三角形节流口从出油口流出。调节手轮 1 可使阀芯 3 作轴向移动,改变节流口开度的大小,以控制流量。在阀芯 3 上有小中心孔,压力油同时进入阀芯的上下腔,使阀芯两端所受液压力平衡,阀芯仅受复位弹簧 4 的作用紧贴推杆,以保持节流口开度。这种阀即使在系统工作状态时调节也很轻便,因而可用于高压力系统中。其额定压力为 32 MPa,额定流量有 25 L/min、75 L/min、190 L/min 三种规格。

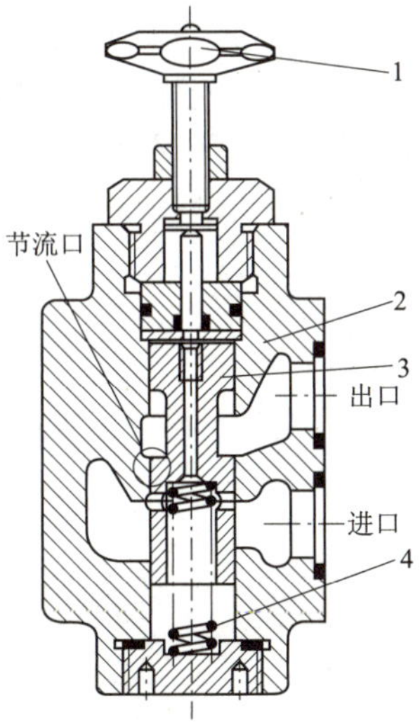

(a) 结构原理图

(b) 职能符号

1—调压手轮;2—阀体;3—阀芯;4—复位弹簧。

图 6-24 节流阀(高压)

节流阀结构简单、体积小、使用方便、成本低,但负载和温度的变化对其流量稳定性的影响较大,因此只适用于负载和温度变化不大或速度稳定性要求不高的液压系统。

二、调速阀

调速阀在特定的工作条件下,其调定的速度(流量)可以不受负载变化的影响。图6-25所示为普通调速阀的结构原理及其职能符号。

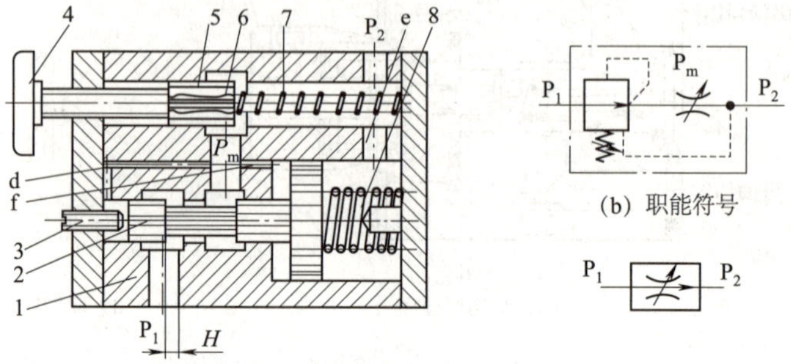

(a) 结构原理图　　(c) 简化职能符号

1—阀体;2—减压阀阀芯;3—限位螺钉;4—调压手轮;5—节流阀阀芯;6—泄漏口;7—弹簧;8—减压阀弹簧。

图 6-25　调速阀

将定差式减压阀和节流阀串联在一起,减压阀入口的压力为 p_1,经过减压口减压后的压力为 p_m,p_m 同时为节流阀的入口压力,节流阀出口的压力为 p_2,由外负载决定。调速阀正常工作时,$\Delta p = p_m - p_2$ 基本恒定。当外负载增大时,p_2 增大,减压阀弹簧腔压力增大,阀芯原先的平衡被打破,阀芯向左移动,开大减压口开度 H,使 p_m 增大,维持 $\Delta p = p_m - p_2$ 基本恒定;当外负载减小时,阀芯运动情况正好相反,同样维持压差基本恒定。

图 6-26 所示为节流阀和调速阀的流量特性曲线。图中曲线 1 表示的是节流阀的流量与进、出油口压差 Δp 的变化规律,根据小孔流量通用公式 $q_v = CA_T\Delta p^{\varphi}$ 知,节流阀的流量随压差变化而变化;图中曲线 2 表示的是调速阀的流量与进、出油口压差 Δp 的变化规律。调速阀在压差大于一定值后流量基本稳定。调速阀在压差很小时,定差减压阀阀口全开,不起作用,这时调速阀的特性和节流阀相同。可见要使调速阀正常工作,应保证其最小压差(一般为 0.5 MPa 左右)。

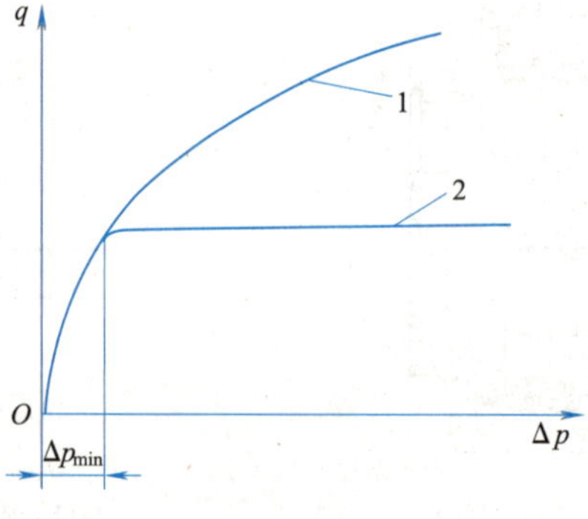

1—节流阀;2—调速阀。

图 6-26　流量控制阀的流量特性曲线

三、流量控制阀故障分析与排除方法

节流阀常见故障及排除方法见表6-11。

表6-11　节流阀常见故障及排除方法

故障现象	故障原因	排除方法
流量可调节但不稳定，造成执行元件速度不稳定	1. 油液中极化分子和金属表面吸附层破坏了节流缝隙几何形状和大小，在受压时遭到周期性破坏，使流量出现周期性脉动 2. 系统长时间运行，油温升高，油液氧化变质，在节流口析出胶质、沥青、碳渣等污物，吸附于节流口壁面，使节流口有效通流面积减少甚至堵塞，流量不稳定 3. 油液中的尘埃、切屑粉尘、油漆剥落片等机械杂质及油液劣化老化生成物在节流缝隙处产生堆积，堵塞节流通道，造成流量不稳定 4. 节流阀调整好锁紧后，由于机械振动使锁紧螺钉松动，导致调节杆在支承套上旋转松动、节流阀开度发生改变，引起流量不稳定 5. 系统负载变化大，导致执行元件工作压力变化，造成节流阀两端压差发生变化，引起流量不稳定 6. 节流阀阀芯采用间隙密封，存在内泄漏，磨损使配合间隙和内泄漏增大，内泄漏随油温变化而改变，引起流量不稳定 7. 系统中混进空气，使油液可压缩性大增，油液时而压缩时而释放，导致流量不稳定 8. 节流阀外泄漏大，造成流量不稳定 9. 单向节流阀中的单向阀关不严，锥面不密合，引起流量不稳定	1. 采用电位差小的金属作节流阀 2. 在系统结构上进行改进，提高油液抗温升能力，油液选用抗氧化能力强的油液，减少通道湿周长，扩大水力半径，使污物不易停留，节流口选用薄刃口，比狭长缝隙节流口抗堵塞能力强 3. 在节流阀前安设过滤器，对油液进行精滤，更换新的抗老化的清洁油液 4. 消除机械振动的振源，采用带锁调节手柄的节流阀 5. 改节流阀为调速阀 6. 研修或更换阀芯，保证节流阀芯与阀体孔的配合间隙合理，不能过大或过小 7. 排除系统内空气，减少系统发热，更换黏度指数高的油液 8. 更换密封圈 9. 查明单向阀关不严、锥面不能密合的原因，采取对应措施，解决单向阀内泄漏问题
节流调节作用失灵	1. 阀体沉割槽尖边或阀芯倒角处毛刺卡住阀芯，调节手柄松开时带动调节杆上移，但复位弹簧力不能克服阀芯卡紧力使阀芯随调节杆上移，导致调速失效 2. 油中污物卡死阀芯或堵塞节流口，导致节流失灵 3. 阀芯和阀孔的几何精度不高，造成液压卡紧，导致节流调节失灵 4. 阀芯与阀体孔配合间隙过小或过大，造成阀芯卡死或泄漏大，导致节流作用失灵 5. 设备长时间停机，油中水分等使阀芯锈死在阀孔内，导致节流阀重新使用时出现节流调节失灵现象 6. 阀芯与阀孔内外圆柱面出现拉伤划痕，导致阀芯运动不灵活甚至卡死，或者内泄漏增大，造成节流失灵	1. 用尼龙刷去除阀孔内毛刺，用油石等手工精修方法去除阀芯上毛刺，使阀芯移动灵活 2. 拆卸清洗节流阀，更换洁净新油，加装过滤器对油液进行过滤 3. 研磨修复阀孔，或重配阀芯 4. 研磨单向阀配合锥面，使之紧密配合 5. 设备长期停机时须放干净设备中油液 6. 对轻微拉伤进行抛光，对严重拉伤，先用无心磨磨去伤痕，再电镀修
节流阀外泄漏严重	O形密封圈压缩永久变形、破损及漏装	更换或补换O形密封圈
节流阀内泄漏严重	1. 节流阀芯与阀孔配合间隙过大或使用过程发生严重磨损 2. 阀芯与阀孔拉有沟槽，其中圆柱阀芯为轴向沟槽，平板阀为径向沟槽 3. 油温过高	1. 电刷镀或重新加工阀芯进行研磨装配，保证阀芯与阀体孔公差及二者之间的配合间隙 2. 电刷镀或重新加工阀芯进行研磨配合 3. 采取措施，控制系统油温
阀芯反力过大	阀芯径向卡住，泄油口堵住	阀泄油口单独接回油箱

任务5　比例阀、插装阀和叠加阀结构原理分析

任务目标

1. 掌握各类比例阀的结构、工作原理及职能符号的画法。
2. 掌握插装阀的结构、工作原理、应用及职能符号的画法。
3. 掌握叠加阀结构、工作原理及职能符号的画法。

素质目标

介绍新型液压控制元件的先进技术和应用前景,培养学生的国际视野和创新精神。

任务导入

比例阀、插装阀和叠加阀是新型液压元件,现在工程机械中得到广泛应用,需掌握这三种新型液压元件的结构、工作原理及应用。

任务实现

比例阀、插装阀和叠加阀分别是20世纪60年代末、70年代初和80年代才出现并得到发展的液压控制阀。与普通液压控制阀相比,它们具有许多显著的优点。因此,随着技术的进步,这些新型液压元件必将会以更快的速度发展,并广泛用于各类设备的液压系统中。

一、比例阀

电液比例阀简称比例阀,它是一种把输入的电信号按比例转换成力或位移,从而对压力、流量等参数进行连续控制的一种液压阀。

比例阀由直流比例电磁铁与液压阀两部分组成。其液压阀部分与一般液压阀差别不大,所不同的是直流比例电磁铁和一般电磁阀所用的电磁铁不同,采用直流比例电磁铁可得到与给定电流成比例的位移输出和吸力输出。

比例阀按其控制的参量可分为电液比例方向阀、电液比例压力阀、电液比例流量阀三大类。

1. 电液比例方向阀

电液比例方向阀在控制液流方向的同时,还兼有控制流量的作用,所以又称为电液比例方向流量阀。电液比例方向阀的结构有多种形式。图6-27所示为压力控制型先导阀和弹簧定位的主阀组合而成的电液比例方向流量阀的结构原理及其职能符号。

它是靠先导阀控制输出的液压力和主阀芯的弹簧力的相互作用来控制液动换向阀的正、反向开口量,进而控制液流的方向和流量。先导阀是一个比例压力型的控制阀。结构上,在先导阀阀芯内嵌装了小柱塞,当左侧的比例电磁铁通入控制电流时,阀芯右移,使液压油从P口流向b口,左侧油口的液压油经阀芯上的通道引到阀芯内部,这样阀芯就受到与右侧电磁铁推力相反的液压力的作用,b口的输出压力就和比例电磁铁的输入电流相对应,作用在主阀芯上控制其位置以实现方向和流量的节流控制。

主阀芯采用了一个具有控制弹簧双向复位作用的机构，不但实现了双向复位，而且解决了采用两个弹簧时刚度会有所不同的影响。

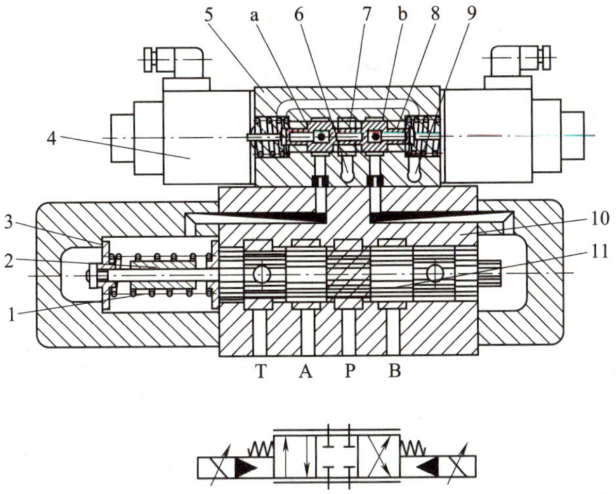

1—对中弹簧；2—套管；3—弹簧座；4—比例电磁铁；5—先导阀阀体；6—比例减压阀外控油口；7—先导阀阀芯；8—反馈活塞；9—比例减压阀回油口；10—主阀体；11—主阀芯。

图6-27　压力控制型电液比例方向流量阀

2. 电液比例压力阀

用比例电磁铁取代压力阀的手调弹簧力控制机构便可得到电液比例压力阀。

图6-28(a)所示为某直动式电液比例压力阀的结构原理及其职能符号。其原理很简单，通过比例电磁铁推杆推动钢球来压缩弹簧，控制锥阀芯作用在阀座上的力，进而控制阀芯的开启压力，控制阀的入口P处的压力。

图6-28(b)所示为某先导式电液比例压力阀的结构原理及其职能符号。其工作原理也很简单，主阀的手调先导阀调节压力稍大，作为安全阀用。采用电磁比例电磁铁调节先导阀，进而控制主溢流阀。这里不再具体说明。

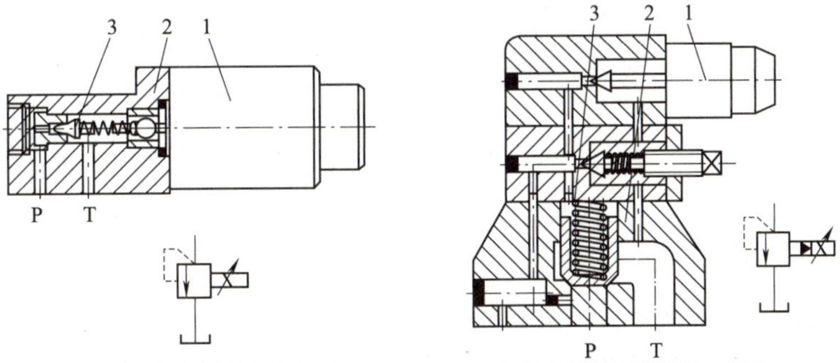

(a) 直动式电液比例压力阀　　(b) 先导式电液比例压力阀

1—电磁铁；2—阀体；3—阀芯。

图6-28　电磁比例压力阀

3. 电液比例流量阀

电液比例流量阀就是将流量阀的调节手轮改换成比例电磁铁而成的。

图 6-29 所示为一种电液比例流量阀的结构原理及其职能符号。通过控制比例电磁铁的输入电信号,控制流量阀节流口的开度,进而控制流量阀的控制流量。

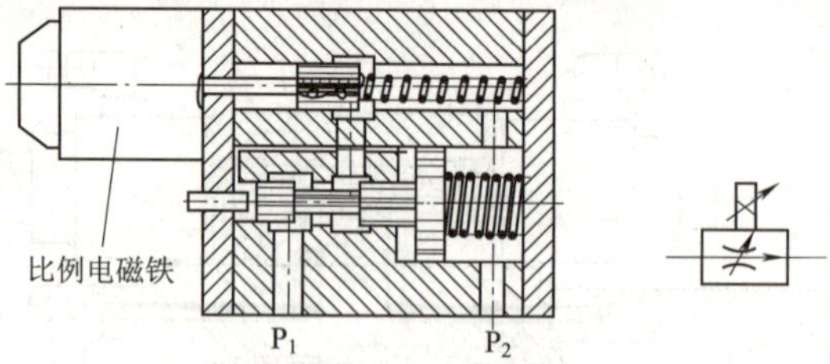

图 6-29 电液比例流量阀

二、插装阀

微课

插装阀的工作原理及应用

插装阀也称为插装式锥阀或逻辑阀。它是一种结构简单,标准化、通用化程度高,通油能力大,液阻小,密封性能和动态特性好的新型液压控制阀。目前在液压压力机、塑料成型机械、压铸机等高压大流量系统中应用广泛。

1. 基本结构和工作原理

插装阀主要由锥阀组件、阀体、控制盖板及先导元件组成。如图 6-30 所示,阀套 2、弹簧 3 和锥阀 4 组成锥阀组件,插装在阀体 5 的孔内。上面的盖板 1 上设有控制油路与其先导元件连通(先导元件图中未画出)。锥阀组件上配置不同的盖板,就能实现各种不同的功能。同一阀体内可装入若干个不同机能的锥阀组件,加相应的盖板和控制元件组成所需要的液压回路或系统,可使结构很紧凑。

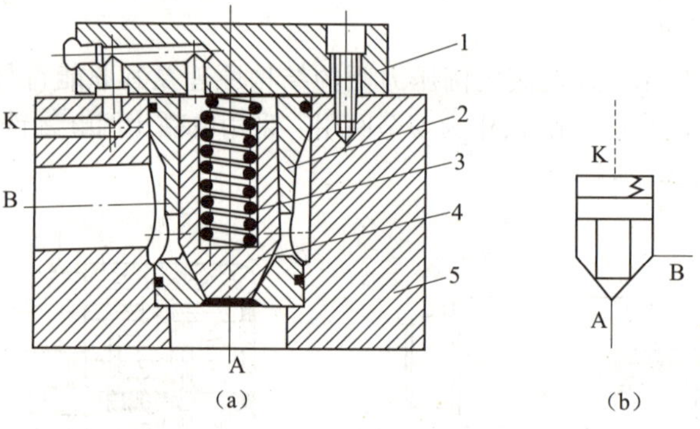

1—控制盖板;2—阀套;3—弹簧;4—锥阀;5—阀体。

图 6-30 插装式锥阀

从工作原理讲,插装阀是一个液控单向阀。如图 6-30 所示,A、B 为主油路通口,K 为控制油口。设 A、B、K 油口所通油腔的油液压力及有效工作面积分别为 p_A、p_B、p_K 和 A_1、A_2、A_K($A_1+A_2=A_K$),弹簧的作用力为 F_s,且不考虑锥阀的质量、液动力和摩擦力等的影响,则当 $p_AA_1+p_BA_2<F_s+p_KA_K$ 时,锥阀闭合,A、B 油口不通;当 $p_AA_1+p_BA_2>F_s+p_KA_K$ 时,锥阀打开,油路 A、B 连通。因此可知,当 p_A、p_B 一定时,改变控制油腔 K 的油压 p_K,可以控制 A、B 油路的通断。当控制油口 K 接通油箱时,$p_K=0$,锥阀下部的液压力超过弹簧力时,锥阀即打开,使油路 A、B 连通。这时若 $p_A>p_B$,则油由 A 流向 B;若 $p_A<p_B$,则油由 B 流向 A。当 $p_K \geqslant p_A$,$p_K \geqslant p_B$ 时,锥阀关闭,A、B 不通。

插装式阀锥阀芯的端部可开阻尼孔或节流三角槽，也可以制成圆柱形。插装式锥阀可用作方向控制阀、压力控制阀和流量控制阀。

2. 插装阀的应用

（1）用作单向阀与液控单向阀

将插装锥阀的A或B油口与控制油口K连通时，即成为单向阀。如图6-31（a）所示，A与K连通，故当$p_A>p_B$时，锥阀关闭，A与B不通；当$p_A<p_B$时，锥阀开启，油液由B流向A。在图6-31（b）中，B与K连通，当$p_A<p_B$时，锥阀关闭，A与B不通；当$p_A>p_B$时，锥阀开启，油液由A流向B。锥阀下面的符号为可以替代的普通液压阀符号。

在控制盖板上接一个二位三通液动换向阀，用以控制插装锥阀控制腔的通油状态，即成为液控单向阀，如图6-32所示。当换向阀的控制油口不通压力油，换向阀为左位（图示位置）时，油液只能由A流向B；当换向阀的控制油口通入压力油，换向阀为右位时，锥阀上腔与油箱连通，因而油液也可由B流向A。锥阀下面的符号为可以替代的普通液压阀符号。

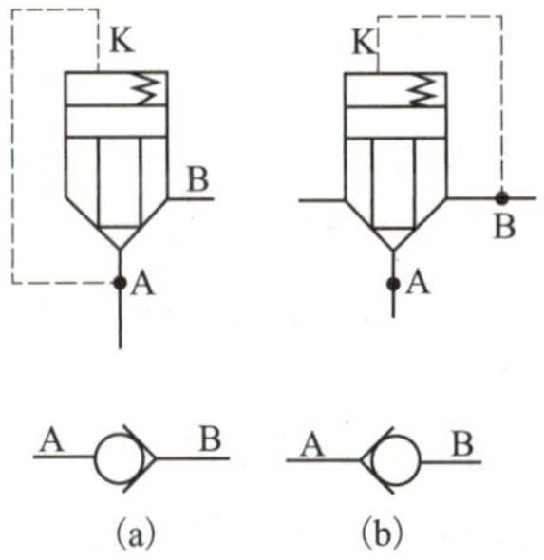

图6-31　插装式锥阀用作单向阀

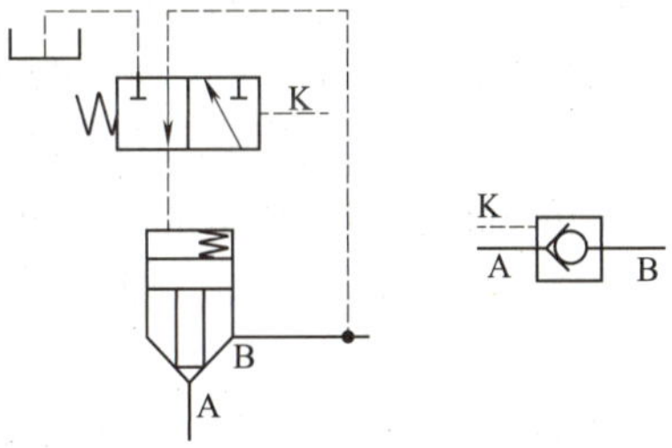

图6-32　插装式锥阀用作液控单向阀

（2）用作换向阀

用小规格二位三通电磁换向阀来转换控制腔K的通油状态，即成为能通过高压大流量的二位二通换向阀，如图6-33所示。当电磁换向阀左位（图示状态）时，油液只能由B流向A；当电磁阀通电换为右位时，K与油箱连通，油液也可由A流向B。

用小规格二位四通电磁换向阀控制四个插装式锥阀的启闭，来实现高压大流量主油路的换向，即可构成二位四通换向阀，如图6-34（a）所示。当电磁阀不通电（图示位置）时，插装式锥阀1和3因控制油腔通油箱而开启，插装式锥阀2和4因控制油腔通入压力油而关闭。因此主油路中压力油由P经阀3进入B，回油由A经阀1流回油箱T；当电磁阀通电换为左位时，插装式锥阀1和3因控制油腔通入压力油而关闭，插装式锥阀2和4因控制油腔通油箱而开启。因此主油路中压力油由P经阀2进入A，回油由B经阀4流回油箱T。

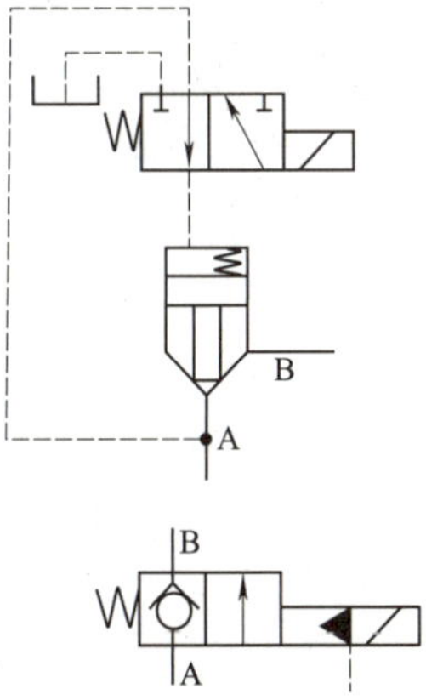

图6-33　插装式锥阀用作二位二通换向阀

用一个小规格三位四通电磁换向阀和四个插装式锥阀可组成一个能控制高压大流量主油路换向的三位四通换向阀，如图6-34（b）所示。该组阀中，三位四通电磁阀左位和右位时，控制插装式锥阀的工作原理与二位四通阀相同。其中位时的通油状态由三位四通电磁阀的中位机能决定。图例中，电磁阀中位时，四个插装式锥阀的控制油腔均通压力油，因此均为关闭状态，故主换向阀的中位机能为O形。

改变电磁换向阀的中位机能,可改变插装换向阀的中位机能。改变先导电磁阀的个数,也可使插装换向阀的工作位置数得到改变。

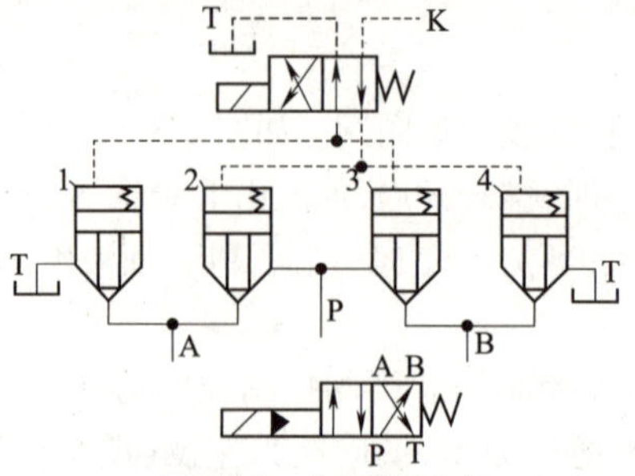

(a) 用作二位四通换向阀

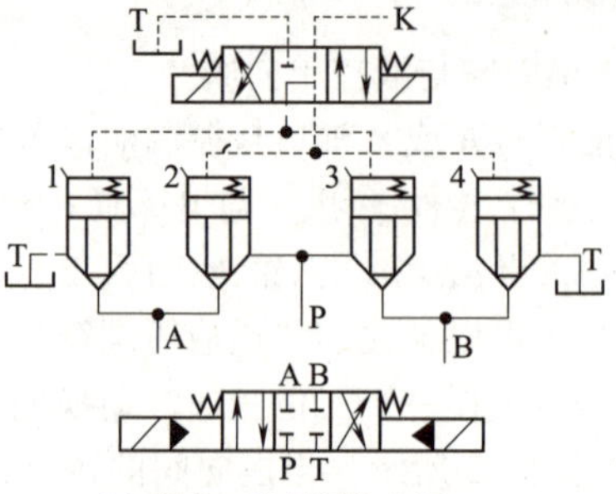

(b) 用作三位四通换向阀

1、2、3、4—插装式锥阀。

图 6-34　插装式锥阀用作四通换向阀

(3)插装式锥阀用作压力控制阀

对插装式锥阀的控制油腔 K 的油液进行压力控制,即可构成各种压力控制阀,以控制高压大流量液压系统的工作压力。其结构原理如图 6-35 所示。用直动式溢流阀作为先导阀来控制插装式主阀,在不同的油路连接下便构成不同的插装式压力阀。在图 6-35(a)中,插装式锥阀 1 的 B 腔与油箱连通,其控制油腔 K 与溢流阀 2 相连,溢流阀 2 的出油口与油箱相连,这样就构成了插装式溢流阀。即当插装式锥阀 A 腔压力升高到溢流阀 2 的调定压力时,先导阀打开,油液流过主阀芯阻尼孔 a 时造成两端压力差,使主阀芯抬起,A 腔压力油便经主阀开口由 B 溢回油箱,实现稳压溢流。在图 6-35(b)中,插装式锥阀 1 的 B 腔通油箱,控制油腔 K 接二位二通电磁换向阀 3,即构成了插装式卸荷阀。当电磁阀 3 通电,使锥阀控制腔 K 接通油箱时,锥阀芯抬起,A 腔油便在很低的油压下流回油箱,实现卸荷。在图 6-35(c)中,插装式锥阀 1 的 B 腔接压力油路,控制油腔 K 接溢流阀 2,便构成插装式顺序阀。即当 A 腔压力达到先导阀的调定压力时,先导阀打开,控制 A 腔油液经先导阀流回油箱,油液流过主阀芯阻尼孔 a,造成主阀两端压差,使主阀芯抬起,A 腔压力油便经主阀开口由 B 流入阀后的压力油路。

此外,若以比例溢流阀作先导阀代替图 6-35(a)中直动式溢流阀,则可构成插装式比例溢流阀。若主阀采用油口常开的圆锥阀芯可构成插装式减压阀。

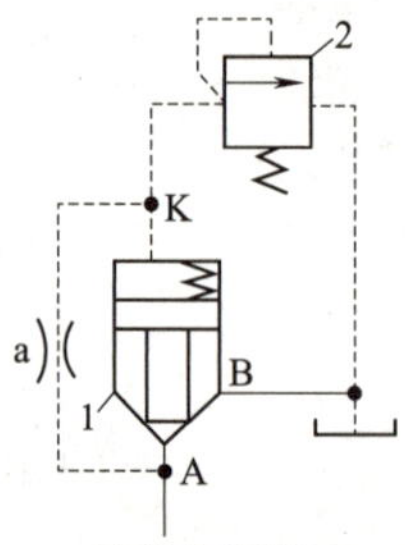

(a)用作溢流阀

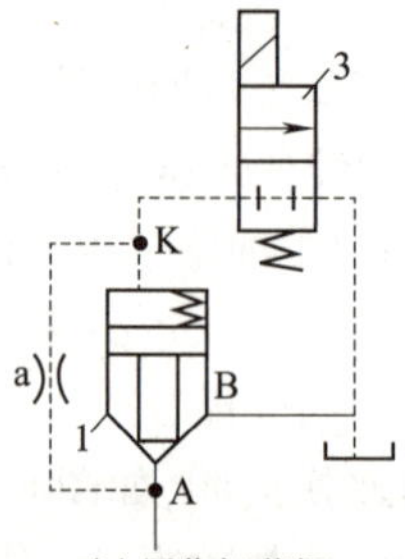

(b)用作卸荷阀

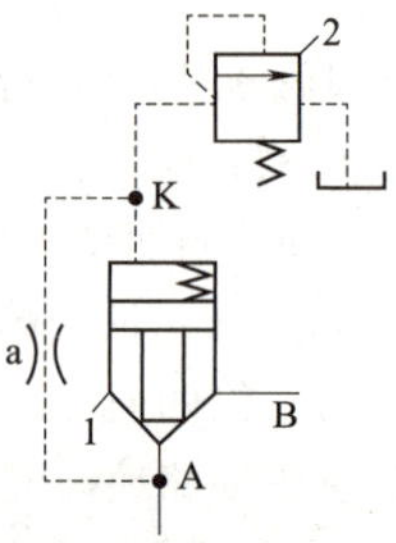

(c)用作顺序阀

1—锥阀;2—溢流阀;3—电磁阀。

图 6-35　插装式锥阀用作压力阀

(4)插装式锥阀用作流量控制阀

在插装锥阀的盖板上,增加阀芯行程调节装置,调节阀芯开口的大小,就构成了一个插装式可调节流阀,如图6-36所示。这种插装阀的锥阀芯上开有三角槽,用以调节流量。若在插装式节流阀前串联一个定差式减压阀,就可组成插装式调速阀。若用比例电磁铁取代插装式节流阀的手调装置,即可组成插装式比例节流阀。不过在高压大流量系统中,为减少能量损失,提高效率,仍应采用容积调速。

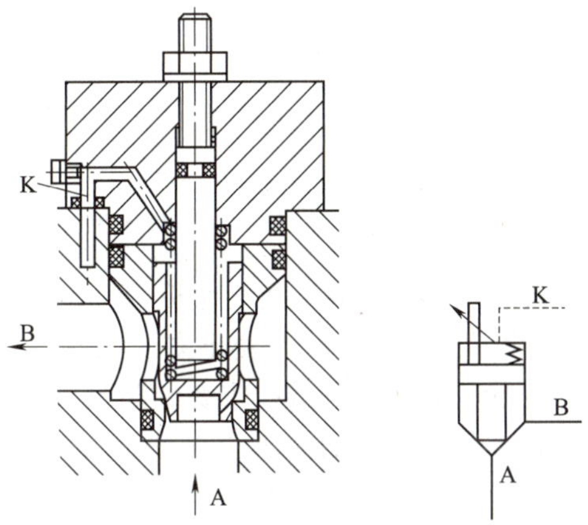

(a) 结构原理图　　(b) 职能符号

图6-36　插装式可调节流阀

三、叠加阀

叠加式液压阀简称叠加阀,其阀体本身既是元件,又是具有油路通道的连接体,阀体的上、下两面做成连接面。选择同一通径系列的叠加阀叠合在一起用螺栓紧固,即可组成所需的液压传动系统。叠加阀按功用的不同分为压力控制阀、流量控制阀和方向控制阀三类,其中方向控制阀仅有单向阀类,主换向阀不属于叠加阀。

1. 叠加阀的结构和工作原理

叠加阀的工作原理与一般液压阀相同,只是具体结构有所不同。现以溢流阀为例,说明其结构和工作原理。

图6-37(a)所示为Y1-F10D-P/T先导型叠加式溢流阀的结构原理图,它由先导阀和主阀两部分组成,先导阀为锥阀,主阀相当于锥阀式的单向阀。其工作原理是:压力油由P口进入主阀芯6右端的e腔,并经阀芯上阻尼孔d流至主阀芯左端b腔,再经小孔a作用于锥阀芯3上。当系统压力低于溢流阀调定压力时,锥阀关闭,主阀也关闭,阀不溢流;当系统压力达到溢流阀的调定压力时,锥阀芯3打开,b腔的油液经锥阀口及孔c由油口T流回油箱,主阀芯右腔的油经阻尼孔d向左流动,于是使主阀芯的两端油液产生压力差。此压力差使主阀芯克服弹簧5的压力而左移,主阀口打开,实现了自油口P向油口T的溢流。调节弹簧2的预压缩量便可调节溢流阀的调整压力,即溢流压力。图6-37(b)所示为其职能符号。

2. 叠加式液压系统的组装

叠加阀自成体系,每一种通径系列的叠加阀,其主油路通道以及螺钉孔的大小、位置、数量都与相应通径的板式换向阀相同。因此,将同一通径系列的叠加阀互相叠加,可直接连接而组成集成化液压系统。

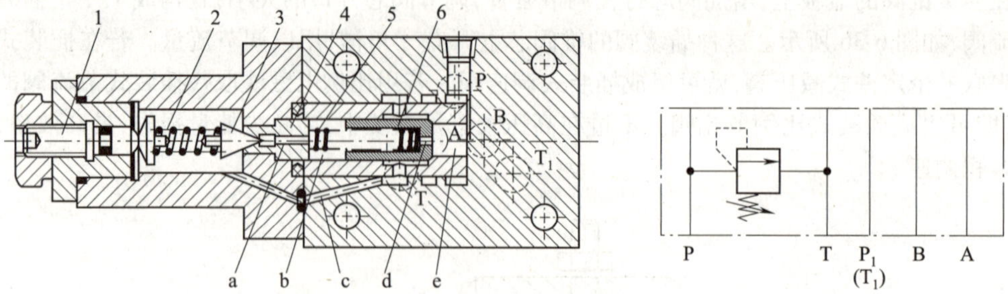

(a) 结构原理图　　(b) 职能符号

1—推杆;2—弹簧;3—锥阀芯;4—阀座;5—弹簧;6—主阀芯。

图 6-37　Y1-F10D-P/T 先导型叠加式溢流阀

图 6-38 所示为叠加式液压装置示意图,最下面为底板,底板上有进油孔、回油孔和通向液压执行元件的油孔,底板上面第一个元件一般是压力表开关,然后依次向上叠加各压力控制阀和流量控制阀,最上层为换向阀,用螺栓将它们紧固成一个叠加阀组。一般一个叠加阀组控制一个执行元件。如果液压系统有几个需要集中控制的液压元件,则用多联底板,并排在上面组成相应的几个叠加阀组。

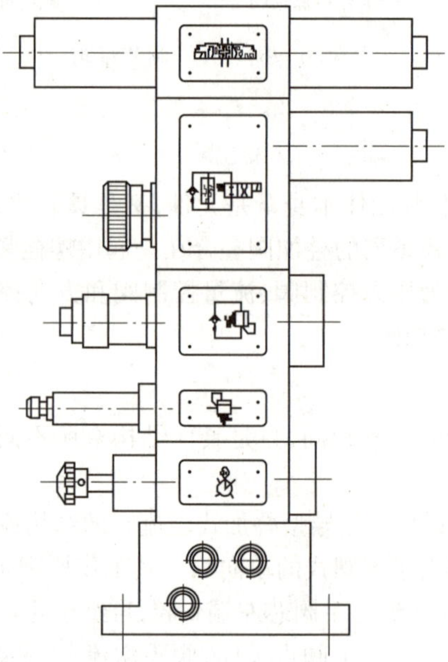

图 6-38　叠加式液压装置示意图

3. 叠加阀的优缺点

(1)叠加阀的优点

①标准化、通用化、集成化程度高,设计、加工、装配周期短。

②用叠加阀组成的液压系统结构紧凑,体积小,重量轻,外形整齐美观。

③叠加阀可集中配置在液压站上,也可分散安装在设备上,配置形式灵活。系统变化时,叠加

元件重新组合叠装方便、迅速。

④因不用油管连接，压力损失小，漏油少，振动小，噪声小，动作平稳，使用安全可靠，维修容易。

（2）叠加阀的缺点

叠加阀的缺点是回路形式较少，通径较小，品种规格尚不能满足较复杂和大功率液压系统的需要。

目前，我国已生产 ϕ6 mm、ϕ10 mm、ϕ16 mm、ϕ20 mm、ϕ32 mm 五个通径系列的叠加阀，其连接尺寸符合 ISO 4401 国际标准，最高工作压力为 20 MPa。

素养园地

素质目标：培养工程伦理意识、民族自豪感、爱国之情。

事件1：2024年2月9日，当春晚的镜头划过中联智慧产业城土方机械园时，只见中联重科的泵车在30 m的高空用臂架摆出奇特造型，大国重器壮秀之美，顿时溢满屏幕。鲜有人知的是，一个轿车电瓶大小的液压阀，竟是控制这些大国重器做出精妙动作的关键零部件之一。随着湖南诺玛液压智能制造基地“点亮”，长沙工程机械行业实现了液压件从依赖进口到国产替代再到“家门口”制造的三级跳。据悉，诺玛液压已成功研发国产化替代产品超百项，其中不少产品质量比肩全球一流。

事件2：重庆微液科技有限公司成功获得一项创新专利，内容涉及一种能够实现多路控制的转阀。标志着该公司在液压技术领域的又一重要突破。新型转阀的设计重点在于其高效的内部结构，与传统阀门相比，这种转阀采用了集成化的设计，将多个阀体合并，从而显著减小了设备的体积。这一进步尤其适用于空间有限的场所，能够满足更高的应用要求，同时降低制造成本。这款转阀的基本原理依赖于其独特的阀芯设计。阀座上设置了轴向的阀座腔，阀芯通过旋转控制流体的进出。在实际应用中，阀芯上的径向通道起到了关键作用，可以灵活地连接不同的液压通道。这一技术特点，使得该转阀能够实现更为复杂的流体控制，提升了操作的灵活性和安全性。

作业与思考

6-1 液压系统对液压阀的基本要求有哪些？

6-2 简述液压锁的工作原理。

6-3 画出普通单向阀、液控单向阀、液压锁的职能符号。

6-4 液控单向阀按阀的操作方式分类有几种？并画出相应操作方式的职能符号。

6-5 画出两位两通机动换向阀、两位三通电磁换向阀、三位四通手动换向阀、三位四通H型电磁换向阀、三位四通P型，电液换向阀的职能符号。

6-6 简述溢流阀的分类，液压系统对溢流阀的主要要求。

6-7 画出直动式溢流阀、先导式溢流阀、顺序阀、外控顺序阀、背压阀、卸荷阀，内控单向顺序阀，外控单向顺序阀的职能符号。

6-8 画出直动式定值减压阀、先导式定值减压阀、定差减压阀、定比减压阀的职能符号、压力继电器。

6-9 节流阀有几种常见的节流口形式？

6-10 画出节流阀、调速阀的职能符号。

6-11 简述插装阀的应用。

项目7

液压传动系统的基本回路分析

液压传动系统无论如何复杂，都是由一些能够完成某种特定控制功能的基本液压回路组成。掌握典型基本液压回路的组成、工作原理和性能，是设计和分析液压系统的基础。

基本液压回路是指由一些液压元件与液压辅助元件按照一定的关系组合，能够实现某种特定液压功能的油路结构。基本液压回路因在系统中所起的作用不同而有许多类型，其中最常用的基本液压回路有压力控制回路、速度控制回路、方向控制回路和多执行元件控制回路。

任务1　认识开式循环系统与闭式循环系统

任务目标

1. 掌握开式循环系统的工作方式、特点及应用。
2. 掌握闭式循环系统的工作方式、特点及应用。

微课

开式循环系统与闭式循环系统

素质目标

引导学生对比开式和闭式循环系统，分析其差异与适用场景，培养学生科学的思维方式。

任务导入

在液压传动系统中，按油液循环方式的不同可分为开式循环系统和闭式循环系统两类，那么这两类循环系统有哪些特点及应用？

任务实现

液压传动系统由各类液压元件所组成，根据液压系统中油液循环的方式不同，液压系统可分为开式循环系统与闭式循环系统。

一、开式循环系统（简称开式系统）

开式循环系统是指液压泵从油箱中吸油，然后经换向阀给液压缸或液压马达供油以驱动工作机构对外做功,液压缸或液压马达的回油再经换向阀流回油箱,油箱作为油液循环的起点和终点,如图7-1所示。开式循环系统具有以下特点:

①结构简单。由于系统本身具有油箱,散热条件很好,充分发挥散热冷却、沉淀杂质及分离空气和水分的作用,因而应用广泛。但是,油箱体积大,且与大气相通,使油液与大气接触面积较大,会使空气易溶于油中,从而渗入系统,导致工作机构的不平稳及其他不良后果。为保证机构的运动平稳性,在系统的回路上可设置背压阀,但这又会引起附加的能量损失,使油温升高。

②一般采用定量泵或单向变量泵。考虑到泵的自吸能力,避免产生吸空现象,对自吸能力较差的液压泵,通常将其工作转速限制在额定转速的75%以内,或增设一个辅助泵。

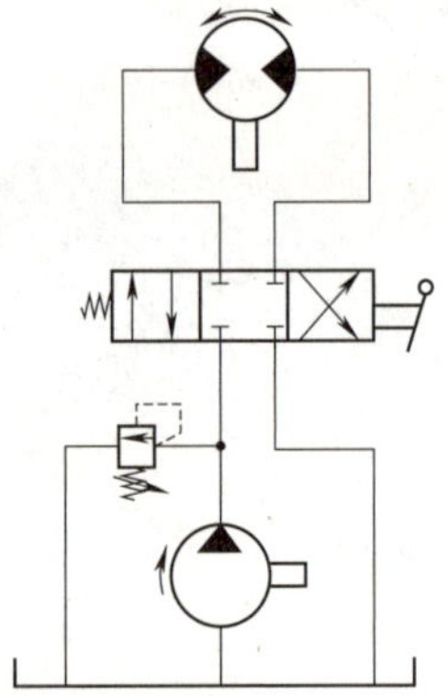

图7-1 开式循环系统

③开式循环系统通过操纵换向阀使系统工作机构换向。操纵换向阀换向时,易产生压力冲击,换向阀的节流损失将变为热量,从而使油温升高。

④当开式循环系统带有较大惯性的负载时,在惯性负载的作用下,液压马达将呈液压泵工况运行,此时如果换向阀在中位,则原来的回油管中将产生很高的压力,使液压马达急剧制动。为了限制其产生过大的制动压力,需要在液压马达的进、出油管之间设双向溢流阀以防止过载。

⑤开式循环系统在换向和制动的过程中,惯性运动的能量消耗在节流发热中(能耗制动)。例如,起重机在吊重下放时,液压马达呈液压泵工况,为防止超速,必须在回油管路上设置节流阀,进行节流限速。这将造成大量的能量损失,并使油液发热。

综上所述,开式循环系统结构简单,仍为大多数工程机械所采用。

二、闭式循环系统(简称闭式系统)

液压泵的进、出油管直接与执行元件的回、进油管相接,形成一个闭合回路,工作液体在系统管路中进行封闭循环,这种系统称为闭式循环系统,如图7-2所示。

如图7-2所示,液压泵A与液压马达B的进、出油管首尾相接,形成一个闭合回路。操纵液压泵A的变量机构,便可控制液压马达B的速度和换向。为防止过载,设置由溢流阀3与单向阀4、5组成的双向安全阀,系统压力由溢流阀(过载阀)3调定。为补充系统泄漏,设置由补油泵C,溢流阀6及单向阀1、2组成的向低压管路补油回路,补油压力由溢流阀6调定(调压值应比液压马达所需背压略高),补油泵C的供油量应略高于系统的泄漏量。

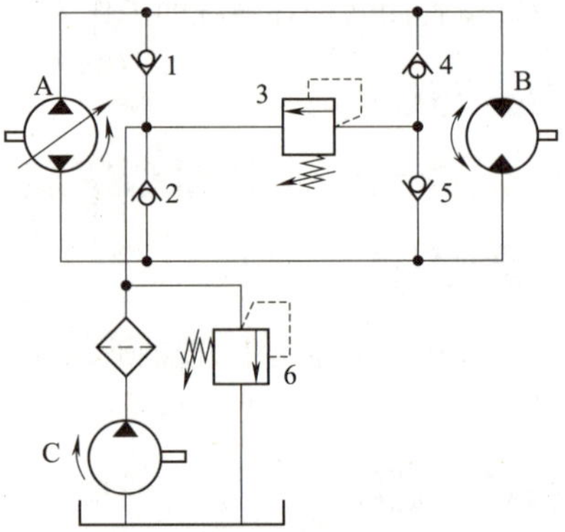

1、2、4、5—单向阀;3、6—溢流阀;

A—液压泵;B—液压马达;C—补油泵。

图7-2 闭式循环系统

闭式循环系统具有以下特点:

①这种系统的油液基本在闭合回路内循环,泵的自吸性好。

②闭合回路中的油液与油箱交换的流量仅为系统的泄漏流量,因而,油箱仅为系统补油,流量小,容积较小,结构较为紧凑。

③油箱容积小,系统油液与空气接触面积小,空气不易进入系统,油液中空气含量较少,因而系统运转平稳性较好。

④工作机构的变速与换向通过调节液压泵或液压马达的变量机构来实现,因而减小了(在开式循环系统中)换向、调速、制动过程中所出现的液压冲击与能量损失,调速、换向和制动比较平稳。

⑤系统中执行元件的回油直接流到泵的入口,泵在回油压力下吸油,因而对泵的自吸能力要求较低。

⑥为防止过载,必须设置双向安全阀。

⑦为补充系统的泄漏,必须设置补油泵及补油阀,补油压力应比执行元件所需背压略高,由溢流阀调定,供油量应略高于系统泄漏量。

⑧由于油液基本在闭合回路中循环,与油箱交换油流量小,油的散热与过滤条件差,因而温升较高。在发热量较大的闭式循环系统中,为了减小温升,改善散热状况,系统中增加置换油路,将部分低压油排回油箱加以冷却,这样需要向系统增加补油量。

⑨为了换向、调速及制动,一般需采用双向变量泵及双向变量马达。

⑩结构复杂,成本高。

图7-3(a)所示为半闭式循环系统。溢流阀3、4组成双向安全阀,单向阀1、2组成补油阀,液控单向阀5、6组成低压油置换选择阀[也可由图7-3(b)所示的液控换向阀组成置换油路]。辅助泵C经单向阀1或2向系统补充冷油;高压管中的油经控制油路(图中虚线)顶开液控单向阀5或6到油箱。当系统工作压力达到或超过溢流阀3或4所调定的压力时,溢流阀打开溢流,从而防止过载。正反两个方向的最高工作压力由溢流阀3、4所调定。辅助泵C的补油压力由溢流阀8调定(一般为0.6~1 MPa,当执行元件为低速大转矩时取大值)。背压阀7的调定压力比溢流阀8略低0.1~0.2 MPa。辅助泵C的流量一般可按主泵A的流量的20%~30%来选择。这样的系统实际上是一个半闭式循环系统(简称半闭式系统)。

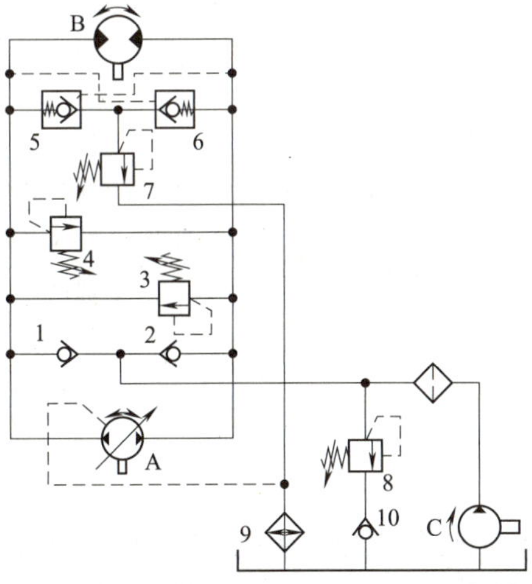

(a)

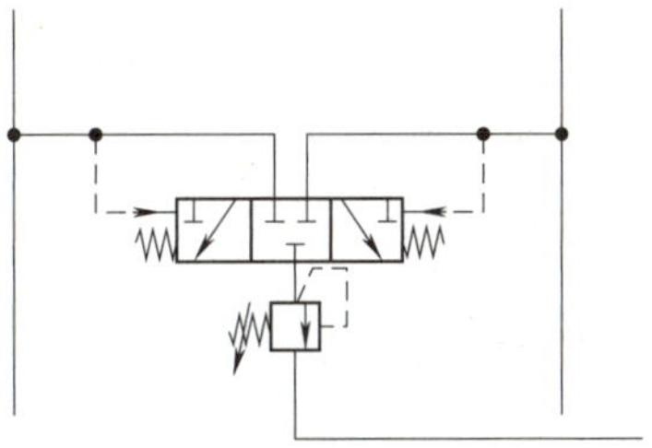

(b)

1、2、10—单向阀;3、4、8—溢流阀;5、6—液控单向阀;7—背压阀;9—过滤器;
A—主泵;B—液压马达;C—辅助泵。

图7-3　半闭式循环系统

一般情况下，闭式循环系统中的执行元件若采用双作用活塞杆式液压缸时，则由于大、小腔作用面积不等，在工作中会使功率利用率下降。所以在闭式循环系统中的执行元件一般为液压马达。例如大型液压挖掘机、起重机中的回转系统，全液压压路机的行走系统与振动系统，稳定土拌和机的行走与转子系统等，它们一般为闭式循环系统，执行元件均为液压马达。现在许多液压元件生产厂家将闭式循环系统中的各个阀(如补油阀、防过载阀、低压热油置换油路)集成到液压泵或液压马达当中，使用时只需将液压泵与液压马达的进、出油口用两根油管对接，再接好吸油与漏油管即可，使用非常方便。但是，这种闭式循环系统看不到内部连接管道，故障诊断难度大，诊断时必须要根据原理图逐项排查。

任务2　方向控制回路分析

任务目标

1. 掌握采用换向阀、插装阀、双向变量泵的换向回路的工作原理。
2. 掌握液控单向阀双向锁紧回路的工作原理。
3. 掌握采用溢流阀制动回路的工作原理。

素质目标

在学习方向控制回路时，强调回路中各元件正确连接和操作的重要性，培养学生严谨的工作态度和强烈的安全意识。

任务导入

在方向控制回路中，以典型的换向回路、锁紧回路和制动回路为例，掌握以上三种方向控制回路的工作过程、阀的作用及回路的应用。

任务实现

液压执行元件除了在输出速度或转速、输出力或转矩方面有要求外，对其运动方向、停止及其停止后的定位等性能也有不同的要求。通过控制进入执行元件液流的通、断或变向来实现液压系统执行元件的起动、停止或改变运动方向的回路称为方向控制回路。常用的方向控制回路有换向回路、锁紧回路和制动回路。

一、换向回路

1. 采用换向阀的换向回路

采用不同操纵形式的二位四通(五通)换向阀、三位四通(五通)换向阀都可以使执行元件直接实现换向。二位换向阀只能使执行元件实现正、反向换向运动；三位换向阀除了能够实现正、反向换向运动，还有中位机能，不同的滑阀中位机能可使系统获得不同的控制特性，如锁紧、卸荷、浮动等。

图7-4所示为利用行程开关控制三位四通电磁换向阀动作的换向回路。按下启动按钮，1YA通电，阀左位工作，液压缸左腔进油，活塞右移；当触动行程开关2ST时，1YA断电、2YA通电，阀右

位工作，液压缸右腔进油，活塞左移；当触动行程开关1ST时，1YA通电、2YA断电，阀左位工作，液压缸左腔进油，活塞向右移。这样往复变换换向阀的工作位置，就可自动改变活塞的移动方向。1YA和2YA都断电，活塞停止运动。

由二位四通、三位四通、三位五通电磁换向阀组成的换向回路是较常用的。由电磁换向阀组成的换向回路操作方便，易于实现自动化，但换向时间短，故换向冲击大(尤以交流电磁阀更甚)，适用于小流量、平稳性要求不高的场合。

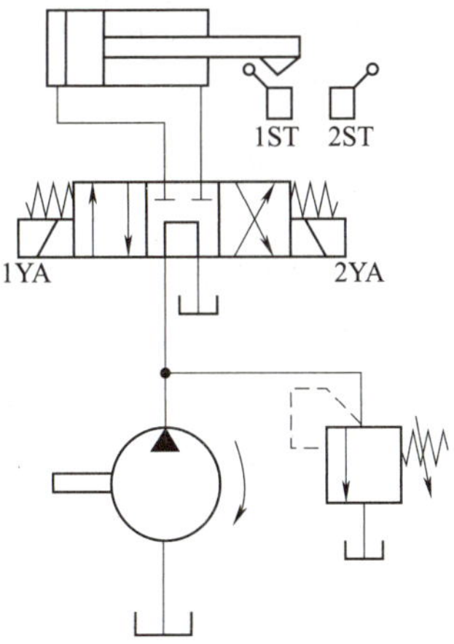

图7-4　电磁阀换向阀组成的换向回路

2. 采用插装阀的换向回路

图7-5所示为二位四通插装阀换向回路。插装阀是以锥阀为基本元件，以芯子插入式为基本连接形式，配以不同的先导阀来满足各种动作要求的阀。

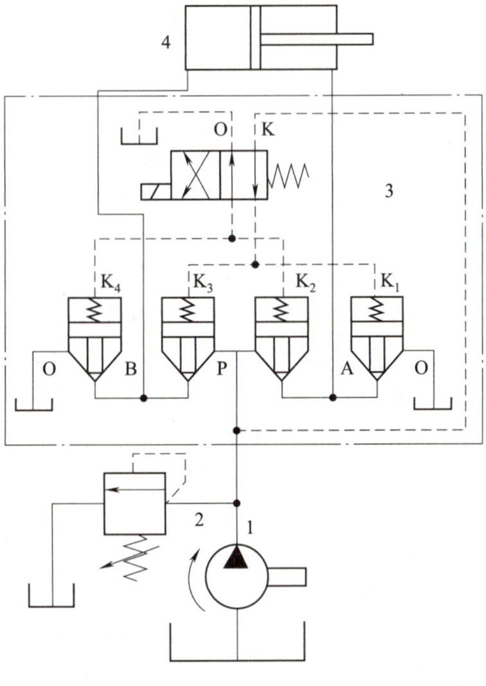

1—单向定量液压泵；2—溢流阀；3—二位四通插装阀；4—双作用液压缸。

图7-5　二位四通插装阀换向回路

图中液压泵1为系统供油，溢流阀2起过载保护作用，二位四通插装阀3起换向作用，双作用液压缸4为执行元件，可往复运动。当电磁铁不通电，电磁阀的阀芯处于图示位置，K_1、K_3有控制油，则P与A通，B与O通，液压缸活塞缩回。当电磁铁通电时，电磁阀的阀芯左位工作，K_2、K_4有控制油，则P与B通，A与O通，液压缸活塞伸出。图7-5中的3是以一个二位四通电磁阀作为先导阀，控制四个锥阀基本单元，相当于一个二位四通电磁阀的功能。该回路能够完成双作用液压缸往复运动的动作。

插装阀优点是阻力小，通流能力大，动作速度快，结构简单，易制造，不易卡死，一阀多能，易于集成。因而适用于大流量场合，特别适用于较复杂的系统。其缺点是所用电磁铁数目比一般液压系统多,对于动作简单的系统并不合算,因为增加了元件数量,控制比较复杂。

3. 采用双向变量泵的换向回路

在闭式回路中可用双向变量泵变更供油方向来直接实现液压缸(马达)换向。

如图 7-6 所示,执行元件是单杆双作用液压缸 5,活塞向右运动时,其进油流量大于排油流量,双向变量泵 1 吸油侧流量不足,可用辅助泵 2 通过单向阀 3 来补充;变更双向变量泵 1 的供油方向,活塞向左运动时,排油流量大于进油流量,泵 1 吸油侧多余的油液通过液压缸 5 进油侧压力控制的二位二通液控换向阀 4 和溢流阀 6 排回油箱;溢流阀 6 和 8 既可使活塞向左或向右运动时泵吸油侧有一定的吸入压力,又可使活塞运动平稳。溢流阀 7 是防止系统过载的安全阀。这种回路适用于压力较高、流量较大的场合。

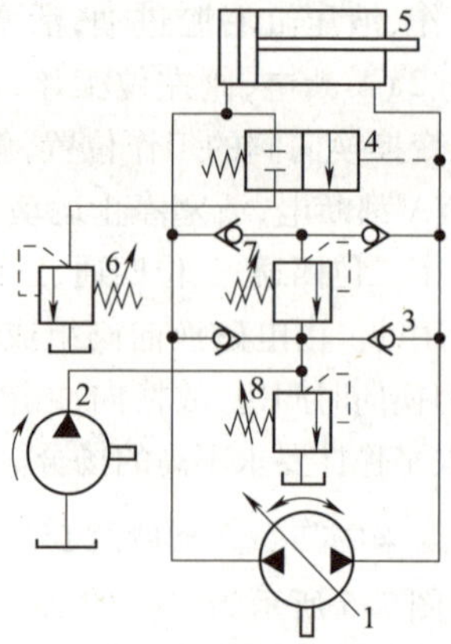

1—双向变量泵;2—辅助泵;3—单向阀;4—换向阀;5—液压缸;6、7、8—溢流阀。

图 7-6　双向变量泵的换向回路

二、锁紧回路

微 课

液控单向阀的应用回路

图 7-7 所示为液控单向阀双向锁紧基本回路。液压泵 1 为系统供油,溢流阀 2 起过载保护作用,三位四通 O 型手动换向阀 3 起左右换向的作用,双液控单向阀 4 起双向锁止的作用,双作用液压缸 5 为执行元件。当手柄向左扳时,阀芯左位进入系统,泵提供的压力油经换向阀 3、液控单向阀 Ⅰ 进入液压缸 5 上腔,推动活塞下落,液压缸下腔的油液经液控单向阀 Ⅱ(此时液控单向阀 Ⅱ 在控制油的作用下开启)、换向阀 3 回油箱。当手柄向右扳时,阀芯右位进入系统,泵提供的压力油经换向阀 3、液控单向阀 Ⅱ 进入液压缸 5 下腔,推动活塞起升,液压缸上腔的油液经液控单向阀 Ⅰ(此时液控单向阀 Ⅰ 在控制油的作用下开启)、换向阀 3 回油箱。当松开手柄时,在弹簧作用下阀芯中位进入系统工作,泵提供的压力油经溢流阀 2 回油箱。单向阀 Ⅰ、Ⅱ 由于无控制油反向不通,因而液压缸活塞被双向锁紧在该位置。

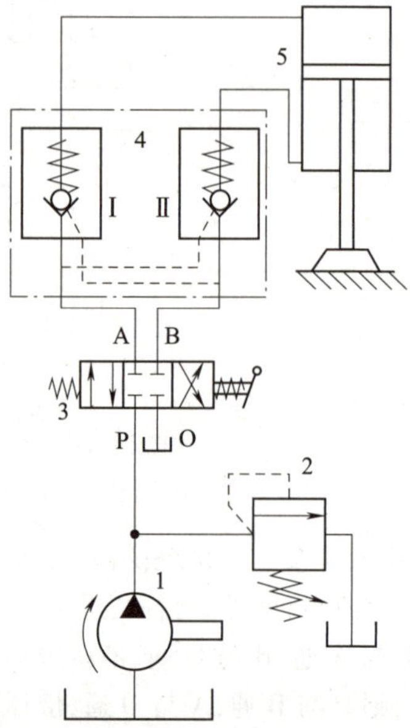

1—单向定量液压泵;2—溢流阀;
3—三位四通 O 型换向阀;
4—双液控单向阀;5—双作用液压缸。

图 7-7　液控单向阀双向锁紧回路

该回路由两只液控单向阀组成一只双向液压锁,这种锁紧油路安全可靠。能够完成活塞的起升和下放的动作,在起升或下放过程中,只要三位阀换至中位工作,则活塞将被双向锁紧在该位置,并且可实现长时间可靠地双向锁紧,而且此时液压泵不卸荷。

这种回路常用在汽车起重机的支腿回路中,也用于矿山采掘机械的液压支架和飞机起落架的锁紧回路中。例如,在起重机上,起重机起吊重物时,由 4 只液压缸作为支腿代替车轮承受负荷。为了防止支腿回缩造成翻车事故,在每只支腿上都装有双向液压锁。由于在双向液压锁中有两只单向阀,液压缸活塞上、下的油液不会漏失，以避免支腿回缩。需要注意的是，采用液控单向阀的锁紧回路，换向阀的中位机能应使液控单向阀的控制油泄压，即换向阀的中位机能采用H型或Y型，这样可以保证换向阀处于中位时液控单向阀立即关闭，活塞立即被锁住。假如采用O型或M型中位机能，在换向阀中位时，由于液控单向阀的控制腔压力油被封死，而有可能使单向阀反向不能够立即关闭，直至由于换向阀的内泄漏使控制腔泄压后，液控单向阀才能关闭，影响其锁紧精度。但是如果考虑到油路中并联的其他执行元件的工作需要，也有采用O型中位机能的三位四通换向阀。

三、制动回路

制动回路的功能在于使执行元件平稳地由运动状态转换成静止状态。要求对油路中出现的异常高压和负压的情况能做出迅速反应，并应使制动时间尽可能短，冲击尽可能小。

图7-8(a)所示为采用溢流阀的液压缸制动回路。在液压缸两侧油路上设置反应灵敏的小型直动式溢流阀2和4，换向阀切换时，活塞在溢流阀2或4的调定压力值下实现制动。如活塞向右运动换向阀突然切换时，活塞右侧油液压力由于运动部件的惯性而突然升高，当压力超过阀4的调定压力，阀4打开溢流，缓和管路中的液压冲击，同时液压缸左腔通过单向阀3补油。活塞向左运动，由溢流阀2和单向阀5起缓冲和补油作用。缓冲溢流阀2和4的调定压力一般比主油路溢流阀1的调定压力高5%～10%。

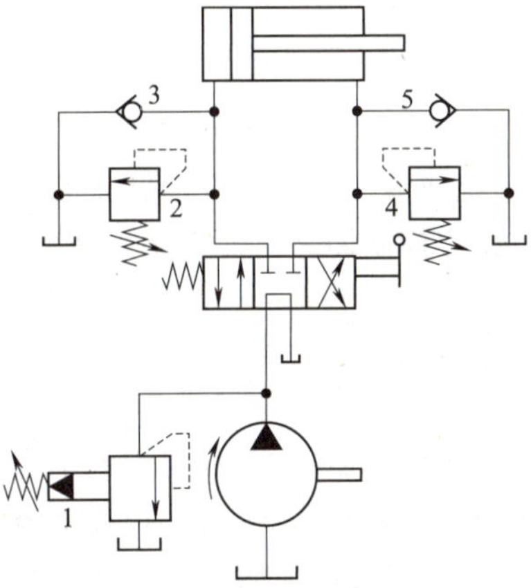

(a) 液压缸制动回路

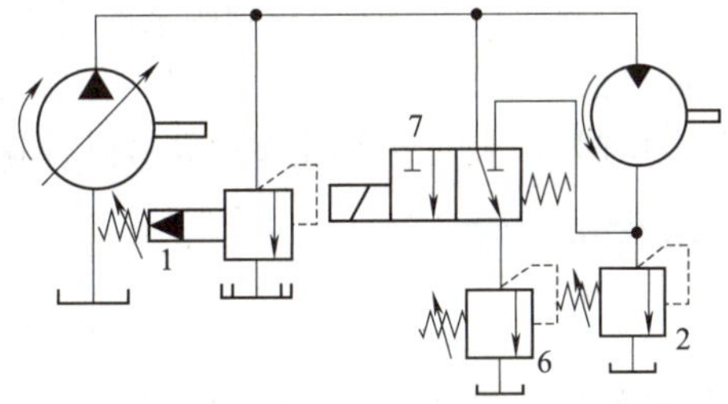

(b) 液压马达制动回路

1、2、4—溢流阀；3、5—单向阀；6—背压阀；7—换向阀。

图7-8　采用溢流阀的制动回路

图7-8(b)所示为采用溢流阀的液压马达制动回路。在液压马达的回油路上串接一溢流阀2。换向阀7电磁铁得电时，马达通过泵供油而旋转，马达排油通过背压阀6回油箱，背压阀调定压力一般为0.3～0.7 MPa。当电磁铁失电时，切断马达回油，马达制动。由于惯性负载作用，马达将继续旋转为泵工况，马达的最大出口压力由溢流阀2限定，即出口压力超过阀2的调定压力时阀2打开溢流，缓和管路中的液压冲击。泵在单向阀3调定的压力下低压卸载，并在马达制动时实现有压补油，使其不致吸空。溢流阀2的调定压力不宜调得过高，一般等于系统的额定工作压力。溢流阀1为系统的安全阀。

任务3　压力控制回路分析

任务目标

1. 掌握单级、二级、多级、双向等调压回路的工作原理。
2. 掌握换向阀卸荷回路、插装阀卸荷回路等工作原理。
3. 掌握单级减压回路、二级减压回路的工作原理。
4. 掌握常见的增压回路、平衡回路、保压回路及缓冲回路的工作原理。

素质目标

通过分析压力控制回路中压力调节的精度要求和稳定性控制,培养学生精益求精的工作态度。

任务导入

在压力控制回路中,以典型的调压回路、卸荷回路、减压回路等7类压力控制回路为例,掌握各种压力控制回路的工作过程、阀的作用及回路的应用。

任务实现

压力控制回路利用压力控制阀来控制或调节整个液压系统或液压系统局部油路上的工作压力,以满足液压系统不同执行元件对工作压力的不同要求。压力控制回路主要有调压回路、卸荷回路、减压回路、增压回路、平衡回路、保压回路和缓冲回路等。

一、调压回路

调压回路用来调定或限制液压系统的最高工作压力,或者使执行元件在工作过程的不同阶段能够实现多种不同的压力变换。这一功能一般由溢流阀来实现。当液压系统工作时,如果溢流阀始终能够处于溢流状态,就能保持溢流阀进口的压力基本不变,如果将溢流阀并接在液压泵的出油口,就能达到调定液压泵出口压力基本保持不变的目的。

1. 单级调压回路

液压系统一般是利用溢流阀来调定系统的最大工作压力,如图7-9所示。由于系统压力在泵出口处最高,因此溢流阀通常设在泵出口附近的旁通油路上。

当二位四通电磁换向阀4的阀芯处于图示位置时,阀芯右位在系统中工作,液压泵提供的压力油经单向阀2、节流阀3、换向阀4进入液压缸5右腔,推动活塞向左运动,液压缸活塞回缩。液压缸5左腔的油液经换向阀4回油箱。当电磁铁通电后,二位四通电磁换向阀4的阀芯左位进入系统,液压泵提供的压力油经单向阀2、节流阀3、换向阀4进入液压缸左腔,推动活塞向右运动,液压缸活塞伸出。液压缸右腔的油液经换向阀4回油箱,节流阀3可以调节进入液压缸中压力油的流量,从而调节液压缸活塞的运动速度。在图7-9所示的定量泵系统中,定量泵输出的流量大于进入液压缸的流量,而多余油液便从溢流阀流回油箱。当负载R使主油路的压力p上升至超过溢流阀6的调定压力时,泵输出的液压油就有一部分从溢流阀6流回油箱,于是主油路的压力便被限制在调定压力值不再继续上升，对整个液压系统起到了稳压和安全保护作用，发动机也不致因过载而熄火或损坏。调节溢流阀便可调节泵的供油压力，为了便于调压和观察，溢流阀旁一般要就近安装压力表。

图7-9所示的调压回路用在由定量泵构成的液压源中，用以调节泵的出口压力，保持该压力恒定。如果系统中采用先导型溢流阀，可以广泛用于高压、大流量场合。如果系统中采用直动型溢流阀，因压力直接与调压弹簧力平衡，不适于在高压、大流量下工作。在高压、大流量条件下，直动型溢流阀的阀芯摩擦力和液动力很大，不能忽略，故调压精度低，恒压特性不好。需要注意的是，溢流阀的调定压力必须大于液压缸最大工作压力和油路上各种压力损失的总和。

2. 双向调压回路

执行元件正反行程需不同的供油压力时，可采用双向调压回路，如图7-10所示。当换向阀在左位工作时，活塞为工作行程，泵出口压力由溢流阀1调定为较高压力，缸右腔油液通过换向阀回油箱，溢流阀2此时不起作用。当换向阀如图示在右位工作时，缸作空行程返回，泵出口压力由溢流阀2调定为较低压力，溢流阀1不起作用。缸退抵终点后，泵在低压下回油，功率损耗小。该调压回路适用于执行元件正、反向运动过程中需要不同供油压力的场合。执行元件可以是液压缸，也可以是液压马达。

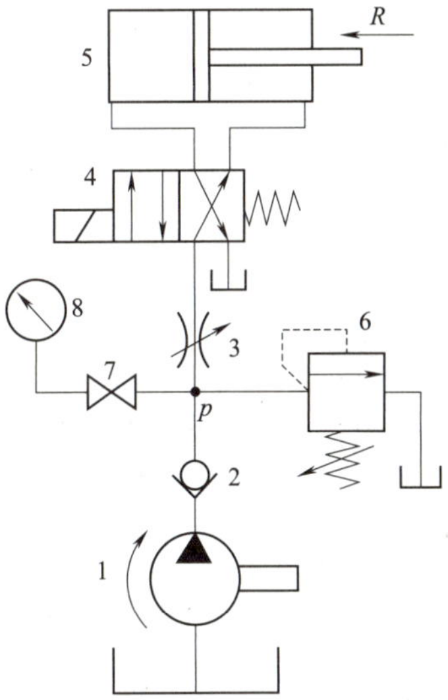

1—单项定量液压泵；2—单向阀；3—节流阀；4—二位四通电磁换向阀；
5—单杆双作用液压缸；6—直动式溢流阀；7—开关阀；8—压力表。

图7-9　单级调压回路

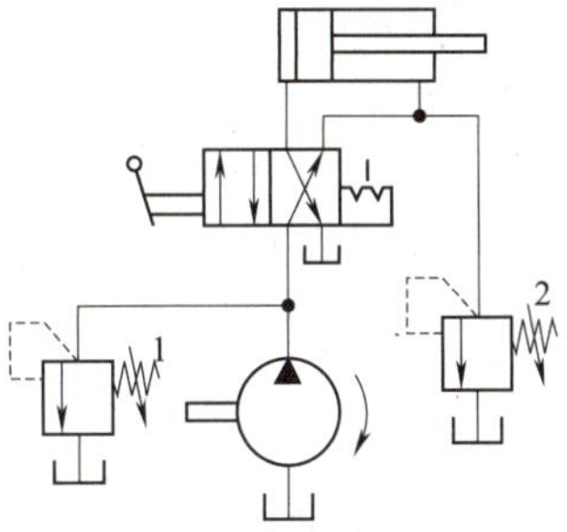

图7-10　双向调压回路

3. 二级调压回路

图7-11所示是具有二级不同调定压力的调压回路，当三位四通手动换向阀2的阀芯处于图示位置时，活塞双向锁紧，液压泵卸荷。在活塞杆固定的情况下，当手柄向右扳时，阀芯右位在系统中工作，液压泵提供的压力油经换向阀2进入液压缸3上腔，推动缸体向上运动，液压缸3下腔的油液经换向阀2回油箱。当手柄向左扳时，三位四通手动换向阀2的阀芯左位进入系统中工作，液压泵提供的压力油经换向阀2进入液压缸下腔，推动缸体向下运动，液压缸上腔的油液经换向阀2回油箱。在缸体固定的情况下，手柄左扳时，阀2左位工作，活塞杆缩回；手柄右扳时，阀2右

位工作,活塞杆伸出。

在整个系统工作过程中,当系统需要限定的最高工作压力较高时,二位二通电磁阀 5 断电,此时阀 5 的阀芯右位在系统中工作,系统最高工作压力由高压溢流阀 4 调定。当系统需要限定的最高工作压力较低时,二位二通电磁阀 5 通电,在电磁铁吸合作用下,电磁阀 5 阀芯的左位进入系统工作,二位二通电磁阀 5 将先导式溢流阀 4 主阀的上腔与低压溢流阀 6(溢流阀 4 的先导阀)的入口相连,此时系统最高工作压力由溢流阀 6 调定。当压力上升到阀 6 的调定值(低压)时,阀 6 主阀即溢流,随即高压溢流阀 4 主阀芯打开大量溢流。

微课

二级调压回路

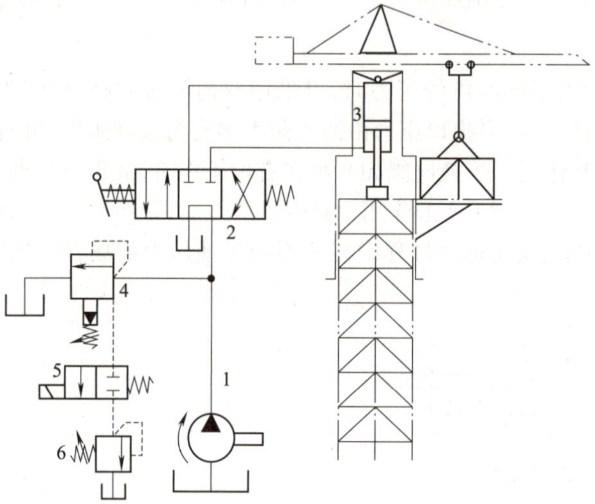

1—单向定量液压泵;2—三位四通手动换向阀;3—单杆双作用液压缸;
4、6—溢流阀;5—二位二通电磁阀。

图 7-11　二级调压回路

该调压回路可用于执行机构进程和回程所需工作压力相差悬殊的工况,例如自升塔式起重机的顶升液压缸,当塔架爬升时,需要高压油进入液压缸的上腔,这时系统最高工作压力由高压溢流阀 4 控制;当爬升完毕,需要提升活塞杆以便引入塔身的中间节时,只需低压油进入液压缸下腔,可操纵二位二通电磁阀 5 使阀 4 的远控口接通低压先导阀 6,于是系统的最高工作压力改由阀 6 控制。由于在活塞杆的提升过程中为低压溢流,溢流损失相对较小,故可节约部分动力、减少油液的发热。需要注意的是,溢流阀 4 的调定压力一定要大于溢流阀 6 的调定压力。

4. 多级调压回路

利用先导式溢流阀、远程调压阀和电磁换向阀的有机组合,能够实现回路的多级调压。图 7-12 所示为三级调压回路。先导式溢流阀 1 的远控口通过三位四通换向阀 4 可以分别接到具有不同调定压力的远程调压阀 2 和 3 上。当阀 4 处于左位时,阀 2 与阀 1 接通,此时回路压力由阀 2 调定;当阀 4 处于右位时,阀 3 与

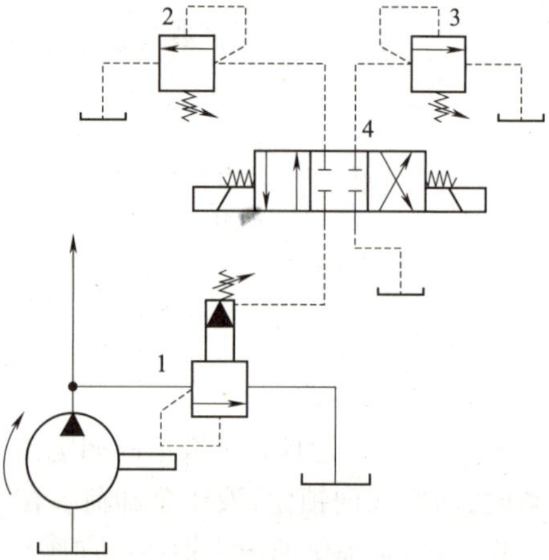

1—先导式溢流阀;2、3—远程调压阀;
4—三位四通换向阀。

图 7-12　采用远程调压阀的多级调压回路

阀1接通,此时回路压力由阀3调定;当换向阀处于中位时,阀2和阀3都没有与阀1接通,此时回路压力由阀1来调定。

在上述回路中要求阀2和阀3的调定压力必须小于阀1的调定压力,其实质是用三个先导阀分别对一个主溢流阀进行控制,通过一个主溢流阀的工作,使系统得到三种不同的调定压力,并且三种调压情况下通过调压回路的绝大部分流量都经过阀1的主阀阀口流回油箱,只有极少部分经过阀2、阀3或阀4的先导阀流回油箱。

多级调压回路对于动作复杂、负载、流量变化较大的系统的功率合理匹配、节能、降温具有重要作用。

二、卸荷回路

许多机械设备液压系统在使用时,执行装置并不是始终连续工作的,在执行装置工作间歇的过程中,为了减少动力源和液压系统的功率损失,节省能源,降低液压系统发热,这种压力控制回路称为卸荷回路。

液压泵的输出功率等于压力和流量的乘积,因此使液压系统卸荷有两种方法:一种是将液压泵出口的流量通过液压阀的控制直接接回油箱,使液压泵在接近零压的状况下输出流量,这种卸荷方式称为压力卸荷;另一种是使液压泵在输出流量接近零的状态下工作,此时尽管液压泵工作的压力很高,但其输出流量接近零,液压泵的输出功率也接近零,这种卸荷方式称为流量卸荷。

1. 换向阀卸荷回路

(1)采用主换向阀中位机能的卸荷回路

在定量泵系统中,利用三位换向阀M、H、K形等中位机能的结构特点,可以实现泵的压力卸荷。图7-13所示为采用M形中位机能的卸荷回路。这种卸荷回路的结构简单,但当压力较高、流量大时易产生冲击,一般用于低压、小流量场合。当流量较大时,可用液动或电液换向阀来卸荷,但应在其回油路上安装一个单向阀1(作为背压阀用),使回路在卸荷状况下,能够保持有0.3~0.5 MPa的控制压力,实现卸荷状态下对电液换向阀的操纵,但这样会增加一些系统的功率损失。

(2)采用二位二通电磁换向阀的卸荷回路

图7-14所示为采用二位二通电磁换向阀的卸荷回路。在这种卸荷回路中,主换向阀的中位机能为O形,利用与液压泵和溢流阀同时并联的二位二通电磁换向阀的通与断,实现系统的卸荷与保压功能,但要注意二位二通电磁换向阀的压力和流量参数要完全与对应的液压泵相匹配。

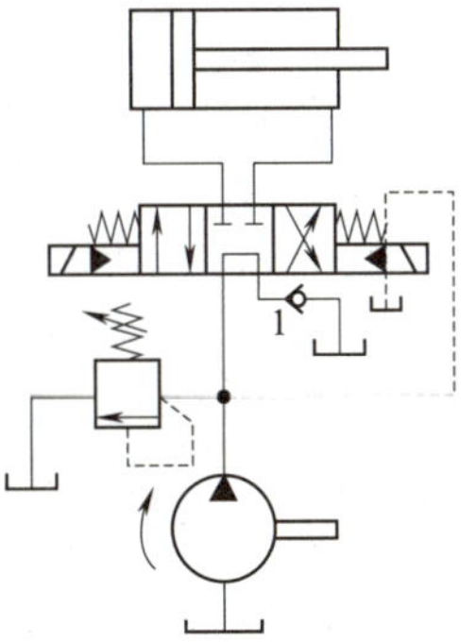

图7-13　采用主换向阀中位机能的卸荷回路

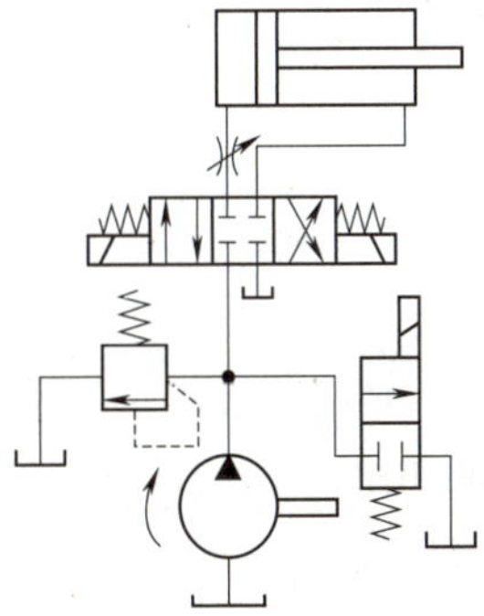

图7-14　采用二位二通电磁换向阀的卸荷回路

2. 采用先导式溢流阀和电磁阀组成的卸荷回路

图7-15所示是采用二位二通电磁阀控制先导式溢流阀的卸荷回路。当先导式溢流阀1的远控口通过二位二通电磁阀2接通油箱时,此时阀1的溢流压力为溢流阀的卸荷压力,使液压泵输出的油液以很低的压力经阀1和阀2回油箱,实现泵的卸荷。为防止系统卸荷或升压时产生压力冲击,一般在溢流阀远控口与电磁阀之间设置阻尼孔3。这种卸荷回路可以实现远程控制,同时二位二通电磁阀可选用小流量规格,其卸荷时的压力冲击比采用二位二通电磁换向阀卸荷的冲击小一些。

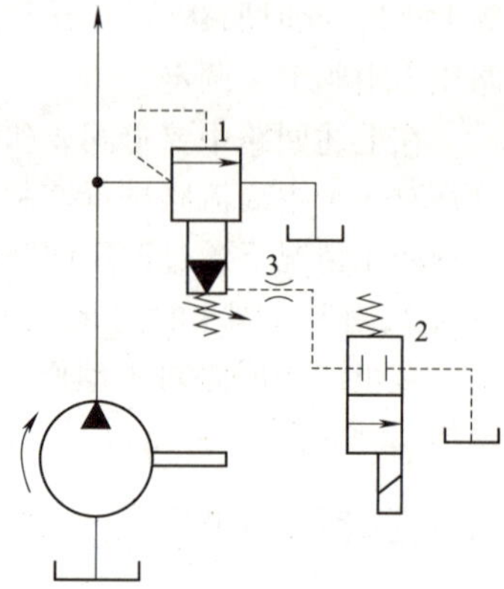

1—先导式溢流阀;2—二位二通电磁阀;3—阻尼孔。

图7-15　采用先导式溢流阀和电磁阀组成的卸荷回路

3. 插装阀卸荷回路

二通插装阀通流能力大,由它组成的卸荷回路适用于大流量系统。图7-16所示的回路正常工作时,泵压由溢流阀2调定。当电磁换向阀3通电后,主阀1上腔接通油箱,主阀口完全打开,泵即卸荷。

4. 利用蓄能器保压的卸荷回路

图7-17所示是利用蓄能器在使液压缸保持工作压力的同时实现系统卸荷的回路。当回路压力上升到卸荷溢流阀2的调定值时,定量泵通过阀2卸荷,此时单向阀4反向关闭,由充满液压油的蓄能器3向液压缸供油补充系统泄漏,以保持系统压力;当泄漏引起的回路压力下降到低于卸荷溢流阀2的调定值时,阀2自动关闭,液压泵恢复向系统供油。

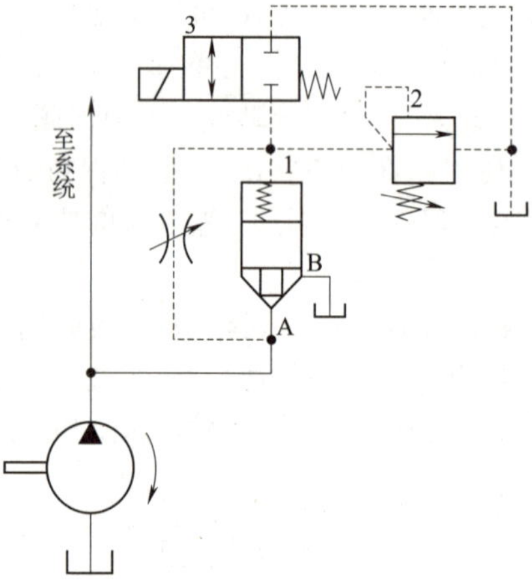

1—插装阀主阀;2—溢流阀;3—电磁换向阀。

图7-16　二通插装阀卸荷回路

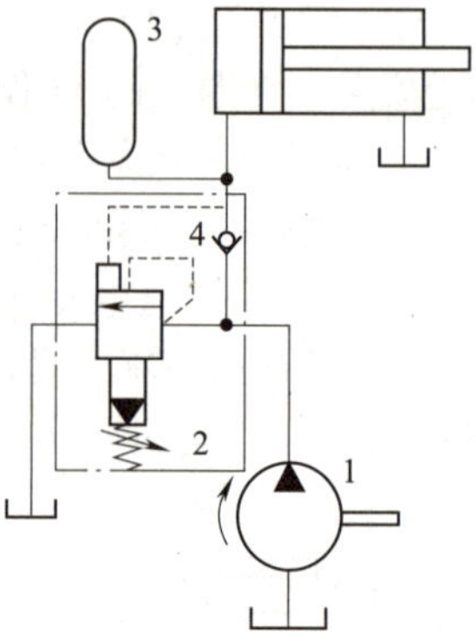

1—液压泵;2—卸荷溢流阀;3—蓄能器;4—单向阀。

图7-17　利用蓄能器保压的卸荷回路

三、减压回路

减压回路的功用是使系统中的某一部分油路具有较低的稳定压力。它在夹紧系统、控制系统及润滑系统中应用较多。

1. 单向减压回路

图7-18所示为用于夹紧系统的单向减压回路。单向减压阀5安装在液压缸6与换向阀4之

间，当1YA通电时，三位四通电磁换向阀左位工作，液压泵输出压力油通过单向阀3、换向阀4，经单向减压阀5减压后输入液压缸左腔，推动活塞向右运动，夹紧工件，右腔的油液经换向阀4流回油箱；当工件加工完后，2YA通电时，换向阀4右位工作，液压缸6左腔的油液经单向减压阀5的单向阀及换向阀4流回油箱，回程时减压阀不起作用。

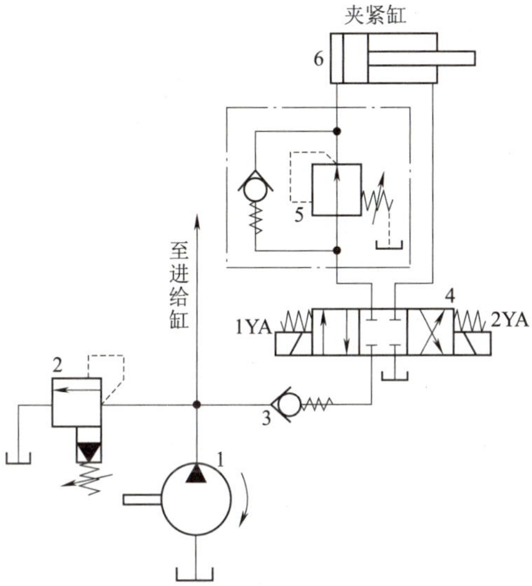

1—液压泵；2—溢流阀；3—单向阀；4—换向阀；5—减压阀；6—液压缸。

图7-18 单向减压回路

单向阀3在回路中的作用是，当主油路压力低于减压油路的压力时，利用锥阀关闭的严密性，保证减压油路的压力不变，使夹紧缸保持夹紧力不变。还应指出，单向减压阀5的调整压力应低于溢流阀2的调整压力，才能保证单向减压阀正常工作（起减压作用）。

2. 二级减压回路

图7-19所示为由减压阀和二位二通电磁阀及溢流阀构成的二级减压回路。当三位四通电磁换向阀4的两边电磁铁都不通电时，阀芯处于图示位置中位，液压缸5的活塞双向锁紧，液压泵不卸荷。当三位四通电磁换向阀4左边电磁铁通电时，阀芯左位在系统中工作，液压泵提供的压力油经减压阀3减压后，再经换向阀4进入液压缸5左腔，推动活塞向右运动，液压缸5右腔的油液经换向阀4回油箱。当三位四通电磁换向阀4右边电磁铁通电时，阀芯右位在系统中工作，液压泵提供的压力油经减压阀3减压后，再经换向阀4进入液压缸5右腔，推动活塞向左运动，液压缸5左腔的油液经换向阀4回油箱。当液压缸5需要更小的稳定工作压力时，将电磁阀6的电磁铁通电，则阀芯左位进入系统工作，减压阀3的遥控口与溢流阀7的入口相通，此时减压阀3的出口压力由溢流阀7调定。在液压缸5工作过程中，系统中其他油路的工作压力不受影响。当系统过载时，先导式溢流阀2打开溢流。

该减压回路用于只有一个液压泵的液压系统中有两个以上的执行机构，其中某个执行机构在工作过程中需要有两种不同的较低的供油压力的场合。应该注意的是，这里溢流阀7的调定压力应小于减压阀3中调压弹簧所调定的压力。减压阀3中调压弹簧所调定的压力应小于先导式溢流阀2调定的最大工作压力，减压回路才能正常工作。

微课

二级减压回路

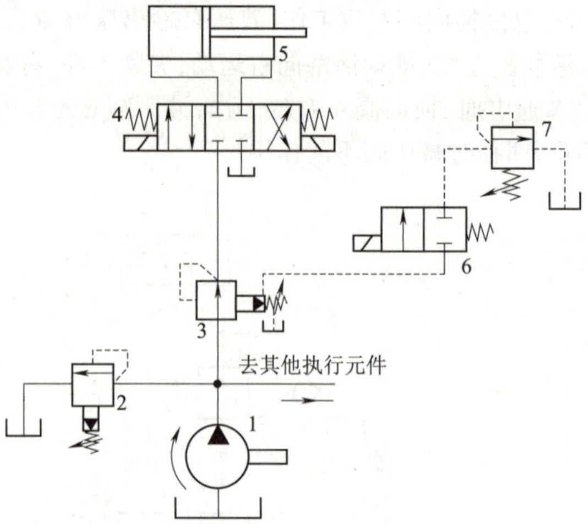

1—单向定量液压泵;2—先导式溢流阀;3—先导式减压阀;4—三位四通电磁换向阀;
5—单杆双作用液压缸;6—二位二通电磁阀;7—直动式溢流阀。

图 7-19　二级减压回路

四、增压回路

目前国内外常规液压系统的最高压力等级只能达到 32 ~ 40 MPa,当液压系统需要更高压力等级的油源时,可以通过增压回路等方法实现这一要求。增压回路用来使系统中某一支路获得比系统压力更高的液压油源,增压回路中实现油液压力放大的主要元件是增压器,增压器的增压比取决于增压器大、小活塞的面积之比。

1. 单作用增压器的增压回路

图 7-20 所示为由单作用增压器组成的单向增压回路。增压缸中有大、小两个活塞,并由一根活塞杆连接在一起。当手动换向阀 3 右位工作时,输出压力油进入增压缸 A 腔,推动活塞向右运动,右腔油液经手动换向阀 3 流回油箱,而 B 腔输出高压油,高压油液进入工作缸 6,推动单作用式液压缸活塞下移。在不考虑摩擦损失与泄漏的情况下,单作用增压器的增压倍数(增压比)等于增压器大小腔有效面积之比。当手动换向阀 3 左位工作时,增压缸活塞向左退回,工作缸 6 靠弹簧复位。为补偿增压缸 B 腔和工作缸 6 的泄漏,可通过单向阀 5 由辅助油箱补油。

用增压缸的单向增压回路只能供给断续的高压油,因此它适用于行程较短、单向作用力很大的液压缸中。

2. 双作用增压器的增压回路

单作用增压器只能断续供油,若需获得连续输出的高压油,可采用图 7-21 所示的双作用增压器连续供油的增压回路。当活塞处在图示位置时,液压泵压力油进入增压器左端大、小油腔,右端大油腔的回油通油箱,右端小油腔的增压油经单向阀 4 输出,此时单向阀 1、3 被封闭。当活塞移到右端时,二位四通换向阀的电磁铁通电,油路换向后,活塞反向左移。同理,左端小油腔输出的高压油通过单向阀 3 输出。这样,增压器的活塞不断往复运动,两端便交替输出高压油,从而实现了连续增压。

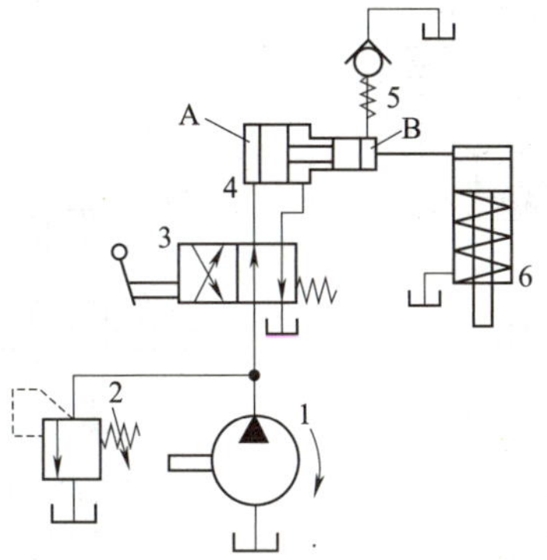

1—定量液压泵;2—溢流阀;3—手动换向阀;4—增压缸;5—单向阀;6—工作缸。

图7-20　单作用增压器的增压回路

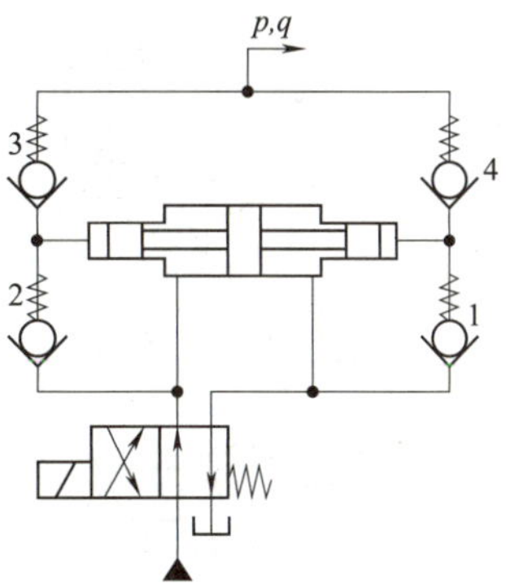

1、2、3、4—单向阀。

图7-21　双作用增压器的增压回路

五、平衡回路

许多工程机械设备的执行机构是沿垂直方向运动的,这些机床设备的液压系统无论在工作或停止时,始终都会受到执行机构较大重力负载的作用,如果没有相应的平衡措施将重力负载平衡掉,将会造成机床设备执行装置的自行下滑或操作时的动作失控,其后果将十分严重。平衡回路的功能在于使液压执行元件的回油路上始终保持一定的背压力,以平衡掉执行机构重力负载对液压执行元件的作用力,使之不会因自重作用而自行下滑,实现液压系统对工程设备动作的平稳、可靠控制。

1. 采用单向顺序阀的平衡回路

图7-22(a)所示是采用单向顺序阀的平衡回路,调整顺序阀,使其开启压力与液压缸下腔作用面积的乘积稍大于垂直运动部件的重力。当活塞下行时,由于回油路上存在一定的背压来支承重力负载,只有在活塞的上部具有一定压力时活塞才会平稳下落;当换向阀处于中位时,活塞停止运动,不再继续下行。此处的顺序阀又被称作平衡阀。在这种平衡回路中,顺序阀调整压力调定后,若工作负载变小,则泵的压力需要增加,将使系统的功率损失增大。由于滑阀结构的顺序阀和换向阀存在内泄漏,使活塞很难长时间稳定地停在任意位置,会造成重力负载装置下滑,故这种回路适用于工作负载固定且液压缸活塞锁定定位要求不高的场合。

2. 采用液控单向阀的平衡回路

如图7-22(b)所示,由于液控单向阀1为锥面密封结构,其闭锁性能好,能够保证活塞较长时间在停止位置不动。在回油路上串联单向节流阀2,用于保证活塞下行运动的平稳性。假如回油路上没有串接单向节流阀2,活塞下行时液控单向阀1被进油路上的控制油打开,回油腔因没有背压,运动部件由于自重而加速下降,造成液压缸上腔供油不足而压力降低,使液控单向阀1因控制油路降压而关闭,加速下降的活塞突然停止;液控单向阀1关闭后控制油路又重新建立起压力,液控单向阀1再次被打开,活塞再次加速下降,这样不断重复,由于液控单向阀时开时闭,使活塞一路抖动向下运动,并产生强烈的噪声、振动和冲击。

3. 采用远控平衡阀的平衡回路

在工程机械液压系统中常采用图7-22(c)所示的远控平衡阀的平衡回路。这种远控平衡阀是一种特殊阀口结构的外控顺序阀,它不但具有很好的密封性,能起到对活塞长时间的锁闭定位作用,而且阀口开口大小能自动适应不同载荷对背压压力的要求,保证了活塞下降速度的稳定性不受载荷变化影响。这种远控平衡阀又称为限速锁。

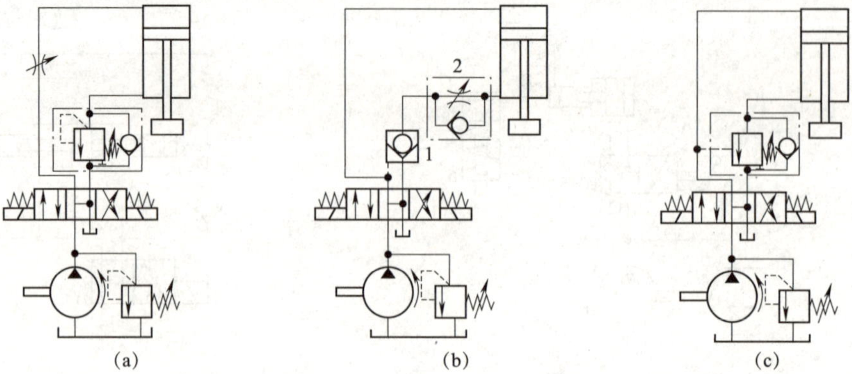

1—液控单向阀;2—单向节流阀。

图 7-22　平衡回路

六、保压回路

保压回路的功能在于使工程机械系统在液压缸加载不动或因部件变形而产生微小位移的工况下能保持稳定不变的压力,并且使液压泵处于卸荷状态。保压性能的两个主要指标为保压时间和压力稳定性。

1. 泵卸荷的保压回路

图 7-23 所示的回路换向阀在左位工作时,液压缸前进压紧工件,进油路压力升高,当油压达到压力继电器调整值时,压力继电器发信号使二通阀通电,泵即卸荷,单向阀自动关闭,液压缸则由蓄能器保压。液压缸压力不足时,压力继电器复位使泵重新工作。保压时间取决于蓄能器的容量,调节压力继电器的通断调节区间即可调节液压缸压力的最大值和最小值。

2. 采用液控单向阀的保压回路

图 7-24 所示是利用液控单向阀的保压回路。当电磁换向阀 3 的电磁铁 1YA 通电后,液压缸 6 中的活塞杆向下运动;当活塞杆接触工件后,液压缸上腔压力上升至电接点压力表 5 的上限值时,压力表上触点通电,电磁铁 1YA 断电,电磁换向阀 3 回到中位,液压泵卸荷,液压缸由液控单向阀保压。当液压缸上腔压力下降到电接点压力表(下触点)设定的下限值时,压力表又发出信号,使 1YA 通电,液压泵 1 向液压缸上腔供油,使压力上升。因此,这一回路能自动保持液压缸上腔的压力在某一范围内。

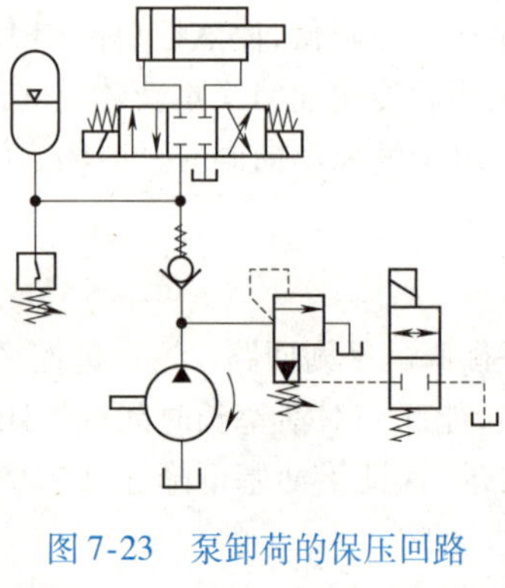

图 7-23　泵卸荷的保压回路

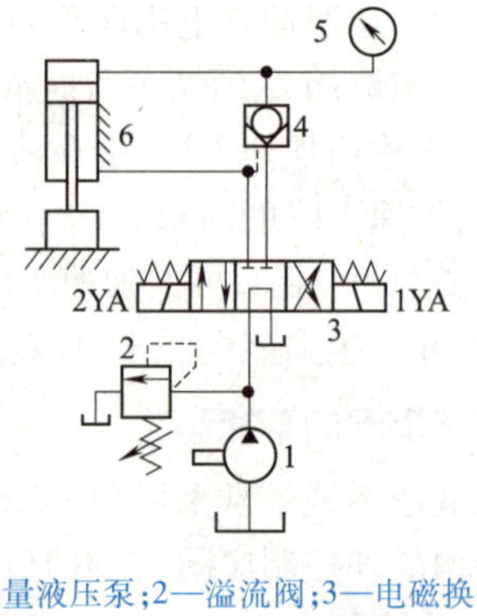

1—定量液压泵;2—溢流阀;3—电磁换向阀;
4—液控单向阀;5—压力表;6—液压缸。

图 7-24　采用液控单向阀的保压回路

七、缓冲回路

当执行机构质量较大,运动速度较高时,若突然停止或换向,会产生很大的冲击和振动,影响执行元件的使用寿命。为了减少或消除冲击,除了对执行机构本身采取一些措施外,还可以在液压系统上采取一些措施来实现缓冲。

1. 用溢流阀的缓冲回路

图7-25所示是用溢流阀的缓冲回路。当三位四通电磁换向阀3阀芯在右位工作时,液压泵1提供的压力油经换向阀3进入液压缸4右腔推动活塞向左运动,液压缸左腔的回油经换向阀3回油箱。在这个过程中如果换向阀突然换至中位,左腔的回油路被封闭,而活塞在惯性力作用下会继续向前冲,或者活塞杆上突然受到一个向左的作用力,都会使液压缸左腔压力突然升高而右腔压力突然降低,当左腔的冲击压力大于溢流阀5调定的压力时,溢流阀5溢流,将高压油导入油箱,防止密封件被破坏,同时右腔缺少的油液经单向阀8从油箱中补充。当三位四通电磁换向阀3阀芯在左位工作时,液压泵1提供的压力油经换向阀3进入液压缸4左腔推动活塞向右运动,液压缸右腔的回油经换向阀3回油箱。在这个过程中如果换向阀突然换至中位,右腔的回油路被封闭,而活塞在惯性力作用下会继续向前冲,或者活塞杆上突然受到一个向右的作用力,都会使液压缸右腔压力突然升高而左腔压力突然降低,当右腔的冲击压力大于溢流阀7调定的压力时,溢流阀7溢流,将高压油导入油箱,防止密封件被破坏,同时左腔缺少的油液经单向阀6从油箱中补充。在整个工作过程中,液压泵的最大工作压力由溢流阀2调定。该回路能够产生双向缓冲作用,适用于经常换向而且会产生两个方向冲击力的场合。

2. 用电液换向阀的缓冲回路

图7-26所示为用三位四通O型电液换向阀的缓冲回路。当右边电磁铁通电时,电液换向阀中的电磁阀阀芯左移使右位接入系统,控制油路的压力油经电磁阀及单向节流阀的单向阀8进入下部液控主滑阀的右腔端面,将主滑阀的阀芯推向左边,使液控阀的阀芯右位进入系统中工作,在主滑阀左移的过程中,主滑阀左端的回油经单向节流阀的节流阀5经由上部电磁阀回油箱,调节5的开度,可以控制液控主滑阀的换向速度,减轻换向冲击。此时液压泵1提供的压力油经电液换向阀中的液控阀进入液压缸4的右腔,推动活塞向左运动,活塞左腔的回油经电液换向阀中的液控阀回油箱。当左边电磁铁通电时,电液换向阀中的电磁阀阀芯右移使左位接入系统,控制油路的压力油经电磁阀及单向节流阀的单向阀7进入下部液控主滑阀的左腔端面,将主滑阀的阀芯推向右边,使液控阀的阀芯左位进入系统中工作,在主滑阀右移的过程中,主滑阀右端的回油经单向节流阀的节流阀6经由上部电磁阀回油箱,调节6的开度,可以控制液控主滑阀的换向速度,减轻换向冲击。此时液压泵1提供的压力油经电液换向阀中的液控阀进入液压缸4的左腔,推动活塞向右运动,活塞右腔的回油经电液换向阀中的液控阀回油箱。

当两个电磁铁都断电时,在电磁阀两边弹簧的作用下使阀芯处于中间位置,液控主滑阀左右两边的控制油分别经节流阀5、6及电磁阀中位缓慢回油箱,电液换向阀3的阀芯也在两边弹簧的作用下缓慢移到中间位置,液压缸双向锁紧在当时位置。主滑阀阀芯向左或向右移动的速度,可以分别用左右两端的节流螺钉来调节,因为节流螺钉的轴向位置决定了节流阀过流面积的大小,从而可以保证液动滑阀换向平稳无冲击。该缓冲回路应用于执行元件需要的流量大、经常换向,而且换向冲击很大的场合。

微课

溢流阀的缓冲回路

微课

电液换向阀的缓冲回路

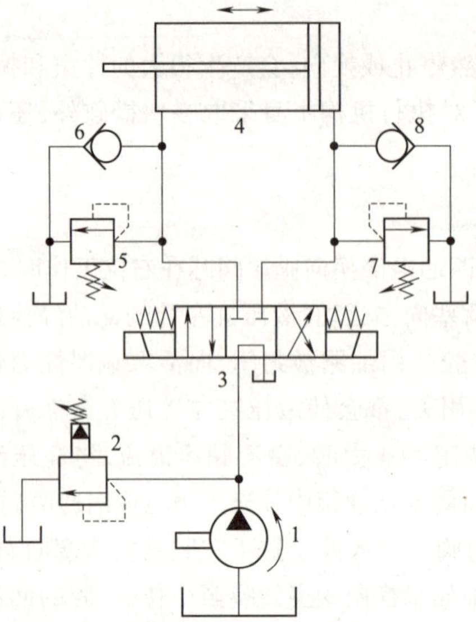

1—定量液压泵;2、5、7—溢流阀;
3—三位四通电磁换向阀;
4—单杆双作用液压缸;6、8—单向阀。

图 7-25　用溢流阀的缓冲回路

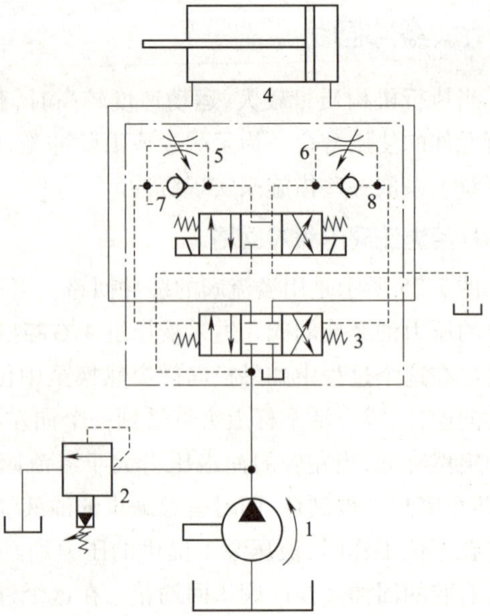

1—定量液压泵;2—溢流阀;
3—三位四通电液换向阀;
4—单杆双作用液压缸;
5、6—可调节流阀;7、8—单向阀。

图 7-26　用电液换向阀的缓冲回路

任务4　速度控制回路分析

任务目标

1. 掌握节流调速回路、容积调速回路、容积节流调速回路的工作原理。
2. 掌握差动连接回路、双泵供油的快速运动回路的工作原理。
3. 掌握快慢速转换回路、两种慢速的转换回路的工作原理。

素质目标

在学习速度控制回路时,引导学生分析不同调速方式的能量消耗,培养学生的节能意识和提高系统效率的观念。

任务导入

在速度控制回路中,以典型的调速回路、快速运动回路和速度换接回路 3 类速度控制回路为例,掌握各类速度控制回路的工作过程、阀的作用及回路的应用。

任务实现

速度控制回路的功用是使执行元件获得能满足工作需要的运动速度。

一、调速回路

调速回路的功用是调节执行元件的运动速度。根据执行元件运动速度表达式可知:液压缸 $v=\frac{q}{A}$,液压马达 $n=\frac{q}{A}$,对于液压缸(面积 A 一定)和定量马达(排量 V 一定),改变速度的方法只有改变输入或输出流量。对于变量马达,既可通过改变流量又可通过改变自身排量来调节速度。因此,液压系统的调速方法可分为节流调速、容积调速和容积节流调速三种形式。

1. 节流调速回路

在定量泵供油的液压系统中,用流量阀(节流阀或调速阀)对执行元件的运动速度进行调节,这种回路称为节流调速回路。它的优点是结构简单,成本低,使用维护方便。缺点是有节流损失,且流量损失较大,发热多,效率低,故仅适用于小功率液压系统。

节流调速回路按流量阀的位置不同可分为进油路节流调速回路、回油路节流调速回路和旁油路节流调速回路三种。

(1)进、回油路节流调速回路

在执行元件的进油路上串接一个流量阀,即构成进油路节流调速回路,如图 7-27 所示。在执行元件的回油路上串接一个流量阀,即构成回油路节流调速回路,如图 7-28 所示。在这两种回路中,定量泵的供油压力均由溢流阀调定。液压缸的速度都靠调节流量阀开口的大小来控制,泵多余的流量由溢流阀流回油箱。

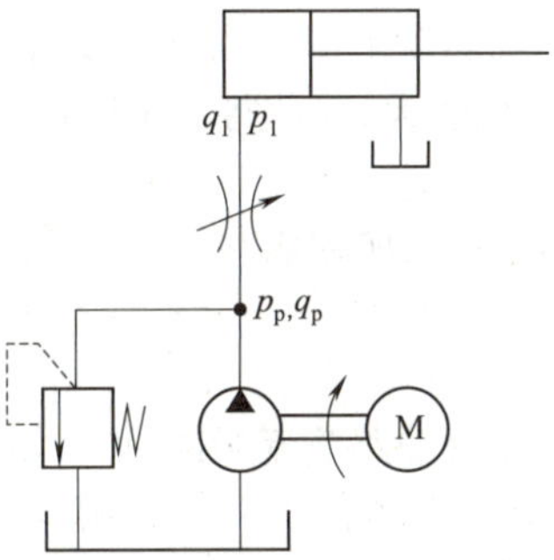

图 7-27　进油路节流调速回路

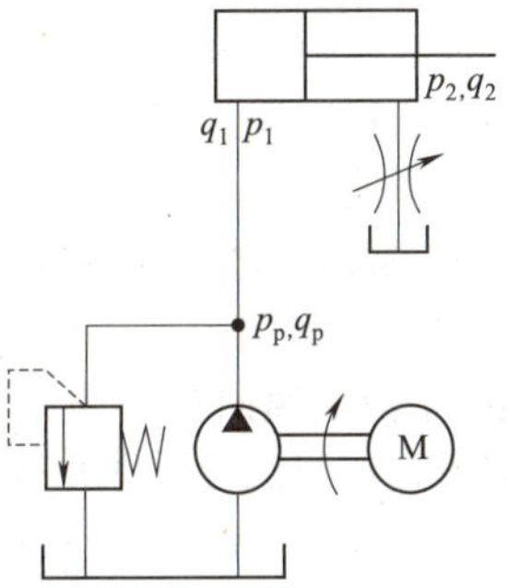

图 7-28　回油路节流调速回路

流量阀为节流阀时上述两种节流调速回路的速度-负载特性曲线见图 7-29。它反映了这两种回路执行元件的速度随其负载而变化的关系。图中,横坐标为液压缸的负载,纵坐标为液压缸或活塞的运动速度。第 1、2、3 条曲线分别为节流阀过流面积为 A_{T1}、A_{T2}、A_{T3}($A_{T1}>A_{T2}>A_{T3}$)时的速度-负载特性曲线。曲线越陡,说明负载变化对速度的影响越大,速度的刚性越差;曲线越平缓,速度刚性越好。

分析上述特性曲线可知以下几点。

①当节流阀开口 A_T 一定时,缸的运动速度 v 随负载 F 的增加而降低,其特性较软。

②当节流阀开口一定时,负载较小的区段曲线比较平缓,速度刚性好;负载较大的区段曲线较陡,速度刚性较差。

③在相同负载下工作时,节流阀开口较小缸的速度 v 较低时,曲线较平缓,速度刚性好;节流阀开口较大,缸的速度 v 较高时,曲线较陡,速度刚性较差。

④节流阀开口不同的各特性曲线相交于负载轴上的一点。说明液压缸速度不同时,其能承受的最大负载 F_{max} 相同(它等于溢流阀的调定压力与液压缸有效工作面积的乘积)。故其调速属于

恒推力调速。F_{max} 的数值由溢流阀调定。

由上分析可知,当流量阀为节流阀时,进、回油路节流调速回路用于低速、轻载且负载变化较小的液压系统,能使执行元件获得平稳的运动速度。

图 7-29 中采用调速阀时,进、回油路节流调速回路的速度-负载特性曲线可以看出,其速度刚性明显优于相应的节流阀调速回路。因此采用调速阀的进、回油节流调速回路可用于速度较高,负载较大,且负载变化较大的液压系统。但是这种回路的效率比用节流阀时更低些。有资料表明,当负载恒定或变化很小时,其效率为 0.2 ~ 0.6;当负载变化大时,其最高效率为 0.385。

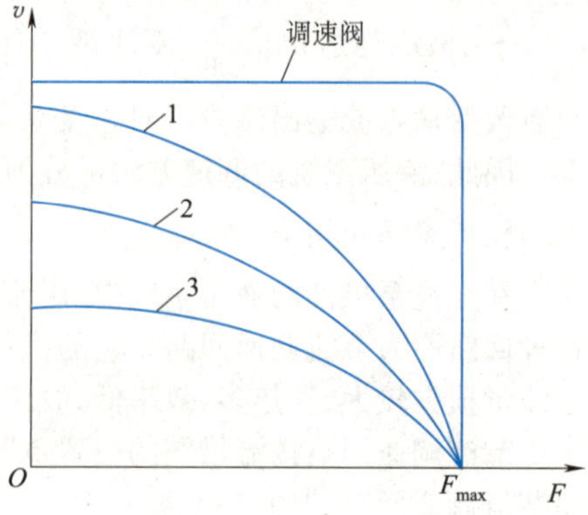

图 7-29　进、回油路节流调速回路的速度-负载特性曲线

进、回油路节流调速回路的不同点有以下几点。

①回油路节流调速回路,其流量阀能使液压缸的回油腔形成背压,使液压缸(或活塞)运动平稳且能承受一定的负值负载(负载方向与液压力方向相同的负载为负值负载)。

②进油路节流调速回路,流量阀前后有一定的压力差,当运动部件行至终点停止(例如碰到死挡铁)时,液压缸进油腔压力会升高,使流量阀前后压差减小。这样即可在流量阀和液压缸之间设置压力继电器,利用该压力变化发出电信号,对系统下一步动作实现控制。而在回油路节流调速回路中,液压缸进油腔的压力等于溢流阀的调定压力,没有上述压差及压力变化,不易实现压力控制。

③采用单杆液压缸的液压系统,一般为无杆腔进压力油驱动工作负载,且要求有较低的速度。由于流量阀的最小稳定流量为定值,无杆腔的有效工作面积较大,因此将流量阀设置在进油路上能获得更低的工作速度。

实际应用中,常采用进油路节流调速回路,并在其回油路上加背压阀。这种方式兼具了两种回路的优点。

(2)旁油路节流调速回路

将流量阀设置在与执行元件并联的旁油路上,即构成了旁油路节流调速回路,如图 7-30(a)所示。该回路采用定量泵供油,流量阀的出口接油箱,因而调节节流阀的开口就调节了执行元件的运动速度,同时也调节了液压泵流回油箱流量的多少,从而起到了溢流的作用。这种回路不需要溢流阀“常开”溢流,因此其溢流阀实为安全阀。它在常态时关闭,过载时才打开。其调定压力为液压缸最大工作压力的 1.1 ~ 1.2 倍。液压泵出口的压力与液压缸的工作压力相等,直接随负载的变化而改变,不为定值。流量阀进、出油口的压差也等于液压缸进油腔的压力(流量阀出口压力可视为零)。

图 7-30(b)为旁油路节流调速回路的速度-负载特性,分析特性曲线可知,该回路有以下特点。

①节流阀开口越大,进入液压缸中的流量越少,活塞运动速度则越低;反之,开口关小,其速度升高。

②当节流阀开口一定时,活塞运动的速度也随负载的增大而减小,而且其速度刚性比进、回油路节流调速回路更差。

③当节流阀开口一定时,负载较小的区段曲线较陡,速度刚性差;负载较大的区段曲线较平缓,速度刚性较好。

④在相同负载下工作时,节流阀开口较小,活塞运动速度较高时曲线较平缓,速度刚性好;开口较大,速度较低时,曲线较陡,速度刚性较差。

⑤节流阀开口不同的各特性曲线,在负载坐标轴上不相交。这说明它们的最大承载能力不同。速度高时承载能力较大,速度越低其承载能力越小。

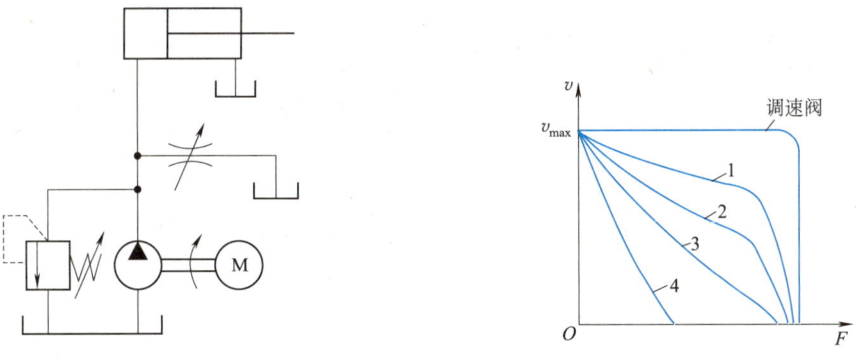

(a)　　　　　　　　(b)

图 7-30　旁油路节流调速回路及其速度-负载特性

根据以上分析可知,采用节流阀的旁油路节流调速回路宜用于负载大一些,速度高一些,且速度的平稳性要求不高的中等功率的液压系统,例如,牛头刨床的主传动系统等。若采用调速阀代替节流阀,旁油路节流调速回路的速度刚性会有明显的提高,见图 7-30(b)中的特性曲线。

旁油路节流调速回路有节流损失,但无溢流损失,发热较少,其效率比进、回油路节流调速回路高一些。

2. 容积调速回路

容积调速回路是通过改变液压泵或液压马达的排量来实现调速的。

节流调速回路效率低、发热大,只适用于小功率系统。而采用变量泵或变量马达的容积调速回路,因无节流损失或溢流损失,故效率高、发热小。根据液压泵和液压马达(或液压缸)的组合不同,容积调速回路也分为三种形式:

①由变量泵和液压缸(或定量马达)组成的容积调速回路,如图 7-31(a)、图 7-31(b)所示。

②由定量泵和变量马达组成的容积调速回路,如图 7-31(c)所示。

③由变量泵和变量马达组成的容积调速回路,如图 7-31(d)所示。

按油路循环方式不同,容积调速回路可分为开式和闭式两种。在开式回路中,液压泵从油箱吸油,将压力油输给执行元件,执行元件的回油再进油箱。液压油经油箱循环,油液易得到充分的冷却和过滤,但空气和杂质也容易侵入回路,如图 7-31(a)所示。在闭式回路中,液压泵出口与执行元件进口相连,执行元件出口接液压泵进口,油液在液压泵和执行元件之间循环,不经过油箱,如图 7-31(b)所示。这种回路结构紧凑,空气和杂质不易进入回路,但散热效果差,且需补油装置。

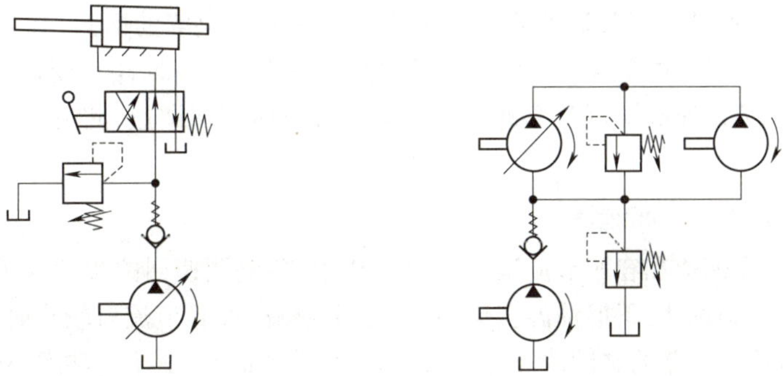

(a) 变量泵-液压缸式　　　　(b) 变量泵-定量马达式

图 7-31　容积调速回路

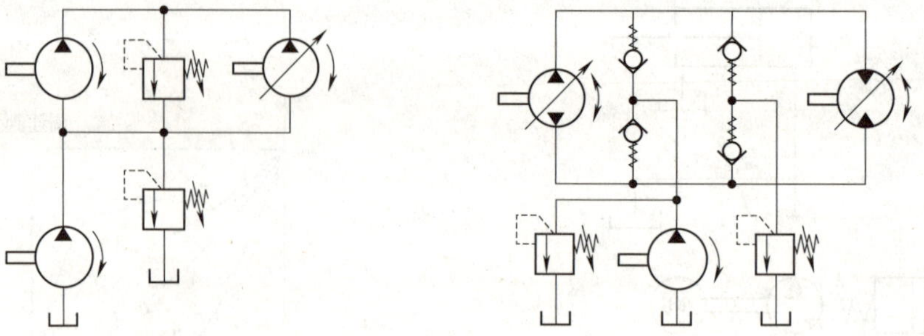

(c) 定量泵-变量马达式　　(d) 变量泵-变量马达式

图 7-31　容积调速回路(续)

表 7-1 列出了容积调速回路的主要特点。

表 7-1　容积调速回路的主要特点

种类	变量泵-定量马达(液压缸)式	定量泵-变量马达式	变量泵-变量马达式
特点	1. 马达转速 n_M(或液压缸速度 v)随变量泵排量 V_p 的增大而加快,且调速范围较大 2. 液压马达(液压缸)输出的转矩(推力)一定,属恒转矩(推力)调速 3. 马达的输出功率 P_M 随马达转速 n_M 的改变呈线性变化 4. 功率损失小,系统效率高 5. 元件泄漏对速度刚度影响大 6. 价格较贵,适用于功率大的场合	1. 马达转速 n_M 随排量 V_M 的增大而减小,且调速范围较小 2. 马达的转矩 T_M 随转速 n_M 的增大而减小 3. 马达的输出最大功率不变,属恒功率调速 4. 功率损失小,系统效率高 5. 元件泄漏对速度刚度影响大 6. 价格较贵,适用于大功率场合	1. 第一阶段保持马达排量 V_M 为最大不变,由泵的排量 V_P 调节 n_M,采用恒转矩调速;第二阶段保持 V_P 为最大不变,由 V_M 调节 n_M,采用恒功率调速 2. 调速范围大 3. 扩大了 T_M 和 P_M 特性的可选择性,适用于大功率且调速范围大的场合

在容积调速回路中,泵的全部流量进入执行元件,且泵口压力随负载变化,没有溢流损失和节流损失,功率损失较小,系统效率较高。但随着负载的增加,回路泄漏量增大而使速度降低,尤其是低速时速度稳定性更差。这种回路一般用于功率较大而对低速稳定性要求不高的场合。

3. 容积节流调速回路

通过改变变量泵排量和调节调速阀流量配合工作来调节速度的回路,称为容积节流调速回路。图 7-32 所示为由限压式变量泵与调速阀组成的容积节流调速回路。变量泵输出的油液经调速阀进入液压缸,调节调速阀即可改变进入液压缸的流量而实现调速,此时变量泵的供油量会自动地与之相适应。

4. 三种调速方法的比较和选择

在节流调速、容积调速和容积节流调速三种方法中,节流调速回路都存在负载变化会导致速度变化。若采用节流阀调速,不但油温变化会影响流量变化,而且节流口较小时还容易堵塞,影响低速稳定性。节流调速回路的共同缺点是功率损失大,效率低,只适用于功率小的液压系统中。

容积调速回路的共同特点:既没有节流损失,又没有溢流损失,回路效率较高;泵与马达的容积效率随负载压力的增大而下降;速度也随负载变化,但与节流调速的速度随负载变化的意义不同,容积调速比节流调速的速度刚度要高得多,而且调速范围很大。但是,通过改变变量马达的排量来调速的范围小。容积调速回路的共同缺点是低速稳定性较差。容积节流调速回路由于存在节流损失,所以效率比容积调速回路低,比节流调速回路高;低速稳定性比容积调速回路好。

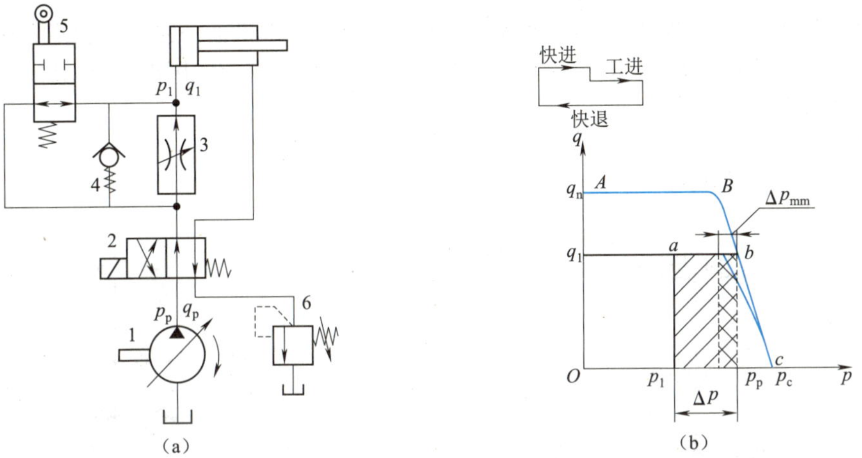

1—变量泵;2—换向阀;3—调速阀;4—单向阀;5—行程阀;6—背压阀。

图7-32　容积节流调速回路

二、快速运动回路

为了提高生产效率,机器工作部件常常要求实现空行程(或空载)的快速运动。这时要求液压系统流量大而压力低。这和工作运动时一般需要的流量较小和压力较高的情况正好相反。对快速运动回路的要求主要是在快速运动时,尽量减小需要液压泵输出的流量,或者在加大液压泵的输出流量后,但在工作运动时又不至于引起过多的能量消耗。以下介绍几种工程中常用的快速运动回路。

1. 差动连接回路

这是在不增加液压泵输出流量的情况下来提高工作部件运动速度的一种快速回路,其实质是改变了液压缸的有效作用面积。

图7-33所示是用于快、慢速转换的,其中快速运动采用差动连接的回路。当电磁换向阀3左端的电磁铁通电时,阀3左位进入系统,液压泵1输出的液压油同缸右腔的油经阀3左位、阀5下位[此时外控顺序阀(卸荷阀)7关闭]也进入液压缸4的左腔,实现了差动连接,使活塞快速向右运动。当快速运动结束,工作部件上的挡铁压下机动换向阀5时,泵的压力升高,阀7打开,液压缸4右腔的回油只能经调速阀6流回油箱,这时是工作进给。当电磁换向阀3右端的电磁铁通电时,活塞向左快速退回(非差动连接)。采用差动连接的快速回路方法简单,较经济,但快、慢速度的换接不够平稳。必须注意,差动油路的换向阀和油管通道应按差动时的流量选择,不然流动液阻过大,会使液压泵的部分油从溢流阀流回油箱,速度减慢,甚至不起差动作用。

2. 双泵供油的快速运动回路

这种回路是利用低压大流量泵和高压小流量泵并联为系统供油,如图7-34所示。

图7-34中1为高压小流量泵,用以实现工作进给运动。2为低压大流量泵,用以实现快速运动。在快速运动时,液压泵2输出的油经单向阀4和液压泵1输出的油共同向系统供油。在工作进给时,系统压力升高,打开液控顺序阀(卸荷阀)3使液压泵2卸荷,此时单向阀4关闭,由液压泵1单独向系统供油。溢流阀5控制液压泵1的供油压力是根据系统所需最大工作压力来调节的,而卸荷阀3使液压泵2在快速运动时供油,在工作进给时则卸荷,因此它的调整压力应比快速运动时系统所需的压力要高,但比溢流阀5的调整压力低。双泵供油回路功率利用合理、效率高,并且速度换接较平稳,在快、慢速度相差较大的工程机械液压系统中应用很广泛,其缺点是要用一个双联泵,油路系统也稍复杂。

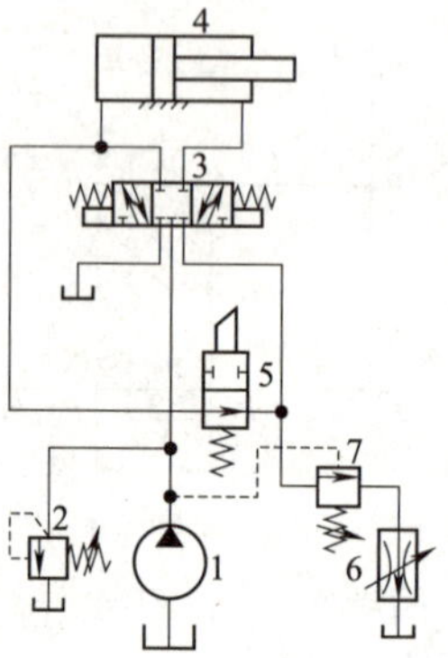

1—液压泵;2—溢流阀;3—电磁换向阀;
4—液压缸;5—机动换向阀;6—调速阀;7—卸荷阀。
图7-33　差动连接回路

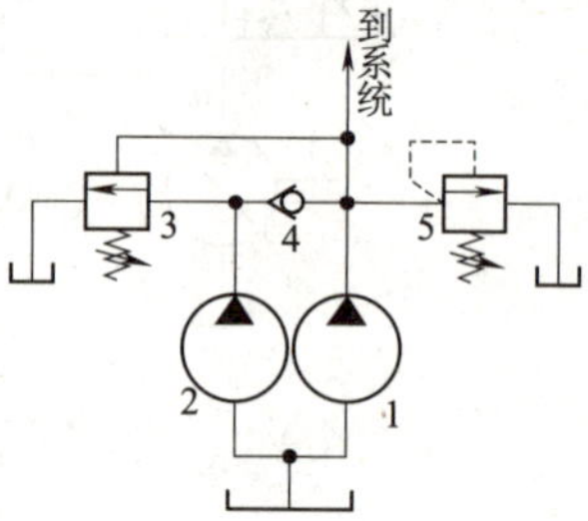

1—高压小流量泵;2—低压大流量泵
3—液控顺序阀;4—单向阀;5—溢流阀。
图7-34　双泵供油回路

三、速度换接回路

设备工作部件在实现自动工作循环过程中,需要进行速度的转换。例如,由快速转变为慢速工作,或两种慢速的转换等。这种实现速度转换的回路,应能保证速度的转换平稳、可靠,不出现前冲现象。

1. 快慢速转换回路

(1)用电磁换向阀的快慢速转换回路

图7-35是利用二位二通电磁阀与调速阀并联实现快速转慢速的回路。当图中电磁铁1YA、3YA同时通电时,压力油经阀4进入液压缸左腔,缸右腔回油,工作部件实现快进;当运动部件上的挡块碰到行程开关使电磁铁3YA断电时,阀4油路断开,调速阀5接入油路。压力油经调速阀5进入缸左腔,缸右腔回油,工作部件以阀5调节的速度实现工作进给。

这种速度转换回路,速度换接快,行程调节比较灵活,电磁阀可安装在液压站的阀板上,也便于实现自动控制,应用很广泛。其缺点是平稳性较差。

(2)用行程阀的快慢速转换回路

图7-36是用单向行程调速阀进行快慢速转换的回路。当电磁铁1YA通电时,压力油进入液压缸左腔,缸右腔油经行程阀5回油,工作部件实现快速运动。当工作部件上的挡块压下行程阀时,其回油路被切断,缸右腔油只能经调速阀6流回油箱,从而转变为慢速运动。这种回路中,行程阀的阀口是逐渐关闭(或开启)的,速度的换接比较平稳,比采用电气元件动作更可靠。其缺点是,行程阀必须安装在运动部件附近,有时管路接得很长,压力损失较大。因此多用于大批量生产

用的专机液压系统中。

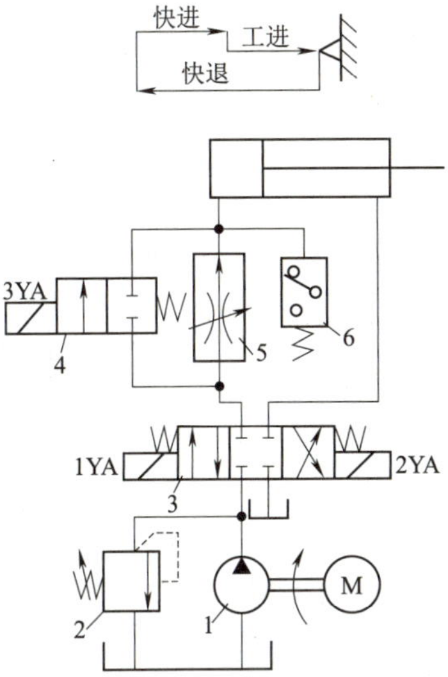

1—定量泵；2—溢流阀；
3、4—换向阀；5—调速阀；6—压力继电器。
图7-35　用电磁换向阀的快慢速转换回路

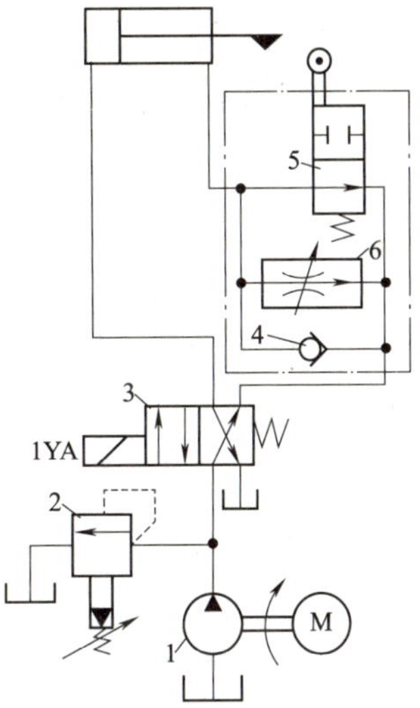

1—定量泵；2—溢流阀；3—换向阀；
4、5、6—单向行程调速阀。
图7-36　用行程阀的快慢速转换回路

2. 两种慢速的转换回路

(1)调速阀串联的慢速转换回路

图7-37是由调速阀3和4串联组成的慢速转换回路。当电磁铁1YA通电时，压力油经调速阀3和二位电磁阀左位进入液压缸左腔，缸右腔回油，运动部件得到由调速阀3调节的第一种慢速运动。当电磁铁1YA、3YA同时通电时，压力油须经调速阀3和调速阀4进入缸的左腔，缸右腔回油。由于调速阀4的开口比调速阀3的开口小，因而运动部件得到由阀4调节的第二种更慢的运动速度，实现了两种慢速的转换。

在这种回路中，调速阀4的开口必须比调速阀3的开口小，否则调速阀4将不起作用。该种回路常用于组合机床中实现二次进给的油路中。

(2)调速阀并联的慢速转换回路

图7-38(a)为由调速阀4和5并联的慢速转换回路。当电磁铁1YA通电时，压力油经调速阀4进入液压缸左腔，缸右腔回油，工作部件得到由阀4调节的第一种慢速，这时阀5不起作用；当电磁铁1YA、3YA同时通电时，压力油经调速阀5进入液压缸左腔，缸右腔回油，工作部件得到由阀5调节的第二种慢速运动，这时阀4不起作用。

这种回路是当一个调速阀工作时，另一个调速阀油路被封死，其减压阀口全开。当电磁换向阀换位其出油口与油路接通的瞬时，压力突然减小，减压阀口来不及关小，瞬时流量增加，会使工作部件出现前冲现象。

如果将二位三通换向阀换用二位五通换向阀，并按图7-38(b)所示接法连接，当一个调速阀工作时，另一个调速阀仍有油液流过，且它的阀口前后保持一定的压差，其内部减压阀开口较小，换向阀换位使其接入油路工作时，出口压力不会突然减小，因而可克服工作部件的前冲现象，使速度换接平稳。但这种回路有一定的能量损失。

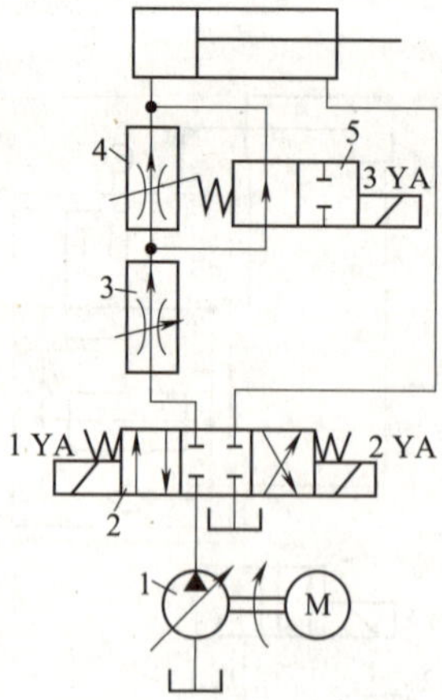

1—变量泵;2—换向阀;3—换向阀;
4、5—单向行程调速阀。

图 7-37 调速阀串联的慢速转换回路

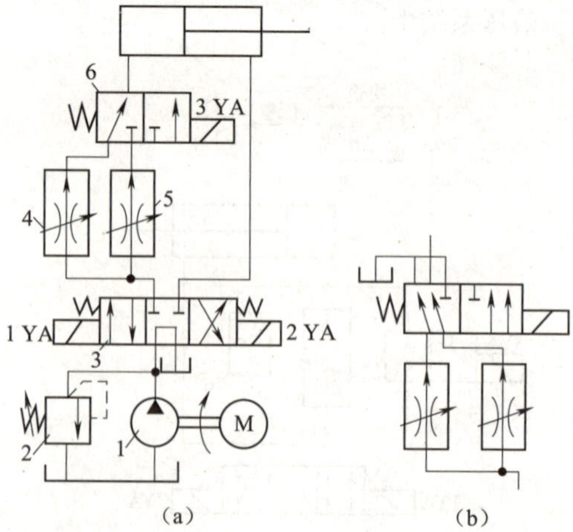

1—定量泵;2—溢流阀;3、6—换向阀;
4、5—调速阀。

图 7-38 调速阀并联的慢速转换回路

任务 5 多缸工作控制回路分析

任务目标

1. 掌握压力控制顺序动作回路、行程控制顺序动作回路的工作原理。

2. 掌握用调速阀控制的同步回路、同步阀及用同步阀控制的同步回路、带补偿装置的串联液压缸同步回路的工作原理。

3. 掌握互锁回路、多执行元件互不干扰回路的工作原理。

素质目标

多缸工作控制回路中各液压缸需协同工作,通过学习这种系统,培养学生团队协作的意识与全局观念。

任务导入

在多缸工作控制回路中,以常见的顺序动作回路、同步回路、互锁回路及多执行元件互不干扰回路等 4 类多缸工作控制回路为例,掌握各类多缸工作控制回路的工作过程、阀的作用及回路的应用。

任务实现

液压系统中,一个油源往往可驱动多个液压缸。按照系统的要求,这些液压缸或顺序动作,或同步动作,多缸之间要求能避免在压力和流量上的相互干扰。

一、顺序动作回路

顺序动作回路的功用在于使几个执行元件严格按照预定顺序依次动作。按控制方式不同,顺序动作回路分为压力控制和行程控制两种。

1. 压力控制顺序动作回路

利用液压系统工作过程中运动状态变化引起的压力变化使执行元件按顺序先后动作，这种回路就是压力控制顺序动作回路。如图7-39(a)所示，回路工作前，夹紧缸1和进给缸2均处于起点位置，当换向阀5左位接入回路时，夹紧缸1的活塞向右运动使夹具夹紧工件，夹紧工件后会使回路压力升高到顺序阀3的调定压力，阀3开启，此时缸2的活塞才能向右运动进行切削加工；加工完毕，通过手动或操纵装置使换向阀5右位接入回路，缸2活塞先退回到左端点后，引起回路压力升高，使阀4开启，缸1活塞退回原位将夹具松开，这样就完成了一个完整的多缸顺序动作循环，如果要改变动作的先后顺序，就要对两个顺序阀在油路中的安装位置进行相应的调整。

如图7-39(b)所示，压力继电器控制的顺序动作回路是用压力继电器控制电磁换向阀来实现顺序动作的回路。按起动按钮，电磁铁1Y得电，电磁换向阀8的左位接入回路，缸6活塞前进到右端点后，回路压力升高，压力继电器1K动作，使电磁铁3Y得电，电磁换向阀9的左位接入回路，缸2活塞向右运动；按返回按钮，1Y、3Y同时失电，且4Y得电，使阀8中位接入回路、阀9右位接入回路，导致缸6锁定在右端点位置、缸7活塞向左运动，当缸7活塞退回原位后，回路压力升高，压力继电器2K动作，使2Y得电，阀8右位接入回路，缸6活塞后退直至到起点。在压力控制的顺序动作回路中，顺序阀或压力继电器的调定压力必须大于前一动作执行元件的最高工作压力的10%~15%，否则在管路中的压力冲击或波动下会造成误动作，引起事故。这种回路只适用于系统中执行元件数目不多、负载变化不大的场合。

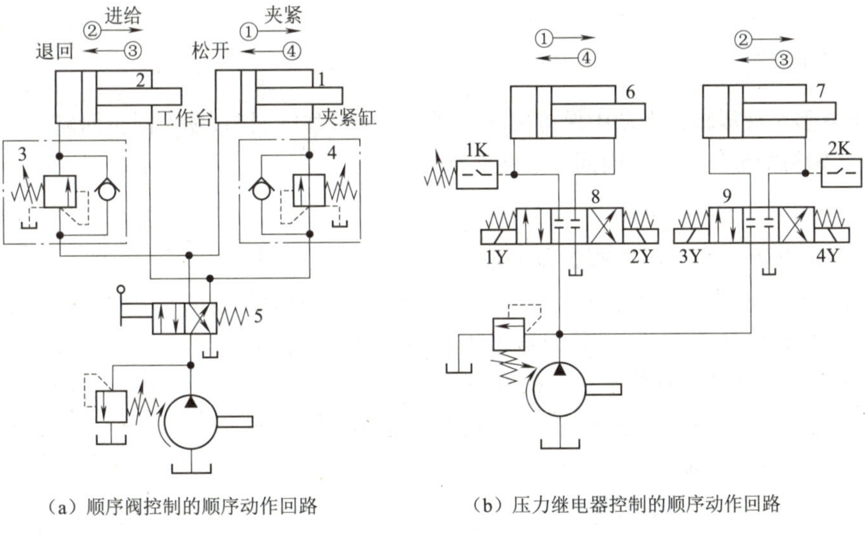

(a) 顺序阀控制的顺序动作回路　　(b) 压力继电器控制的顺序动作回路

1—夹紧缸；2—进给缸；3、4—顺序阀；5—换向阀；6、7—液压缸；8、9—电磁换向阀。

图7-39 压力控制顺序动作回路

微课

压力继电器控制的顺序动作回路

2. 行程控制顺序动作回路

图7-40(a)所示是采用行程阀控制的多缸顺序动作回路。图示位置两液压缸活塞均退至左端点。当电磁阀3左位接入回路后，液压缸1活塞先向右运动，当活塞杆上的行程挡块压下行程阀4

后,液压缸2活塞才开始向右运动,直至两个液压缸先后到达右端点;将电磁阀3右位接入回路,使液压缸1活塞先向左退回,在运动当中其行程挡块离开行程阀4后,行程阀4自动复位,其下位接入回路,这时液压缸2活塞才开始向左退回,直至两个液压缸都到达左端点。这种回路动作可靠,但要改变动作顺序较为困难。

图7-40(b)所示是采用行程开关控制电磁换向阀的多缸顺序动作回路。按启动按钮,电磁铁1Y得电,液压缸1活塞先向右运动,当活塞杆上的行程挡块压下行程开关2S后,使电磁铁2Y得电,液压缸2活塞才向右运动,直到压下3S,使1Y失电,液压缸1活塞向左退回,而后压下行程开关1S,使2Y失电,液压缸2活塞再退回。在这种回路中,调整行程挡块位置,可调整液压缸的行程,通过电控系统可任意改变动作顺序,方便灵活,应用广泛。

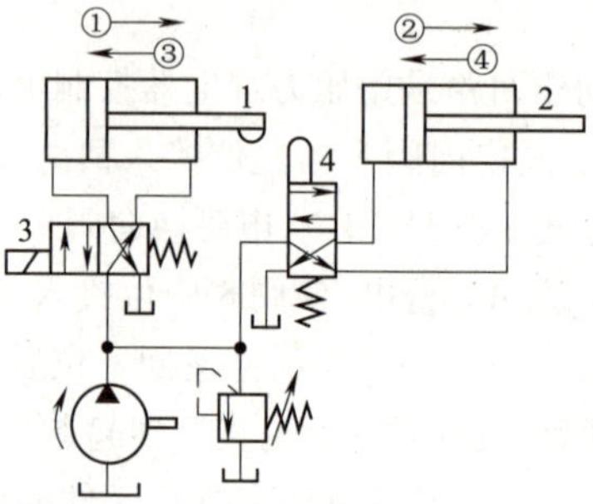

(a)行程阀控制的顺序回路

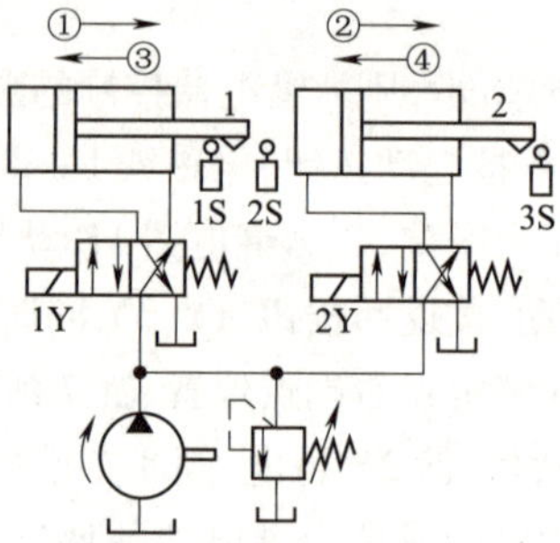

(b)行程开关控制的顺序回路

1、2—液压缸;3—电磁阀;4—行程阀。

图7-40 行程控制顺序动作回路

二、同步回路

使两个或多个液压缸在运动中保持相同速度或相同位移的回路,称为同步回路。例如龙门刨床的横梁、轧钢机的液压系统均需同步运动回路。

1. 用调速阀控制的同步回路

图7-41为用两个单向调速阀控制并联液压缸的同步回路。图中两个调速阀可分别调节进入两个并联液压缸下腔的流量,使两缸活塞向上伸出的速度相等,这种回路可用于两缸有效工作面积相等时,也可以用于两缸有效工作面积不相等时。其结构简单,使用方便,且可以调速。其缺点是受油温变化和调速阀性能差异等影响,不易保证位置同步,速度的同步精度也较低,一般为5%~7%,用于同步精度要求不高的系统中。

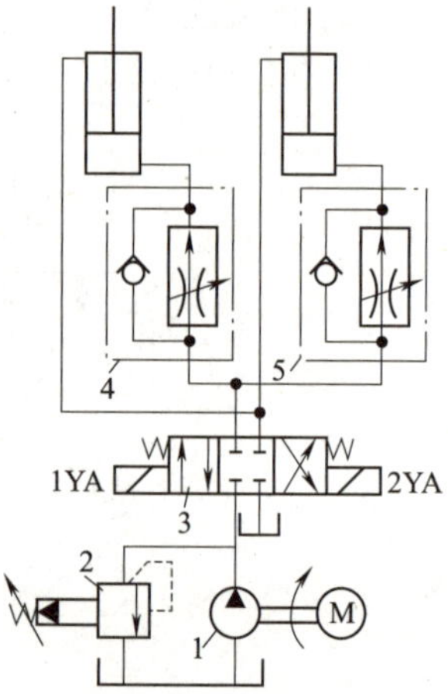

1—定量泵;2—溢流阀;3—换向阀;
4、5—单向调速阀。

图7-41 调速阀控制的同步回路

2. 同步阀及用同步阀控制的同步回路

同步阀是用以保证两个或多个液压缸(或液压马达)达到速度同步的流量控制阀。根据用途不同它可分为分流阀、集流阀和分流集流阀,其职能符号如图7-42(a)、(b)、(c)所示。这种元件具有结构简单,安装、使用、维护方便等优点。

分流阀能使压力油平均分配给各液压缸(或液压马达),或按一定比例分配给液压缸(或液压马达),而不受负载变化的影响。前者称为等量分流阀,后者称为比例分流阀。集流阀是将压力不同的两支分油路的流量按一定比例汇集起来的阀。分流集流阀可兼有分流阀和集流阀的作用。

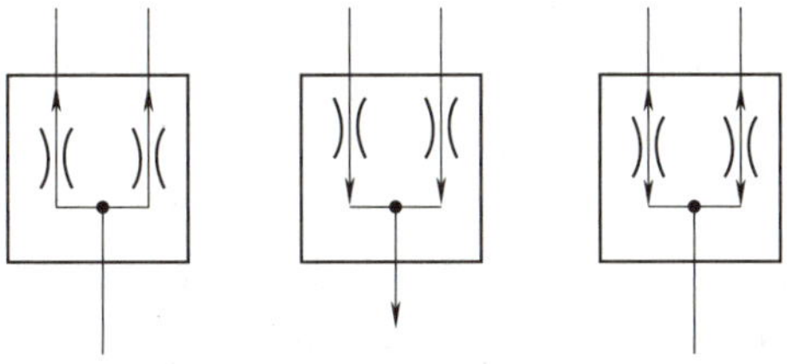

(a) 分流阀　　(b) 集流阀　　(c) 分流集流阀

图 7-42　几种同步阀的职能符号

图7-43 为采用等量分流阀的同步回路。图中电磁换向阀3 右位工作时,压力油经等量分流阀5 后以相等的流量进入两液压缸的左腔,两缸右腔回油,两活塞同步向右伸出。当换向阀3 左位工作时,压力油进入两缸的右腔,两缸左腔分别经单向阀6 和4 回油,两活塞快速退回。分流阀的同步精度约为2%~5%。这种回路的优点是简单方便,能承受变动负载与偏载。

3. 带补偿装置的串联液压缸同步回路

图 7-44 中的两液压缸 A、B 串联,B 缸下腔的有效工作面积等于 A 缸上腔的有效工作面积。若无泄漏,两缸可同步下行。但因有泄漏及制造误差,故同步误差较大。采用由液控单向阀 3、电磁换向阀 2 和 4 组成的补偿装置可使两缸每一次下行终点的位置同步误差得到补偿。

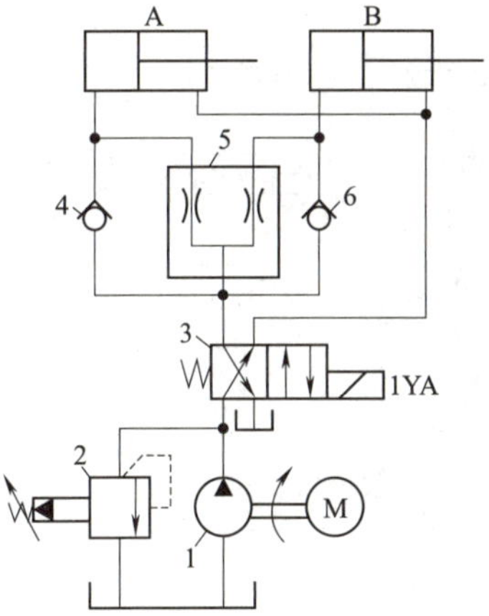

1—定量泵;2—溢流阀;3—换向阀;
4、6—单向阀;5—等量分流阀。

图 7-43　用等量分流阀的同步回路

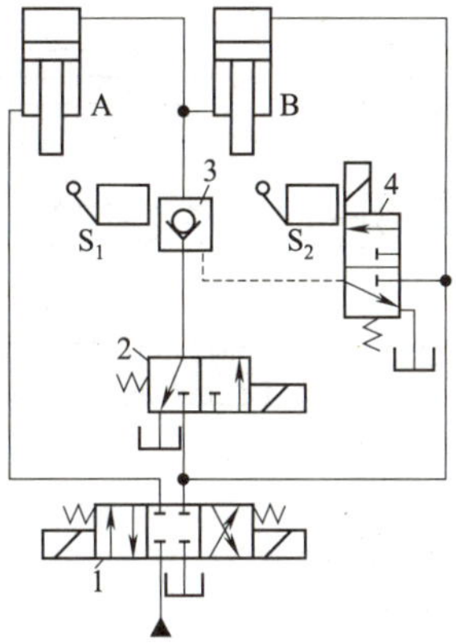

1、2、4—电磁换向阀;
3—液控单向阀。

图 7-44　带补偿装置的串联液压缸同步回路

微课
用等量分流阀的同步回路

微课
带补偿装置的串联液压缸同步回路

其补偿原理是:当换向阀 1 右位工作时,压力油进入 B 缸的上腔,B 缸下腔油流入 A 缸的上腔,A 缸下腔回油,这时两活塞同步下行。若 A 缸活塞先到达终点,它就触动行程开关 S_1 使电磁换向阀4 通电换为上位工作。这时压力油经阀4 将液控单向阀3 打开,同时继续进入 B 缸上腔,B 缸下腔的油可经单向阀 3 及电磁换向阀 2 流回油箱,使 B 缸活塞能继续下行到终点位置。若 B 缸活塞先到达终点,它触动行程开关 S_2,使电磁换向阀 2 通电换为右位工作。这时压力油可经阀 2、阀

3 继续进入 A 缸上腔,使 A 缸活塞继续下行到终点位置。这种回路适用于终点位置同步精度要求较高的小负载液压系统。

三、互锁回路

在多缸工作的液压系统中,有时要求在一个液压缸运动时不允许另一个液压缸有任何运动,因而常采用液压缸互锁回路。

图 7-45 为双缸并联互锁回路。当三位六通电磁换向阀 5 处于中位,液压缸 B 停止工作时,二位二通液动换向阀 1 右端的控制油路(虚线)经阀 5 中位与油箱连通,因此其左位接入系统。这时压力油可经阀 1、阀 2 进入 A 缸使其工作。当阀 5 左位或右位工作时,压力油可进入 B 缸使其工作。这时压力油还进入了阀 1 的右端使其右位接入系统,因而切断了 A 缸的进油路,使 A 缸不能工作,从而实现了两缸运动的互锁。

四、多执行元件互不干扰回路

系统中几个执行元件在完成各自工作循环时彼此互不影响。图 7-46 所示是通过双泵供油来实现多缸快慢速互不干扰的回路。液压缸 1 和 2 各自要完成“快进→工进→快退”的自动工作循环。当电磁铁 1Y、2Y 得电,两缸均由大流量泵 10 供油,并做差动连接实现快进。如果液压缸 1 先完成快进动作,挡块和行程开关使电磁铁 3Y 得电,1Y 失电,大泵进入液压缸 1 的油路被切断,而改为由小流量泵 9 供油,由调速阀 7 获得慢速工进,不受液压缸 2 快进的影响。当两液压缸均转为工进、都由小流量泵 9 供油后,若液压缸 1 先完成了工进,挡块和行程开关使电磁铁 1Y、3Y 都得电,液压缸 1 改由大流量泵 10 供油,使活塞快速返回。

微课

双缸并联互锁回路

微课

双泵供油与二位五通电磁换向阀快慢防干扰回路

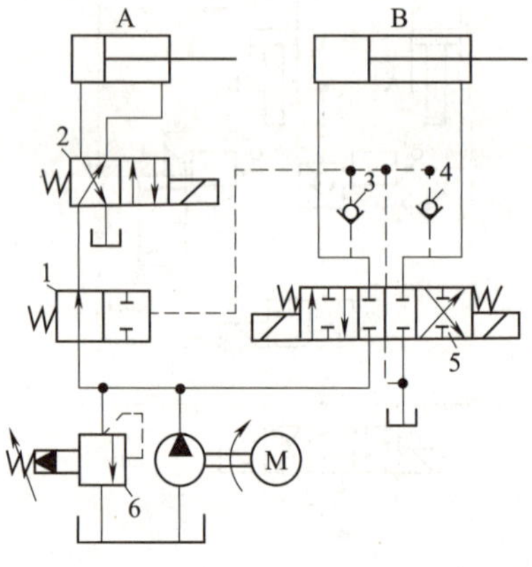

1—液动换向阀;2、5—电磁换向阀;
3、4—单向阀;6—溢流阀。

图 7-45　双缸并联互锁回路

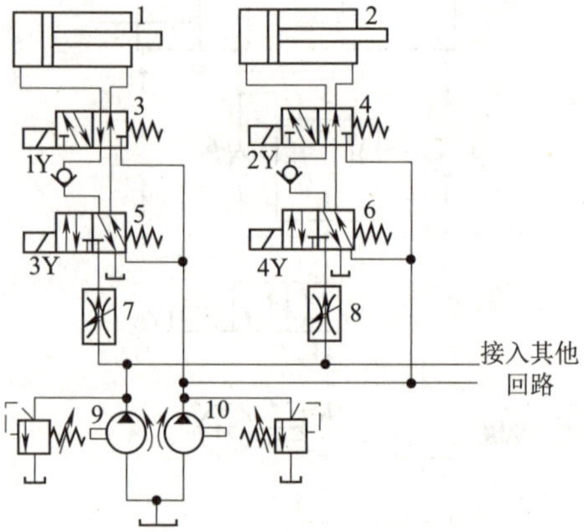

1、2—液压缸;3、4、5、6—换向阀
7、8—节流阀;9—小流量泵;10—大流量泵。

图 7-46　多缸快慢速互不干扰的回路

这时液压缸 2 仍由小流量泵 9 供油继续完成工进,不受液压缸 1 影响。当所有电磁铁都失电时,两液压缸都停止运动。此回路采用快、慢速运动由大、小流量泵分别供油,并由相应的电磁阀进行控制的方案来保证两缸快慢速运动互不干扰。

素养园地

素质目标：培养严谨细致的工作态度和科技报国的信念。

事件：勇闯"电液伺服"无人区，助力高端装备智能化。国之所需，吾志所向。高性能电液伺服控制技术是智能机器人、航空航天、武器装备、精密测试、精密制造等高端装备领域的关键核心技术。姚建勇团队挺膺担当、奋力创新，围绕电液比例伺服阀智能控制，揭示了阀口冲蚀磨损和阀芯卡滞机理，建立了比例伺服阀性能衰退和预测模型，提出了性能衰退智能实时补偿控制方法，终于实现了电液比例伺服阀高性能控制。

作业与思考

7-1 简述开式循环系统与闭式循环系统的特点及应用。

7-2 插装阀换向回路的特点。

7-3 容积调速回路的分类及各特点。

7-4 在液压系统中为什么要设置快速运动回路？执行元件实现快速运动的方法有哪些？

7-5 节流调速回路的分类及特点。

7-6 图7-19所示的二级减压回路，说明如何实现二级减压。

7-7 试说明图7-22(c)所示平衡回路的工作原理。

7-8 图7-47中各缸完全相同，负载 $F_A > F_B$。已知节流阀能调节缸速并不计压力损失，试判断图7-47(a)和图7-47(b)中哪一个缸先动，哪一个缸速度快，并说明原因。

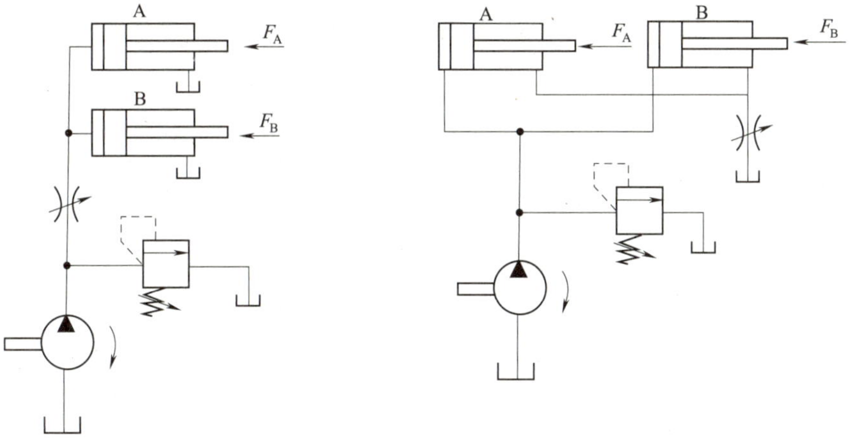

(a)　　(b)

图7-47　题7-8图

7-9 图7-48所示油路要实现"快进—工进—快退"工作循环，如设置压力继电器的目的是控制活塞换向。试问，图中有哪些错误？应如何改正？

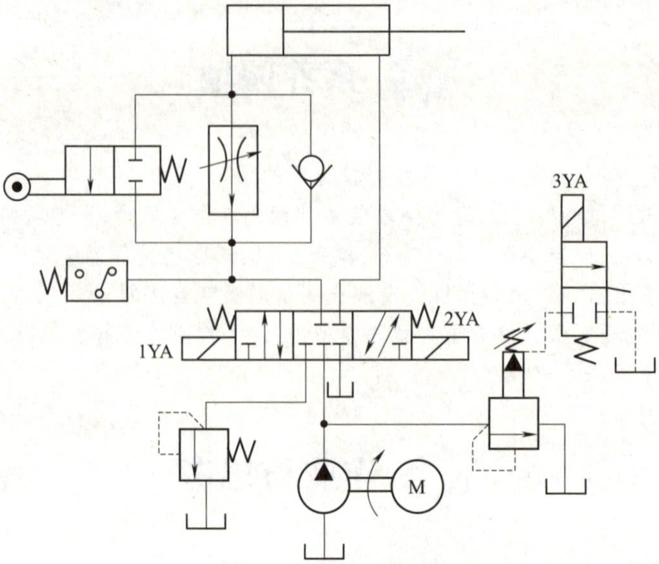

图 7-48　题 7-9 图

项目8

典型工程机械液压传动系统分析

工程机械主要是为建筑、公路、铁路、水利、电力、矿山、国防和海空港口的建设施工机械化服务的。由于液压传动具有一系列的优点，所以工程机械的工作装置采用液压传动是非常普遍的，而且许多工程机械的行走装置也采用液压传动而成为全液压式工程机械。本项目对应用广泛并具有一定代表性与城市轨道交通建设密切相关的几类工程机械的液压系统进行了比较详细的分析。

任务1　Q2-8型汽车起重机液压传动系统分析

任务目标

1. 了解Q2-8型汽车起重机的工作过程。
2. 分析Q2-8型汽车起重机液压系统的工作原理。
3. 掌握分析液压系统的方法。

素质目标

通过学习Q2-8型汽车起重机液压系统中平衡回路、锁紧回路和制动回路的设计原理，强化学生在工程操作中的安全意识。

任务导入

以Q2-8型汽车起重机液压传动系统为例，掌握汽车起重机的工作过程及液压系统的工作原理，使学生掌握分析液压系统的方法。

任务实现

汽车起重机是应用较广的一类起重运输机械。它机动性好，承载能力大，适应性强，能在温度变化大、环境条件较差的场合工作。

图8-1所示为Q2-8型汽车起重机的外形。它由汽车1、转台2、支腿3、吊臂变幅液压缸4、基本臂5、吊臂伸缩液压缸6和起升机构7等组成。它的最大起重量为80 kN，最大起重高度为11.5 m。

Q2-8 型汽车起重机液压传动系统原理图如图 8-2 所示。该系统属于中高压系统,用一个轴向柱塞泵作动力源,由汽车发动机通过传动装置(取力箱)驱动工作。整个系统由支腿收放、转台回转、吊臂伸缩、吊臂变幅和吊重起升五个工作支路组成。其中,前、后支腿收放支路的换向阀 A、B 组成一个阀组(双联多路阀,如图 8-2 中的阀 1)。其余四个支路的换向阀 C、D、E、F 组成另一阀组(四联多路阀,如图 8-2 中的阀 2)。各换向阀均为 M 型中位机能三位四通手动阀,相互串联组合,可实现多缸卸荷。根据起重工作的具体要求,操纵各阀不仅可以分别控制各执行元件的运动方向,还可以通过控制阀芯的位移量来实现节流调速。

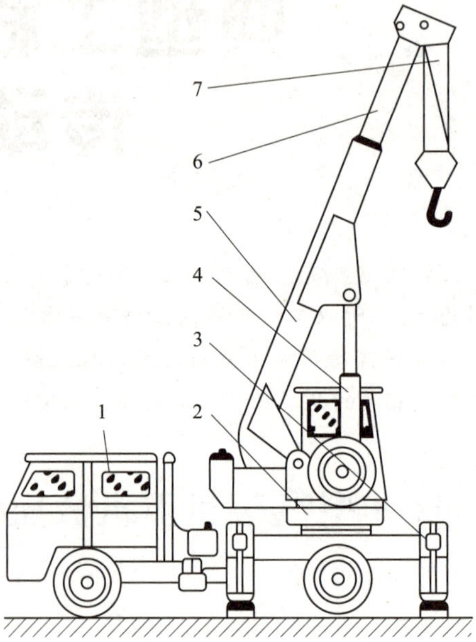

1—汽车;2—转台;3—支脚;4—吊臂变幅液压缸;5—基本臂;6—吊臂伸缩液压缸;7—起升机构。

图 8-1　Q2-8 型汽车起重机的外形

系统中除液压泵、安全阀、阀 1 及支腿液压缸外,其他液压元件都装在可回转的上车部分。油箱也装在上车部分,兼作配重。上车和下车部分的油路通过中心旋转接头 9 连通。

1. 支腿收放支路

由于汽车轮胎的支承能力有限,且为弹性变形体,作业时很不安全,故在起重作业前必须放下前、后支腿,使汽车轮胎架空,用支腿承重。在行驶时又必须将支腿收起,轮胎着地。为此,在汽车的前、后端各设置两条支腿,每条支腿均配置有液压缸。前支腿的两个液压缸同时用一个手动换向阀 A 控制其收、放动作,后支腿的两个液压缸用阀 B 来控制其收、放动作。为确保支腿停放在任意位置并能可靠地锁住,在每个支腿液压缸的油路中设置一个由两个液控单向阀组成的双向液压锁。

当阀 A 在左位工作时,前支腿放下,其进、回油路线为:

①进油路:液压泵—阀 A—液控单向阀—前支腿液压缸无杆腔。

②回油路:前支腿液压缸有杆腔—液控单向阀—阀 A—阀 B—阀 C—阀 D—阀 E—阀 F—油箱。

后支腿液压缸用阀 B 控制,其油流路线与前支腿支路相同。

2. 转台回转支路

回转支路的执行元件是一个大转矩液压马达,它能双向驱动转台回转。通过齿轮、蜗杆机构减速,转台可获得 1 ~ 3 r/min 的低速。马达由手动换向阀 C 控制正、反转,其油路线为:

微课

起重机液压
系统

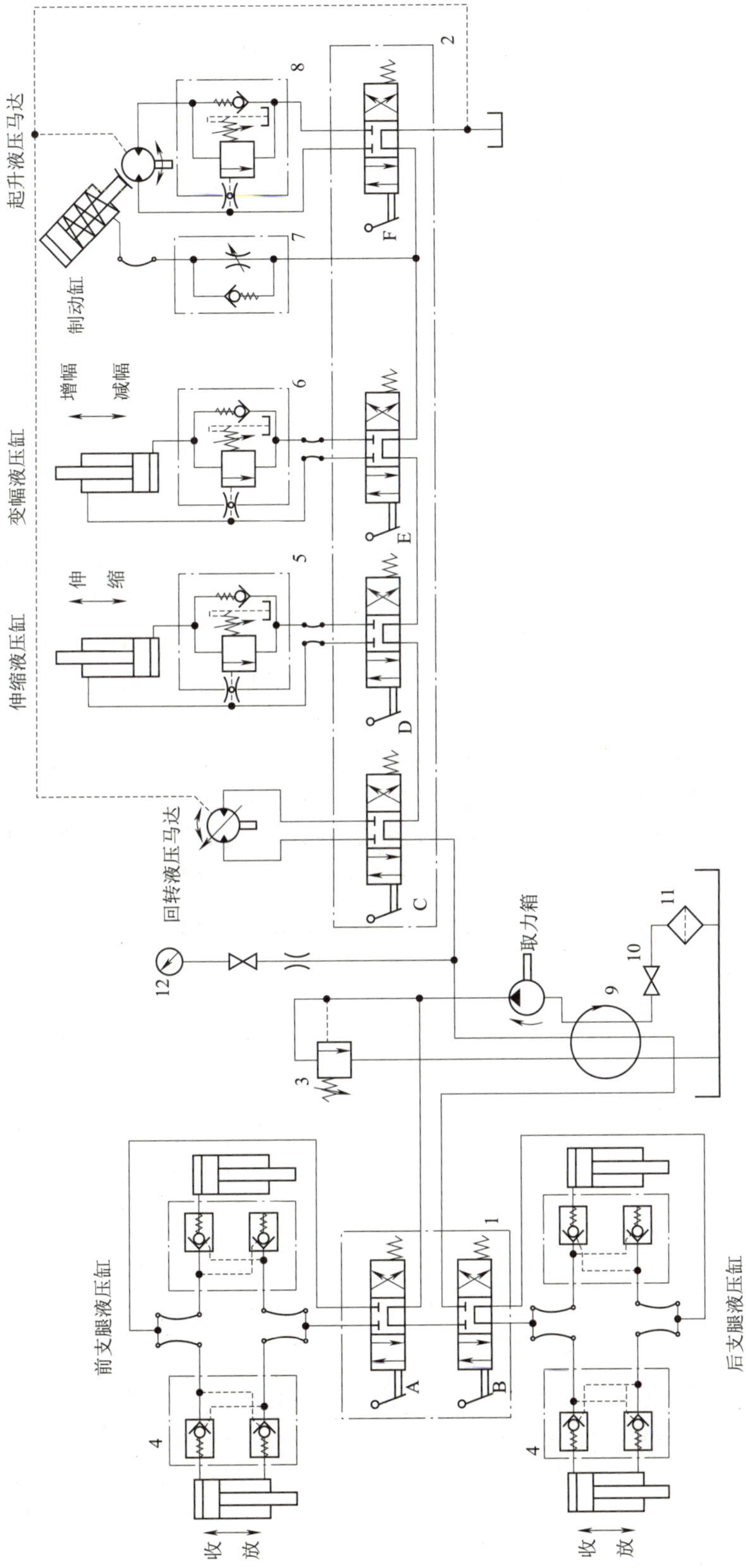

图 8-2　Q2-8 型汽车起重机液压传动系统原理

①进油路:液压泵—阀 A—阀 B—阀 C—回转液压马达。

②回油路:回转液压马达—阀 C—阀 D—阀 E—阀 F—油箱。

3. 吊臂伸缩支路

吊臂由基本臂和伸缩臂组成,伸缩臂套装在基本臂内,由吊臂伸缩液压缸带动做伸缩运动。为防止吊臂在停止阶段因自重作用而向下滑移,油路中设置了平衡阀 5(外控式单向顺序阀)。吊臂的伸缩由换向阀 D 控制,使伸缩臂具有伸出、缩回和停止三种工况。例如,当阀 D 在右位工作时,吊臂伸出,其油流路线为:

①进油路:液压泵—阀 A—阀 B—阀 C—阀 D—阀 5 中的单向阀—伸缩液压缸无杆腔。

②回油路:伸缩液压缸有杆腔—阀 D—阀 E—阀 F—油箱。

4. 吊臂变幅支路

吊臂变幅是用液压缸来改变吊臂的起落角度。变幅要求工作平稳可靠,故在油路中也设置了平衡阀 6。增幅或减幅运动由换向阀 E 控制,其油流路线类似于吊臂伸缩支路。

5. 吊重起升支路

吊重起升支路是本系统的主要工作油路。吊重的提升和落下作业由一个大转矩液压马达带动绞车来完成。液压马达的正、反转由换向阀 F 控制,马达转速(即起吊速度)可通过改变发动机油门(转速)及控制换向阀 F 来调节。油路设有平衡阀 8,用以防止重物因自重而下落。由于液压马达的内泄漏比较大,当重物吊在空中时,尽管油路中设有平衡阀,重物仍会向下缓慢滑移,为此,在液压马达驱动的轴上设有制动器。当起升机构工作时,在系统油压作用下,制动器液压缸使闸块松开;当液压马达停止转动时,在制动器弹簧作用下,闸块将轴抱紧。当重物悬空停止后再次起升时,若制动器立即松闸,而马达的进油路可能未来得及建立足够的油压,就会造成重物短时间失控下滑。为避免这种现象产生,在制动器油路中设置单向节流阀 7,使制动器抱闸迅速,松闸却能缓慢进行(松闸时间有节流阀调节)。该液压传动系统的动作原理见表 8-1。

表 8-1　Q2-8 型汽车起重机液压传动系统的动作原理

<table>
<tr><th colspan="6">手动阀位置</th><th colspan="7">系统工作情况</th></tr>
<tr><th>A</th><th>B</th><th>C</th><th>D</th><th>E</th><th>F</th><th>前支脚液压缸</th><th>后支脚液压缸</th><th>回转液压马达</th><th>伸缩液压缸</th><th>变幅液压缸</th><th>起升液压马达</th><th>制动液压缸</th></tr>
<tr><td>左</td><td rowspan="2">中</td><td rowspan="4">中</td><td rowspan="6">中</td><td rowspan="8">中</td><td rowspan="10">中</td><td>放下</td><td rowspan="2">不动</td><td rowspan="4">不动</td><td rowspan="6">不动</td><td rowspan="8">不动</td><td rowspan="10">不动</td><td rowspan="10">制动</td></tr>
<tr><td>右</td><td>收起</td></tr>
<tr><td rowspan="10">中</td><td>左</td><td rowspan="10">不动</td><td>放下</td></tr>
<tr><td>右</td><td>收起</td></tr>
<tr><td rowspan="8">中</td><td>左</td><td rowspan="8">不动</td><td>正传</td></tr>
<tr><td>右</td><td>反转</td></tr>
<tr><td rowspan="6">中</td><td>左</td><td rowspan="6">不动</td><td>缩回</td></tr>
<tr><td>右</td><td>伸出</td></tr>
<tr><td rowspan="4">中</td><td>左</td><td rowspan="4">不动</td><td>减幅</td></tr>
<tr><td>右</td><td>增幅</td></tr>
<tr><td rowspan="2">中</td><td>左</td><td rowspan="2">不动</td><td>正传</td><td rowspan="2">松开</td></tr>
<tr><td>右</td><td>反转</td></tr>
</table>

该液压传动系统的主要特点如下：

①系统中采用了平衡回路、锁紧回路和制动回路，能保证起重机工作可靠、操作安全。

②采用三位四通手动换向阀，不仅可以灵活方便地控制换向动作，还可通过手柄操纵来控制流量，以实现节流调速。在起升工作中，将此节流调速方法与控制发动机转速的方法结合使用，可以实现各工作部件的微速动作。

③换向阀串联组合，不仅各机构的动作可以独立进行，在轻载作业时还可实现起升和回转复合动作，以提高工作效率。

④各换向阀处于中位时系统即卸荷，能减少功率损耗，适合起重机间歇性工作。

任务2 WY40型挖掘机液压传动系统分析

任务目标

1. 了解WY40型挖掘机的工作过程。
2. 分析WY40型挖掘机液压系统的工作原理。
3. 掌握分析液压系统的方法。

素质目标

在分析WY40型挖掘机液压系统时，让学生理解各执行元件之间协同工作的关系，培养学生的团队协作意识和系统思维能力。

任务导入

以WY40型挖掘机液压传动系统为例，掌握挖掘机的工作过程及液压系统的工作原理，使学生掌握分析液压系统的方法。

任务实现

挖掘机是用来进行土石方开挖的一种工程机械。挖掘机的作业过程是铲斗的切削刃切土并把土装入斗内，装满土后提升铲斗并回转到卸土地点卸土，然后再使转台回转、铲斗下降到挖掘面进行下一次挖掘。

挖掘机按作业特点分为周期作业式和连续作业式两种，前者为单斗挖掘机，后者为多斗挖掘机。单斗挖掘机不仅可进行土石方开挖的工作，而且通过工作装置的更换还可以进行浇注、起重、装载、抓取、安装、打桩、拔桩、夯土、钻孔等作业。单斗挖掘机的种类很多，按行走机构的不同分为履带式、轮胎式、汽车式和步行式等；按传动形式不同分为机械传动式、液压传动式两种。由于工程中多采用履带式液压传动单斗挖掘机，因此本任务着重介绍此种单斗挖掘机的液压传动系统。

挖掘机的类型代号用字母W表示，Y表示液压传动式，L表示轮胎式，无L表示履带式，主参数为整机的质量。例如WLY代表轮胎式液压挖掘机，WY100代表机重为10 t的履带式液压挖掘机。另外，不同的生产厂家挖掘机的类型代号也有所不同。

单斗液压挖掘机的结构主要由工作装置(包括动臂、斗杆、铲斗)、回转机构和行走机构组成。目前履带式单斗液压挖掘机几乎都是整机全液压传动的，工作装置由三个液压缸分别驱动动臂、斗杆和铲斗的运动;回转机构由液压马达通过减速装置使小齿轮与大齿轮啮合传动;行走机构由两个液压马达驱动(汽车式和轮胎式还设置有液压支腿)。单斗挖掘机工作过程是:挖掘、回转、卸料和返回。以履带式单斗液压挖掘机为例,如图8-3所示,其工作循环如下:

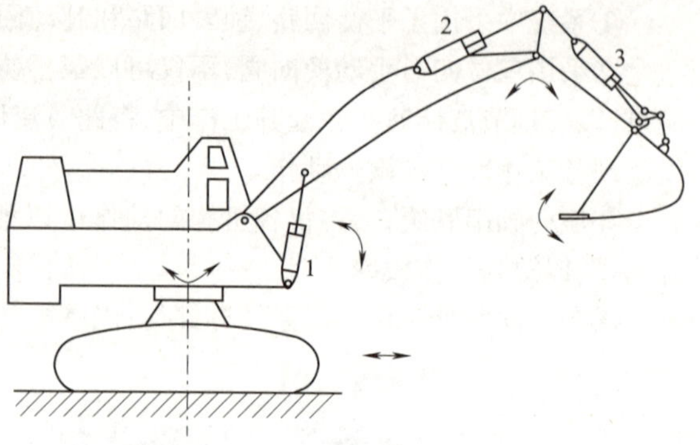

1—动臂缸;2—斗杆缸;3—铲斗缸。

图8-3　履带式单斗液压挖掘机简图

1. 挖掘工况

通常以斗杆和铲斗液压缸的伸缩来驱动斗杆与铲斗的转动进行挖掘。有时还要以动臂液压缸的伸缩驱动动臂转动来配合,以保证铲斗按预定的轨迹运动。

2. 满斗回转工况

挖掘结束,动臂液压缸伸出时动臂提升,同时回转液压马达(图中未画出)旋转,驱动转台回转到适应卸土的位置,停止回转。

3. 卸载工况

通过动臂液压缸、斗杆液压缸的配合动作,使铲斗对准卸土位置,缩回铲斗液压缸使铲斗翻转卸土。

4. 返回工况

卸土完成,转台反转,配合动臂、斗杆的复合动作把空斗返回到新的挖掘位置,开始第二个工作循环。

有时为了调整及转移挖掘地点,还要作整机行走。由此可知,单斗液压挖掘机的执行元件较多,复合动作频繁。

从以上分析可知,履带式单斗液压挖掘机为保证正常工作,应有动臂、斗杆、铲斗3个液压缸,一个回转液压马达和两个驱动履带行走的液压马达。图8-4所示为一种单斗挖掘机液压传动示意图。柴油机驱动两个液压泵,把压力油输送到两个分配阀中,操作分配阀再将压力油送往有关液压执行元件,这样就可驱动相应的机构工作,以完成所需要的动作。

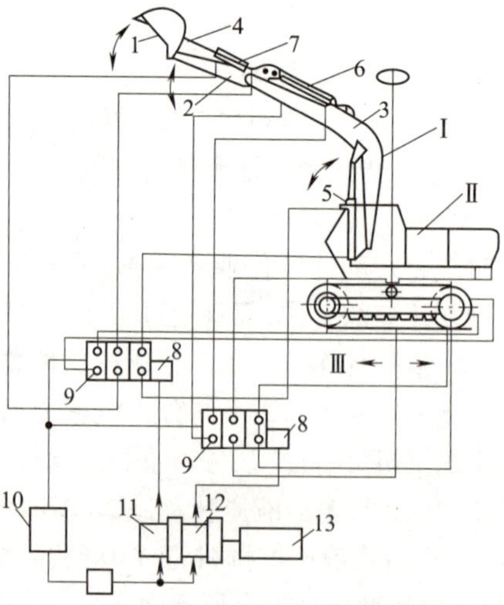

1—铲斗;2—斗杆;3—动臂;4—连杆;5、6、7—液压缸;8—安全阀;9—分配阀;10—油箱;11、12—液压泵;13—发动机;Ⅰ—挖掘装置;Ⅱ—回转装置;Ⅲ—行走装置。

图8-4　单斗挖掘机液压传动示意图

下面对 WY40 型履带式单斗挖掘机液压系统进行特点分析。

图 8-5 所示为 WY40 型挖掘机液压系统图，该系统采用双泵双回路定量系统，每个回路采用并联供油。泵Ⅰ输出的压力油除了供回转马达、斗杆液压缸外，还经中心回转接头 6 供右行走液压马达 4。泵Ⅱ输出的压力油供动臂液压缸、铲斗液压缸，经中心回转接头 6 供左行走液压马达 1。此外，在多路换向阀 5 和 14 中各有两片阀用连杆控制联动，可实现对动臂液压缸和斗杆液压缸的双泵合流供油，以提高其动作速度。

微 课

WY40型挖掘机液压传动系统分析（一）

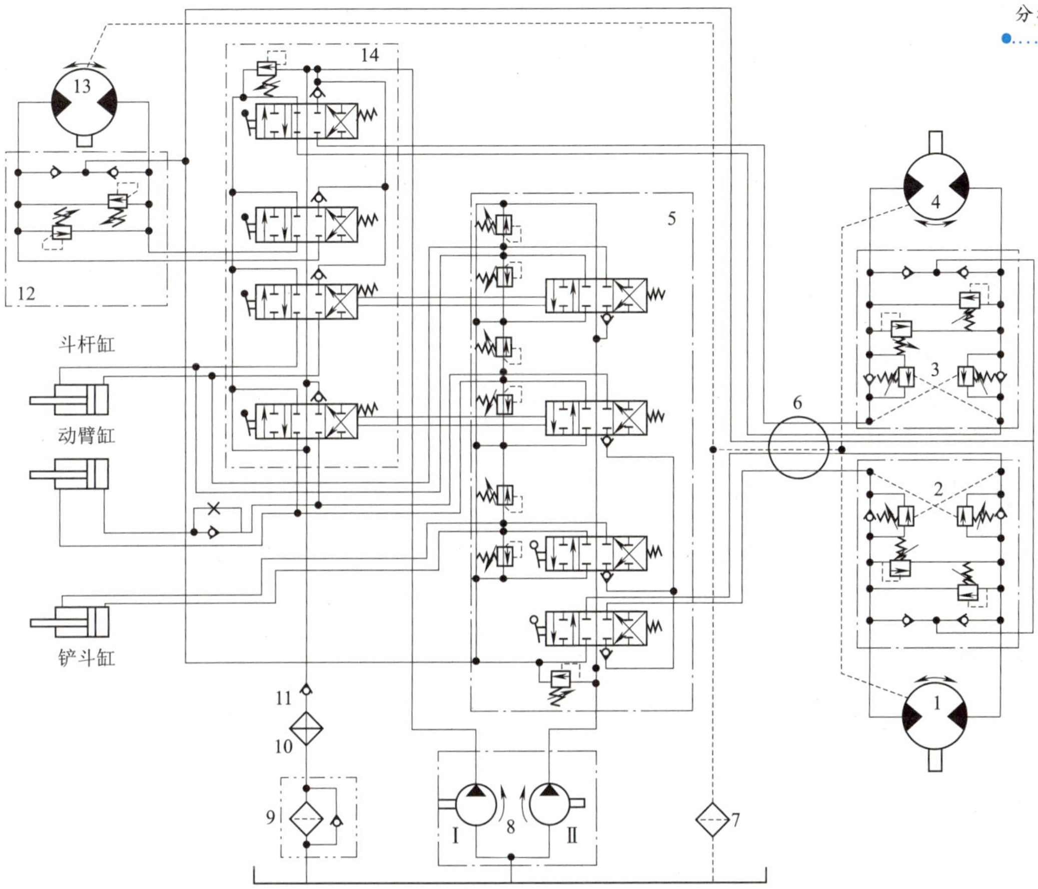

1—左行走液压马达；2、3—行走限速阀组；4—右行走液压马达；5、14—多路换向阀；6—中心回转接头；7—磁性过滤器；8—主液压泵；9—烧结式过滤器；10—冷却器；11—背压阀；12—回转制动阀；13—回转液压马达。

图 8-5　WY40 型挖掘机液压系统

为防止动臂下降过快，保持动作平衡，在动臂液压缸大腔回油路装有单向节流阀用以限回转时单泵供油、液压制动，制动压力为 15 MPa。为了防止因突然制动而引起液压冲击，设回转制动阀 12，其中压力阀起过载保护作用，并形成制动力矩，使转台制动，单向阀在制动或超速吸空时进行补油。

微 课

WY40型挖掘机液压传动系统分析（二）

行走时，液压油经多路换向阀 5 和 14、中心回转接头 6、行走限速阀组 2 和 3 接左行走液压马达 1 和右行走液压马达 4，回油经中央回转接头、多路换向阀回油箱。行走限速阀组中各阀分别起到双向防止超速溜坡、防止过载、制动或超速吸空补油的作用。

回油路上装有背压阀 11 以增大回油背压，形成背压油路可使行走马达在制动或超速吸空时进行压力补油。为了防止烧结式过滤器 9 堵塞使回油阻力增大而并联一个单向阀，起安全作用。

马达漏油路没有背压,油液直接经磁性过滤器7过滤后回油箱。

液压泵为阀式配流径向柱塞泵。优点是制造简单、耐冲击,对液压油的过滤精度要求不高,工作压力比齿轮泵高,寿命长,额定压力为21 MPa。缺点是体积大,不能实现恒功率变量调节。

回转与行走液压马达采用曲轴无连杆低速大转矩液压马达及静力平衡式液压马达。优点是制造简单、噪声低、摩擦副的磨损小、背压小。缺点是对液压油的过滤精度要求高,外形尺寸比内曲线的液压马达大。

综上所述,本机液压系统的特点是:简单、可靠;工作油通过阀的损失少;由于采用并联分流,除了能同时进行两个动作的复合运动外,对单个动作可以进行合流,提高工作速度,因而生产率较高;行走机构装有限速阀,可防止行走液压马达因超速溜坡而造成事故。

任务3　ZL100型装载机液压系统分析

任务目标

1. 了解ZL100型装载机的工作过程。
2. 分析ZL100型装载机液压系统的工作原理。
3. 掌握分析液压系统的方法。

素质目标

通过学习ZL100型装载机液压系统工作原理,使学生明白这些元件如何实现系统在不同工况下的流量和压力调节,培养学生在工程实践中的经济意识和效率意识。

任务导入

以ZL100型装载机液压传动系统为例,掌握装载机的工作过程及液压系统的工作原理,使学生掌握分析液压系统的方法。

任务实现

装载机主要用来铲、装、卸、运土和石料一类散状物料,也可以对岩石、硬土进行轻度铲掘作业。如果换不同的工作装置,还可以完成推土、起重、装卸其他物料的工作。在公路施工中主要用于路基工程的填挖,沥青和水泥混凝土料场的集料、装料等作业。由于它具有作业速度快,机动性好,操作轻便等优点,因而发展很快,成为土石方施工中的主要机械。

一、单斗装载机的分类

常用的单斗装载机,按发动机功率、传动形式、行走系结构和装载方式的不同进行分类。

1. 发动机功率

①功率小于74 kW为小型装载机;②功率在74～147 kW为中型装载机;③功率在147～515 kW为大型装载机;④功率大于515 kW为特大型装载机。

2. 传动形式

①液力-机械传动:冲击振动小,传动件寿命长,操纵方便,车速与外载间可自动调节,一般在中大型装载机多采用;②液力传动:可无级调速、操纵简便,但启动性较差,一般仅在小型装载机上

采用；③电力传动：无级调速、工作可靠、维修简单、费用较高，一般在大型装载机上采用。

3. 行走结构

①轮胎式：质量轻、速度快、机动灵活、效率高、不易损坏路面、接地比压大、通过性差、但被广泛应用；②履带式：接地比压小，通过性好、重心低、稳定性好、附着力强、牵引力大、比切入力大、速度低、灵活性相对差、成本高、行走时易损坏路面。

4. 装卸方式

①前卸式：结构简单、工作可靠、视野好，适合于各种作业场地，应用较广；②回转式：工作装置安装在可回转360°的转台上，侧面卸载不需要调头、作业效率高、但结构复杂、质量大、成本高、侧面稳定性较差，适用于较狭小的场地。③后卸式：前端装、后端卸、作业效率高、作业的安全性欠佳。

二、ZL100型装载机的工作原理

图8-6所示为ZL100型装载机液压系统。该机斗容量为5 m^3，发动机驱动功率为300 kW。本系统由三个CB-G型齿轮泵驱动。工作主泵3、辅助泵2和转向泵1组成两个液压回路。这两个回路是通过辅助泵联系起来的。

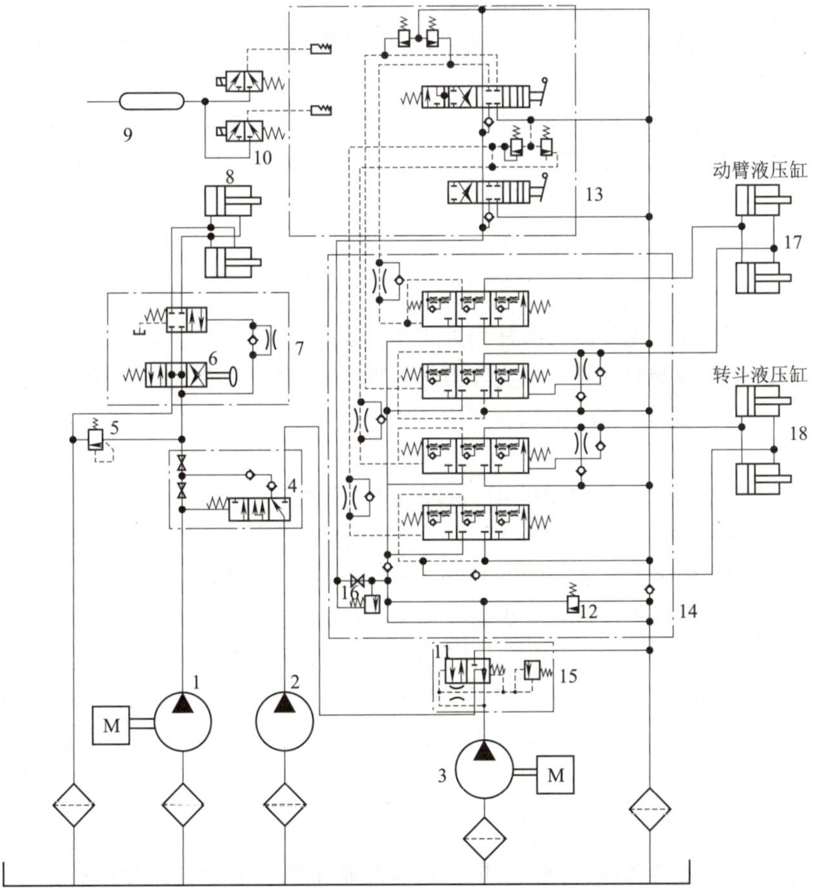

1—转向泵；2—辅助泵；3—工作主泵；4—流量转换阀；5、12—溢流阀；6—转向阀；7—单向节流阀；8—转向液压缸；9—储气筒；10—压力电磁阀；11—合流阀；13—手动先导阀组；14—液控多路换向阀组；15—压力转换阀组；16—卸荷阀；17—动臂液压缸；18—转斗液压缸。

图8-6　ZL100型装载机液压系统

工作装置动作包括动臂升降和铲斗翻转动作。两者构成单动顺序回路,它的特点是液压泵在同一时间内只能按先后次序向一个机构供油,各机构和进油通路按前后次序排列,前面的转斗操纵阀动作,就把后面的动臂操纵阀进油通路切断。只有前面的阀处于中位时,才能扳动后面的阀使之动作。

1. 手动先导阀组与液控多路换向阀组

手动先导阀组 13 为分片组合双联滑阀式多路换向阀。控制转斗液压缸换向阀的先导阀是一个三位六通阀;控制动臂提升液压缸换向阀的先导阀是四位六通阀。组阀内装有过载阀,起缓和液压冲击、保护液压元件的作用。当连杆机构运动发生干涉时,也能及时泄油,其调整压力为 18.5 MPa。多路换向阀 14 由进油阀片、转斗阀片、动臂阀片和回油阀片组成,转斗(或动臂)阀片的两个出油口与转斗(或动臂)液压缸的上下腔管道相通,当操纵转斗(或动臂)的先导阀阀杆时,控制油流过先导阀通往并操纵分配阀内的阀杆左右移动,液压油通过换向阀流往转斗液压缸(或动臂液压缸),完成转斗或动臂的升降动作。进油阀片内装有溢流阀,其调整压力为 16 MPa。进油道装有单向节流阀和补油阀,回油道装有背压阀,以防止产生局部真空,增加液压缸运动的平稳性。

这种先导阀控制分配阀具有以下特点:

①控制油路为主油路的分支,不需增添泵元件。

②利用先导阀杆的微动,即可控制进油阀片中卸荷阀开口的大小,实现转斗或动臂提升的微动。

③发动机熄火或停车时,仍能操作铲斗前倾或动臂的下降,提高了机器的安全性。

④转斗和动臂阀片内部都设有上下小锥阀,起补油和对液压缸上下腔起双作用安全阀的作用。

⑤分片组合式分配阀,内部油路简单。

2. 卸荷阀

当工作装置不动作时,先导阀两阀杆均处于中间位置(图 8-6 所示位置),液压泵来的油通过卸荷阀的阻尼孔,经先导阀回油箱。油流经阻尼孔产生节流作用,造成卸荷阀左右腔的压差,并克服弹簧力,推动卸荷阀阀杆向左移动,接通回油路,使系统处于低压 0.1 ~ 0.2 MPa 时,空循环运转。

合流阀 11 在系统压力低于 12 MPa 时,该阀处于图示状态,辅助泵 2 与工作主泵 3 同时向工作系统合流供油,加快工作装置的作业速度,缩短循环时间,提高生产率。当系统压力超过 12 MPa 时,卸荷阀切断辅助泵向工作装置供油的通路,使之卸荷,将功率转移到装载机切入运动时所需要的功率上,以增加铲切牵引力。该系统为组合回路,依靠在工作过程中切换液压泵来改变供油量,它可以随系统中压力变化自动进行有级调速。即在油压低于卸荷阀的调整压力时,两个泵合流同时向工作装置系统供油;在油压超过卸荷阀的调整压力时,卸荷阀动作使辅助泵 2 接通油箱卸荷,只剩高压泵供油,流量减少;达到轻载低压大流量,重载高压小流量的目的,能更合理地使用发动机功率。

3. 流量转换阀

转向油路要求供给比较恒定的流量,但转向系统常采用定量泵,定量泵的流量是随转速而变化的,当发动机低速转动时,转向油路的流量将减少,使转向速度迟缓,容易发生事故。如采用大流量泵,在发动机高转速时,将多余的油液以溢流的形式排出,则功率损失大,油液容易发热,也不经济。比较合理的方法是选用辅助泵和流量转换阀,辅助泵的液压油通过流量转换阀的控制,随发动机转速的变化，全部或一部分流入转向回路，以保证转向油路流量，剩余的油液流入工作油路。

转向泵的流量通过两个固定的节流孔直接供给转向回路，辅助泵的流量随阀芯位置的不同有三种情况：

第一种情况：当发动机转速低于 600 r/min 时，转向泵和辅助泵流量较少，流经两个固定节流孔所产生的压差较小，不足以使阀芯克服弹簧力而移动，阀芯位于左端位置，辅助泵和转向泵的流量全部进入转向油路。

第二种情况；发动机转速由 500 r/min 逐渐增加到 1 320 r/min 时，通过两个节流孔流量增加，使两节流孔前后的压差增加，阀芯克服弹簧力，略向右移，此时辅助泵的油液分为两部分，分别向转向装置和工作装量供油。

第三种情况：随着发动机的转速进一步增加，节流孔压差进一步增大，当阀芯移向左端极限位置，则隔断辅助泵流向转向油路，辅助泵油液全部进入工作装置油路，可使工作装置作业速度提高。

为提高生产率，也避免液压缸活塞杆经常伸缩到极限位置而造成安全阀频繁地启闭，在工作装置和先导阀上装有自动复位装置，以实现工作中铲斗的自动放平、动臂提升自动限位动作。分别在动臂后铰点和转斗液压缸处装有自动复位行程开关，当行程开关碰到触点后压力电磁阀 10 通电，使储气筒 9 的压缩空气经压力电磁阀进入转斗或动臂先导阀回位阀体，使滑阀回位。当行程开关脱开触点，压力电磁阀断电，压力电磁阀复位（图示位置），关闭进气通道，回位阀体的压缩空气从放气孔排出。

任务 4　盾构机主驱动和推进液压系统工作原理分析

任务目标

1. 掌握盾构机主驱动液压系统的工作原理。
2. 掌握盾构机推进液压系统的工作原理。
3. 掌握分析液压系统的方法。

素质目标

在介绍盾构机主驱动和推进液压系统的先进技术时，引导学生了解我国在盾构机技术领域从依赖进口到自主创新的发展历程，培养学生追求卓越、精益求精的大国工匠精神。

任务导入

以盾构机主驱动和推进液压系统为例，掌握盾构机主驱动和推进液压系统的工作原理，使学生掌握分析液压系统的方法。

任务实现

盾构机是一种现代化的隧道掘进装备，其中的液压传动系统在盾构的工作过程中起主要作用。以前国内使用的主要是引进欧洲系列和日本系列的盾构机，现在已基本实现国产化并大量生产，国产盾构国内市场占有率已达到 85% 以上，我国生产的盾构机，它们在结构上不同点和差别较少，而设计目的和功能差异不大。根据施工地区的地质需求，常规土压平衡盾构机主要分为液驱和电驱两种，液驱盾构机主驱动系统由液压泵和液压马达组成，抗冲击能力比电驱盾构机强。

盾构机液压系统的主要作用是实现机械机构的运动和控制，其他介质系统起辅助作用。液压系统按从头部到尾部的顺序看有超挖刀液压系统、主驱动液压系统、推进液压系统、螺旋输送机液压系统、管片拼装机液压系统、注浆液压系统、辅助液压系统、过滤循环系统。其中，用于刀盘驱动、推进、螺旋输送、管片拼装、注浆的5个为主要液压系统。液压系统动力源主要采用恒功率比例控制变量泵，液压油为难燃液压油。除以上5个主要液压系统外，由于盾构机设备复杂，还有较多的辅助系统，包括保压系统、水冷却系统、齿轮油润滑系统、脂润滑系统、盾尾密封系统、同步注浆系统、工业空气系统、隧道通风系统、膨润土系统和泡沫系统等。

一、盾构机主驱动系统

盾构机主驱动系统是盾构设备的关键部件之一（见图8-7），是进行掘进作业的主要工作装置。盾构机的刀盘工作转速不高，但由于刀盘直径较大而且施工地质构造复杂，要求主驱动系统具有功率大、输出转矩大、输出转速变化范围宽、抗冲击、刀盘双向旋转和遇到复杂地质情况的脱困功能，同时，在满足使用要求的条件下，具有减小装机功率、节能降耗等工作特点。主驱动系统还必须具有高可靠性和良好的操作性。

图8-7　盾构机主驱动结构图

下面以常规土压平衡盾构机主驱动系统为例分析其液压系统的工作原理，如图8-8所示。液压马达驱动方式目前有两种，一是采用开式系统、二是闭式系统，前者优点是系统简单，后者优点是效率高但是成本较高，盾构机的设计采用了闭式系统。主驱动液压系统采用了变量泵—变量马达闭式容积调速回路，系统主泵采用两台斜盘式双向比例变量柱塞泵，同时配备了补油泵、闭式回路控制回路和主泵变量控制回路。主驱动液压系统的马达选用轴向柱塞变量马达。变量液压马达通过减速机及小齿轮驱动主轴承大齿轮带动刀盘产生旋转切削运动。驱动装置可以实现双向旋转，转速可以在0～9.8 r/min范围内实现无极可调，还可实现刀盘脱困功能。

1. 刀盘的转速与旋转方向

主泵1的变量形式为电液比例变量，泵的输出流量可以根据输入比例电磁阀的电信号的大小实现无级可调，从而满足刀盘旋转速度的变化要求。电液比例控制的结构比较复杂，但可控性能好，可组成不同形式的反馈。刀盘驱动系统的主泵的变量机构采用调节器设定泵的流量从而调节马达的转速，通过马达转速传感器反馈刀盘马达实际转速，如果与给定信号产生偏差，则利用偏差信号改变泵的排量使刀盘马达转速与设定值相同。

微 课

盾构机刀盘驱动液压系统（一）

微 课

盾构机刀盘驱动液压系统（二）

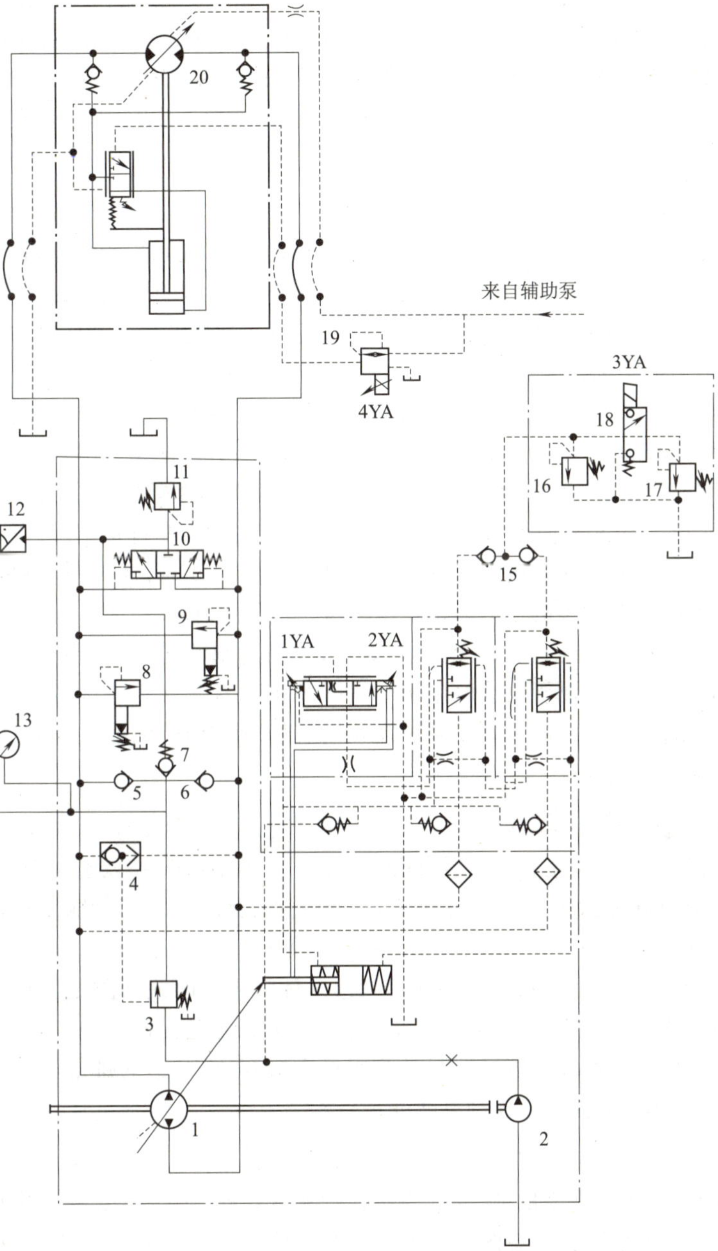

1—主泵；2—补油泵；3—顺序阀；4、15—梭阀；5、6、7—单向阀；8、9—安全阀；10—液动换向阀；11、16、17—溢流阀；12—压力继电器；13—压力表；14—蓄能器；18—两位三通球阀；19—比例三通减压阀；20—液压马达。

图 8-8　盾构机主驱动液压工作原理

刀盘正向旋转时，比例电磁铁 1YA 得电，比例换向阀左位接通，双向比例变量柱塞泵的变量伺服随动缸左右腔接通，由于无杆腔压力差大于有杆腔压力，使变量伺服随动缸左移，带动斜盘摆动，主泵向系统供油，液压泵正向输出油液。当比例电磁铁 1YA 电流增加时，斜盘摆动增大，主泵输出流量增加。比例电磁铁 1YA、2YA 都不得电时，泵不输出流量，马达停止转动。

为了克服盾构机在掘进过程中的滚转现象,保持盾构机的正确姿态,必须通过刀盘反向旋转来调整,马达反向旋转时,比例电磁铁2YA得电,比例换向阀右位接通,双向比例变量柱塞泵的变量伺服随动缸左右腔接通,由于有杆腔压力差大于无杆腔压力,使变量伺服随动缸右移,带动斜盘反向摆动,液压泵反向输出流量,并随着输入电流的增加而流量增大。因此,通过控制比例电磁铁的通电状态可以实现刀盘的双向旋转,控制比例电磁铁输入电流的大小可以实现刀盘转速的调节。

2. 刀盘的脱困和系统的安全控制

主泵变量机构还加入了二级压力切断装置,当主泵的任何一个出口压力超过调定值时,变量机构使泵的排量接近于零,输出的流量只补充泵的泄漏,实现泵的流量卸荷,这种方式不存在溢流能量损失,系统效率高。所选择的主泵还集成有补油泵2和闭式回路控制回路,通过集成使系统结构简单减少了管路和降低了泄漏,便于维护和使用。补油泵有3个作用,即为闭式回路补油、强制冷却和控制主泵变量机构。

补油泵首先用来补充液压泵、液压马达及管路等处的泄漏损失,并通过更换部分主油路油液来控制系统中油液的温度。补油泵通过两个单向阀5、6分别向系统中回油管路补油。

刀盘驱动液压系统变量控制机构的控制油分别通过单向阀引自泵的两个油口和补油泵,使控制油始终接有压力和流量,当泵处于正、反向转换时,泵处于零排量工况,没有压力油输出、此时,控制油来自补油泵,补油泵控制油压力由顺序阀3调定。此时,外控顺序阀3由于主油路没有压力而关闭,此时利用补油泵的压力驱动变量机构,保证主泵换向。

系统中采用两个先导溢流阀8,9实现缓冲,当马达制动时,由于惯性,会产生前冲,此时泵已停止供油,因此在马达排油管路会产生瞬时高压,使液压系统产生很大的冲击和振动,严重时造成损坏,因此在回路设置溢流阀可以使系统超压时,溢流阀打开,回油至马达进油管路,减缓管路中的液压冲击,实现马达制动。

3. 刀盘的两级速度范围控制

盾构机掘进时要求满足软、硬岩不同的地质工况下的掘进,在软土层中掘进时,由于地层自稳性能极差,要求刀盘转速低,应控制在1.5 r/min左右,此时要求刀盘输出转矩大;硬岩挖掘时,刀盘转速高,而转矩小。为了满足上述要求,盾构机在软土掘进时需增大马达排量降低马达转速,硬岩掘进时降低排量。刀盘驱动液压系统的执行元件为用于闭式回路的斜轴式双向压力控制比例变量柱塞马达20,马达变量为外控式。马达的排量可以通过变量机构实现无级可调,通过系统中比例减压阀19输入液控压力信号控制马达排量无级变化,马达的排量随着控制压力的增加而减小。系统中设有单独的控制泵控制马达变量机构。

4. 主驱动液压系统的节能控制

主驱动液压系统采用变量泵-变量马达容积调速回路,通过改变液压泵和液压马达的排量来调节执行元件的运动速度,系统的调速范围宽。该回路液压泵输出的流量与负载流量相适应,没有溢流损失和节流损失,回路效率高。刀盘驱动控制系统需要马达实现低速大转矩和高速小转矩,因此调节马达的排量极其有利。如果用变量泵和定量马达组成液压调速系统,在高速小转矩时,泵将运行在低压大流量场合;在低速大转矩时泵将运行在高压小排量场合,因而泵及整个液压系统都需要按高压、大流量参数选择,系统效率不高。若采用变量马达,可以让马达在小排量工况运行来满足高速小转矩要求;马达在大排量工况运行来达到低速大转矩要求。这样,泵基本上处于高压下运行,充分发挥了泵的能力。在这种系统中,泵和系统本身的流量都比较小,系统成本较低,回路效率高。

下面我们来总结一下盾构机主驱动液压系统的技术特点。

①主驱动液压系统的主泵采用了比例变量控制，可以实现输出流量根据输入电流大小而改变，从而满足液压马达输出转速连续调节的要求。

②调节比例变量马达的排量可以实现软土挖掘工况的低速大转矩和硬岩工况的高速小转矩运行。

③回路中液压泵输出流量与负载流量相适应，没有溢流损失和节流损失，回路的效率高，发热少，既满足盾构机施工要求又使系统的功率利用率达到最大。

二、盾构机推进液压驱动系统

推进装置的主要作用是为盾构机提供向前掘进的主推力，主推力通过推进油缸顶在管片上，而管片是静止的，通过推进油缸顶管片的反作用力使盾构机向前推进，再通过调整部分区域油缸的行程来改变盾构机掘进的方向。

盾构机在地下工作，掘进过程中会受到土层的各种阻力，所以为了确保盾构机能够正常掘进，首先必须由推进系统克服推进过程中所遇的各种阻力。盾构机推进动力的传递和控制系统具有大功率、变负载、空间狭窄、环境恶劣等特点，所以一般采用液压系统，由推进油缸、液压泵、推进阀组及液压管路等组成。推进油缸安装在中盾内部，沿盾体圆周方向均匀分布，是推进系统的执行机构，并由设在盾构机后配套的液压泵提供高压油，通过各类液压阀的控制实现推进和盾构机姿态控制功能。

在掘进过程中，盾构机需要按照指定的路线轨迹轴向前进，被切削的地质比较复杂，整个盾构机盾体受到地层的阻力不均匀，使盾构的掘进方向发生偏离，这时就需要通过精确协调控制推进油缸来实现盾构机的纠偏，达到盾构机沿设计路线轨迹推进的目的。另外，盾构机进行曲线推进时，有时要前倾、有时要后仰、有时要左右摆动或向其复合方向上掘进，这也需要通过精确协调控制油缸来实现。由于一般的推进系统液压缸数量比较多，每个液压缸都进行单独控制，成本高，控制较为复杂，为此，采用分组控制，将为数众多的推进油缸按圆周均匀分成几组，分别对每组推进液压缸进行控制。这样既可以节约成本、减少控制的复杂程度，又可以达到盾构姿态的调整、纠偏、精确控制的目的。中铁装备某型盾构机推进缸的分布和分组如图 8-9 所示，它的液压缸的数目为 32 个，分为 4 组。

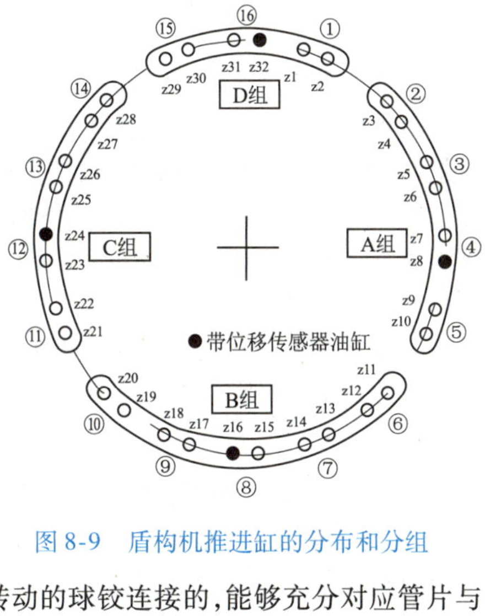

图 8-9　盾构机推进缸的分布和分组

推进油缸撑靴与推进油缸活塞头部是用可任意方向转动的球铰连接的，能够充分对应管片与盾构机的倾斜，保证撑靴平面与管片密贴。为了能使推进油缸的推力均匀地传递给管片，推进液压缸撑靴面积要适当大些。撑靴表面有聚氨酯胶垫，也称作衬垫，撑靴在与管片接触时能保证推力缓和均匀地作用在管片上，确保管片衬砌环面的完整，保证不顶在管片接缝上。

盾构机的推进过程包括推进、保压、卸荷、收回和伸出。推进系统采用远程压力控制柱塞泵，由比例溢流阀控制出口压力，泵出口装有安全阀及压力传感器。推进供油时启动单向变量比例泵向系统供油，若系统压力小于调定压力，单向变量比例泵像一个定量泵一样提供最大的流量。若系统压力达到比例溢流阀调定压力，单向变量比例泵则按变量泵工作，流量随负载而变，出口压力与流量无关,与调定压力相等。图 8-10 所示为液压泵的变量机构工作原理图,若系统压力大于调定压力,压力油推动液压滑阀右移,接通压力油与随动油缸的无杆腔,克服弹簧力,随动油缸活塞左移,减少泵的斜盘角度,系统压力下降。系统压力低于调定压力,液压滑阀在弹簧力的作用下左移,使随动油缸无杆腔与油箱接通,随动缸在弹簧力的作用下复位,使泵的流量增加,系统压力升高至调定压力。

微课

盾构机推进装置液压系统(一)

微课

盾构机推进装置液压系统(二)

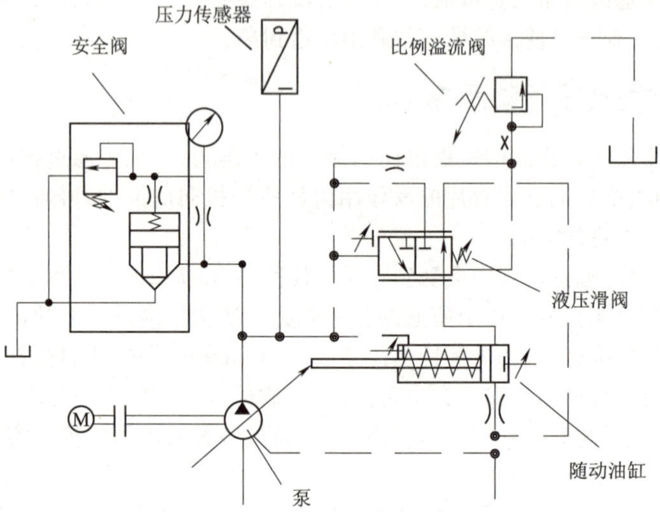

图 8-10　液压泵的变量机构工作原理图

1. 推进模式

图 8-11 所示为推进系统的工作原理图,电液换向阀 8 右位得电,此时电磁换向阀 2、电磁换向阀 5 和电磁球阀 9 失电,压力油由泵的出口经过滤器、比例调速阀 6、三位四通电磁阀 8 右位进入推进缸无杆腔,回油经三位四通电磁阀 8 流回油箱,油缸向前推进。此时推进压力由比例溢流阀 3 进行控制,推进速度由比例调速阀 6 进行控制泵的先导控制比例溢流阀的压力根据泵出口压力 P 和推进油缸压力传感器的显示压力 P_{max},也就是四组油缸 A、B、C、D 中最大的一组加 20 bar(即 2 MPa),通过 PLC 进行 PID 控制自动调节,调节范围是 0 ~ 350 bar(即 0 ~ 35 MPa),通过程序中的 PID 控制使泵建立一种动态平衡就是 $P_{泵} = P_{max} + 20$,如图 8-12 所示。

2. 管片安装模式

如图 8-12 所示,电磁换向阀 2 得电,比例溢流阀 3 得电,溢流压力为最大值;比例调速阀 6 得电,流量也为最大值。收油缸时,三位四通电液换向阀 8 左位得电,这时电磁球阀 9 得电,1 s 后电磁换向阀 5 得电,压力油经过插装阀 1、电液换向阀 8 进入有杆腔,无杆腔压力油先经过电磁球阀 9 卸荷,然后电磁球阀 9 失电,压力油再经过插装阀 4 返回回油路。伸油缸时,三位四通电液换向阀 8 右位得电,这是电磁球阀 9 不得电,电磁换向阀 5 不得电,压力油经过电液换向阀 8 进入无杆腔,有杆腔压力油再经过三位四通电液换向阀 8 到回油路。

当油缸不推进也不收回时,油缸支撑在管片上固定不动,电磁换向阀 8 处于中位,油缸无杆腔承受一定的压力阻止盾构机后退,无杆腔回油路有单向阀和溢流阀 7,使压力油不能回油路。当盾构机受冲击超过溢流阀 7 的调整压力,油缸卸油后退,油压低于溢流阀 7 的调整压力,油缸又处于保压稳定状态。

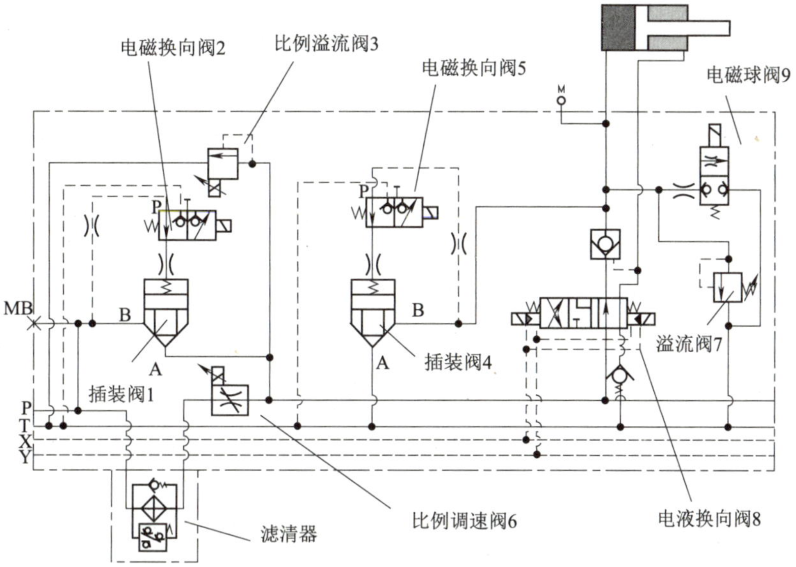

图 8-11　推进系统的工作原理

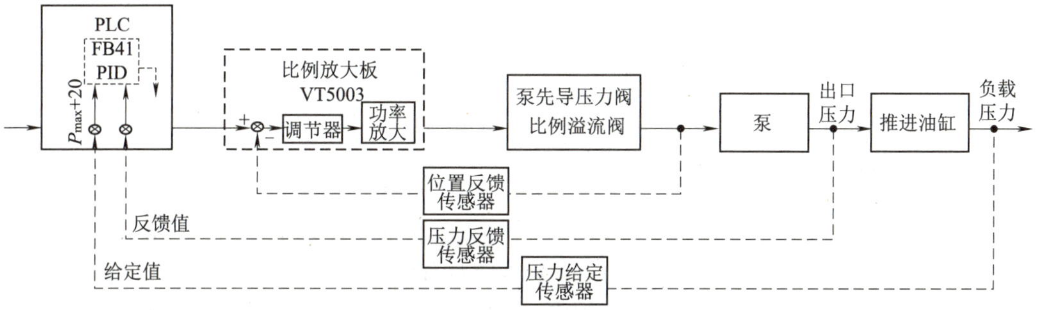

图 8-12　PID 控制示意图

3. 快速回收模式

如图 8-11 所示为推进系统的工作原理图，电液换向阀 8 左位得电，此时电磁换向阀 2、电磁换向阀 5 得电，插装阀 1 和插装阀 4 打开，大流量液压油经插装阀快速通过，从而实现液压油缸的快速回收。

任务 5　SJ-4 型全断面岩石掘进机液压系统分析

任务目标

1. 了解全断面岩石掘进机（简称 TBM）的分类、应用及工作原理。
2. 掌握 SJ-4 型 TBM 液压系统的工作原理。
3. 掌握分析液压系统的方法。

素质目标

通过分析 SJ-4 型全断面岩石掘进机液压系统的独特设计，引导学生了解我国在掘进机液压技术方面的自主创新成果,培养学生的自主创新精神和艰苦奋斗的品质。

任务导入

以 SJ-4 型全断面岩石掘进机液压传动系统为例,掌握 TBM 的工作过程及液压系统的工作原理,使学生掌握分析液压系统的方法。

任务实现

全断面岩石掘进机(简称 TBM)是技术密集程度较高的机、电、液一体的大型地下施工设备,主要用于岩石地质结构的铁路、公路、水利水电引水导洞、地铁及地下工程隧道掘进建筑施工。掘进机可交替完成掘进、步进工作,并可实现掘进、出渣连续作业,将挖掘的渣石通过刀盘头部送达皮带输送机,运出隧道。

一、全断面岩石掘进机分类

按照对不同地质条件的适应性及护盾形式,全断面岩石掘进机可分为:支撑式(敞开式)和护盾式两大类。支撑式可分为双 X 型和单大梁 T 型掘进机;护盾式可分为单护盾、双护盾和三护盾。目前,国内使用的全断面岩石掘进机主要是双 X 型、单大梁 T 型掘进机及双护盾掘进机。支撑式全断面岩石掘进机是利用支撑机构撑紧洞壁以承受向前推进的反作用力及反扭转的掘进机,适用于岩石整体性较好的隧洞;单护盾掘进机只适用于软岩地质条件下依靠支撑管片来实现支撑的掘进机;双护盾掘进机综合了支撑式掘进机与单护盾掘进机的特点,既有支撑靴板,适用于硬岩,又有护盾,适用于软岩以及地层条件比较复杂的地层的掘进,采用预制管片衬砌。

二、SJ-4 型掘进机液压系统原理

SJ-4 型掘进机液压系统如图 8-13 所示。SJ-4 型掘进机液压系统由泵站、阀站、执行元件三大部分组成。全系统由四台液压泵供油给 15 个主要回路,输送到 21 只液压缸及一只液压马达,实现整机支撑、调向、推进、刀盘点动回转等动作。62 只阀件按系统回路分别安装在 A ~ J 的 10 块阀板上。除刀盘点动回路由电磁、电液方向阀控制换向外,其余回路均由 N、Z、T 三组五联手动多路换向阀组控制。整个系统的工作压力为 20 MPa。全系统各回路的压力由 19 只仪表直接反映到操作室以便于监控整个系统,所需功率为 71.1 kW,占全机功率的 9.93% 。

为了充分利用空间,上臂的掘进机主大梁内腔兼作油箱。油箱容积为 2.3 m^3。油箱内设斜置式滤板网,以提高过滤能力。泵的进油口与油箱间用软管连接,泵和电动机均采用避振垫与机座连接,以减少主机及泵间振动的影响。泵站与操作室分置并加盖,以降低噪声。泵站有推进缸、水平泵、扭力泵、回转控制泵各一台。按各回路相互干扰最少的原则,每台泵连接几个液压回路。

装在阀站 J 阀板上的水平支撑泵系统及推进泵系统两只远程调压阀调节旋钮直接伸入操作室右壁,驾驶员可在掘进过程中随时调整该两系统的压力。顶护盾缸、前支承缸、前水平支承缸、后支承缸、楔块缸的无杆腔,以及扭力缸、后水平支撑缸的两腔油路上均设有液控单向阀保压。为确保液控单向阀正常工作,与之相配的手动换向阀均选用 Y 形三位四通阀。推进缸左右两支进油回路各装一只单向节流阀,使流入左右推进缸的流量不同而有助于掘进机调向。此外,掘进机校正方向或缓慢转弯时,主要由乙组多路阀第一联的三位四通阀来实现;开挖小转弯半径时,必须同时操作七组多路阀第三或第四联及 Z 组多路阀第一联,同时动作楔块缸及后水平支撑缸来实现水平调向。其中两只扭力缸除承受机器掘进时刀盘破碎岩石的扭矩外,还起到瞬时调向及掘进坡度的作用。当整机偏置后,掘进机停止掘进,可用扭力缸反向旋转纠偏,使机头、大梁始终垂直向下。每次可纠偏 3°。前水

平支撑缸的作用是在掘进机过破碎带时兼作辅助支撑。所以,前水平支撑缸要在整机调定并投入正常工作后再工作。后水平支撑缸、后支承缸与推进缸三者间通过B阀板上的五只顺序阀(后水平支撑缸进油回路上一只,推进缸进油旁通回路上四只)实现两种液压连锁动作:①后支承缸没有着地产生压力前,后水平支撑缸绝对不能缩回,否则整机尾部下落,会造成大梁变形或折断;②后水平支撑缸及后支承缸同时撑着洞壁承压时,推进缸绝对不能动作,否则将拉断主梁连接螺栓或使后支承腿折断。上述液压连锁回路可避免因误操作而造成机器损坏,确保了整机安全。

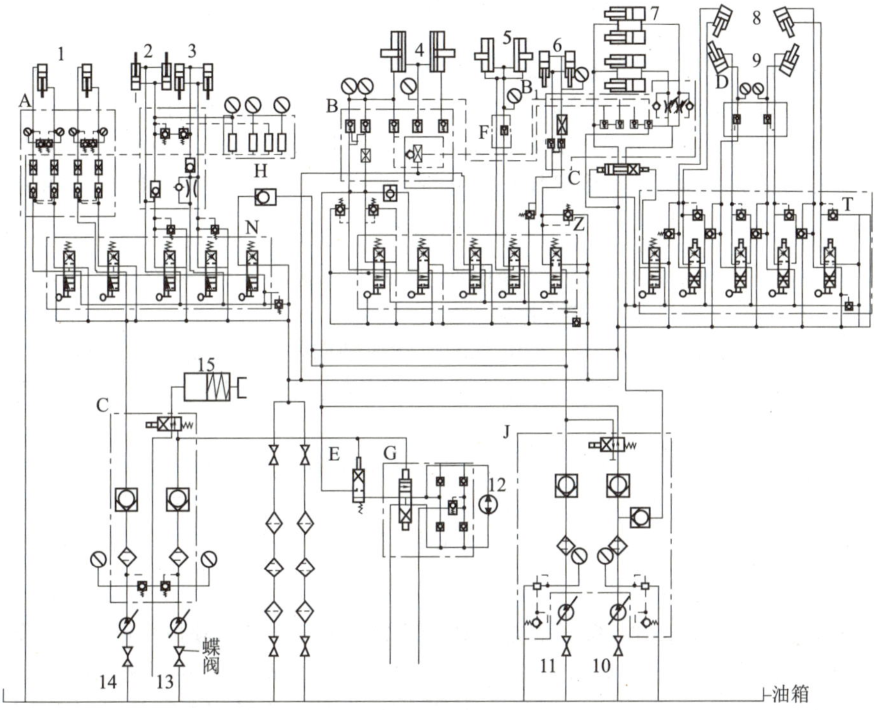

1—扭力缸;2—顶护盾缸;3—前支承缸;4—后水平支承缸;5—前水平支承缸;6—后支承缸;7—推进缸;8—侧支承缸;9—楔块缸;10—推进泵;11—水平支撑泵;12—双向泵;13—回转控制泵;14—扭力泵;15—点动离合器。

图8-13 SJ-4型掘进机液压系统

三、系统的主要优点

SJ-4型掘进机的液压系统与国内现有其他掘进机液压系统相比,有以下主要优点:

1. 互扰性少

掘进机传统的液压系统均采用一泵供油或双泵供油。实践证明,数缸同时动作时,相互间的压力和流量有明显干扰,特别是影响推进缸的速度和推力的稳定。为此,根据机器掘进时依靠水平支撑、回转扭力和推进三个主要动作而分别设置水平支撑泵、扭力泵、推进泵三个独立的泵系,每个泵系的各条回路也尽可能将干扰少的组在一起。这样,基本上达到了各液压回路之间的流量、压力互不干扰,满足了掘进机工作稳定的要求。

2. 应变能力强

掘进机在隧洞内常一日三班连续施工。其中,两班掘进,一班检修。

在掘进的两班希望液压系统不要出故障或者能应急处理一般故障(如泵、电动机、油冷却器等

的故障),为此,本液压系统采取了如下措施:

①水平支撑泵和推进泵可以互相切换。当其中任一泵出现故障时,另一泵可以临时替代该泵而承担起两泵作用以维持机器正常掘进(见图8-13)。若水平支撑泵是在J阀板上单向阀至液压泵、电动机间任一元件出故障,只要紧急合上T阀板上推进泵系的二位四通手动换向阀,推进泵就同时担负起推进泵及水平支撑泵的作用;若推进泵是在J阀板上单向阀至液压泵、电动机间任一元件有故障时,水平支撑泵就同时担负起水平支撑泵及推进泵的作用。平时合上Z组多路阀第二联,可使两泵合流,推进缸快速推进和回收,用以缩短换行程的时间。

②采用并联双路回油,回油过滤器和油冷却器均采用双套。每一回路两站均配有截止阀。两套中任一套出现故障都可以用另一套替代,以确保机器正常掘进。平时,两套均投入运营时,可使回油背压降低。尤其是推进缸回收时,有杆腔进油、无杆腔回油,回油量成倍增加。双路回油可确保较低的背压,使各回路中液控单向阀不因背压骤然升高而失效。油冷却器采用国内最先进的翅翘式油冷却器,与以往掘进机上所用的铜管式油冷却器相比,体积缩小一半,自重减小70%,冷油效率提高3倍。

3. 节能

掘进机液压缸的工作特点是,无负载伸缩时,要求低压大流量;一旦液压缸撑着隧洞壁承载时,又要求高压小流量。为此,采取如下措施:

①水平支撑采用低压大流量、高压小流量的恒功率轴向柱塞泵。高压时,流量可自动减少到低压时的15%~40%,从而避免了后水平支撑泵撑着洞壁时产生大量的高压溢流,达到节能和减少油温升高的目的。

②掘进机正常掘进时,可合上N组多路阀上的第五联手动阀及Z组多路阀的第三、四联手动阀,用扭力泵给前、后水平支撑泵供油保压,而水平支撑泵可以停机。节能占整个液压系统的32%,所以掘进机正常掘进中,液压系统仅推进泵、扭力泵常运转,其余两台泵间隙运转,既节能又减少噪声。

4. 增设了反映掘进机与岩石适应状况的监察仪表

掘进机掘进时,人不可能进入掌子面直接观察破岩情况,所以,驾驶员一般较难了解整机对岩石适应的情况,不知道推进压力、流量调整在何值为最好。为了改变这种状况,本液压系统在推进泵系T阀板上的旁路溢流阀后串联一只流量计,当推进流量大于破岩所需流量时,该流量计即显示出大量旁路溢流;当破岩流量大于推进流量时,流量计将呈现断流;流量计显示滴油状为机器与破岩的最佳状态。流量计直接安装在操作室仪表板上,驾驶员能随时了解掘进机对岩石的适应情况。推进泵的每个行程终了均可调整,以使机器常保持最佳工作状态。

原有掘进机的头部侧支承缸、楔块缸的液压回路是按机器掘进时左、右四缸同时伸出支撑洞壁,从而稳定掘进机头部的原理设计的。SJ-4型全断面岩石掘进机按机器掘进时两楔块缸伸出到保持侧支承挨着洞壁,然后两侧支承缸缩回,左、右两缸分别自行锁定,从而保持头部侧支承板贴住洞壁,稳定头部,侧压较小的原理设计。这样,可达到减少推进阻力的目的。

素养园地

素质目标:培养工程思维能力、严谨细致的工作态度和科技报国的信念。

事件1:铁建重工申请盾构机液压控制系统专利,提升能量利用率。该盾构机液压控制系统包括供油组件、能量回收组件和多个油缸组件;供油组件通过多个管道组件一一对应地与多个油缸组件连通;能量回收组件包括能量转换件和回收件,回收件与多个油缸组件的无杆腔连通,回收件可以收集无杆腔流出的油体,并产生机械能;能量转换件可以接收回收件的机械能,并转化为电能。这种液压控制系统实现了能量回收,提升了能量利用率。该盾构机液压控制方法,提升了液压控制系统的能效。这种安装有盾构机液压控制系统的盾构机具有节能的效果。

事件 2:赵喻明十六载孜孜以求,为应急救援装备制造"上大分"。赵喻明是山河智能装备股份有限公司特种装备事业部高级工程师。扎根工程机械领域十六载,赵喻明倾情于科研立项和成果转化。工作至今,赵喻明主持并承担国家重点研发计划项目 4 项,省部级项目 6 项,获成果鉴定 3 项,已授权专利 27 项,其中发明专利 9 项。他先后荣获湖南省技术发明一等奖、湖南省科技进步奖一等奖、长沙市五一劳动奖章、长沙市优秀技术工人等。2024 年 5 月,赵喻明获得湖南省第二届"湖湘工匠"。如今,赵喻明自主研发的各类应急救援装备被武警、消防等专业应急队伍所采用,不断出现在各地抢险救灾现场,提供抢险救援装备和技术支持。

作业与思考

8-1 简述 Q2-8 型汽车起重机液压传动系统的主要特点。

8-2 简述单斗挖掘机的分类。

8-3 简述单斗装载机的分类。

8-4 简述盾构机掘进的工作原理。

8-5 图 8-14 所示的液压传动系统是怎样工作的?试按照表 8-2 中的提示进行阅读,并将该表填写完整。

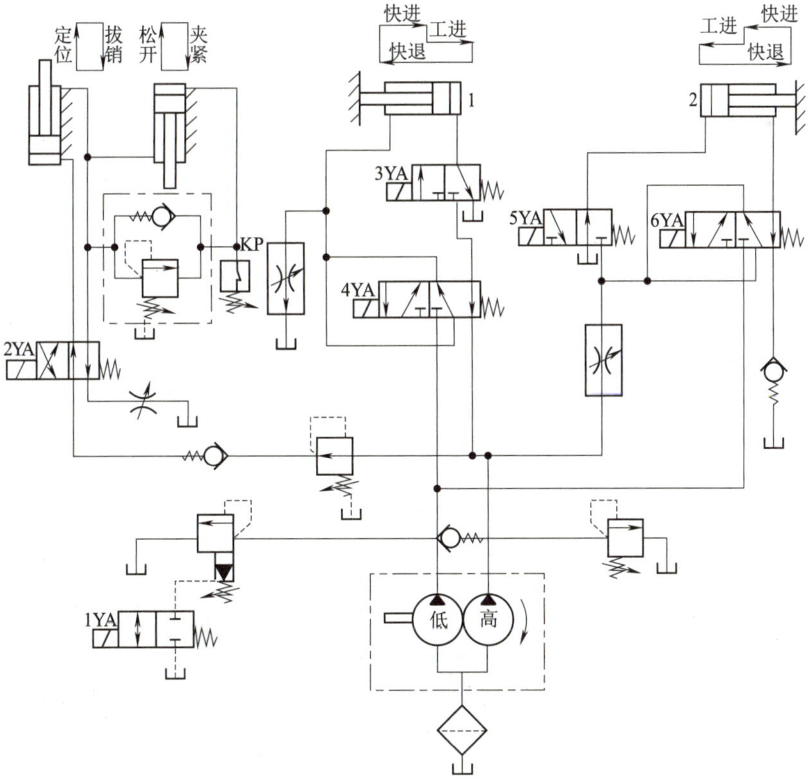

图 8-14 题 8-5 图

表 8-2　电气元件动作循环表

动作名称	电气元件							附　注
	1YA	2YA	3YA	4YA	5YA	6YA	KP	
定位夹紧								(1) Ⅰ、Ⅱ两回路各自进行独立循环动作,互不约束 (2)4YA、6YA 中任何一个通电时,1YA 便通电;4YA、6YA 均断电时,1YA 才断电快进
快进								
工进卸荷(低)								
快退								
松开按钮								
原位卸荷(低)								

项目9 液压系统的安装与调试

液压系统安装正确、合理、可靠和美观，液压系统的调试符合要求，对液压系统的顺利使用和工作性能的正常发挥有很大的影响，必须认真做好。

任务1 液压系统的安装与清洗

任务目标

1. 了解液压系统安装前的技术准备。
2. 掌握液压系统的安装过程。
3. 掌握液压系统的清洗方法。

素质目标

通过学习液压系统的安装与清洗，让学生认识到每个安装步骤和清洗流程对系统性能和寿命的重要影响。培养学生在工作中注重细节，树立质量第一的工作理念。

任务导入

通过学习液压系统安装前的技术准备和液压系统安装、清洗过程等，确保液压系统能够安全稳定的运行。

任务实现

一、安装前的准备工作

1. 技术资料的准备

设备的液压系统图、电气原理图、液压元件、辅件及管件清单和有关样本等要备齐，并在安装前熟悉其内容和要求。

2. 物资的准备

按液压系统图和元件清单由仓库领出液压元件等物资。要注意，凡有破损和缺件的液压元件、压扁的管子,均不应领出。压力表领出后应进行校验,避免产生调试误差。

3. 元件和管件质量检查

(1)外观检查

①液压元件:其型号和规格应与清单一致;保管期限不应过长,以免密封件老化失效;附带的密封件质量应符合要求;元件上的调节螺钉、手轮、锁紧螺母等应完整无损;元件的附件应齐全;阀、板的连接平面应平整无损,沟槽不应有飞边、毛刺、棱角和磕碰凹痕;元件各油口内须清洁;油箱附件应齐全,箱内不准有锈蚀;电磁阀的电磁铁应活动灵活。

②油管和接头:油管的钢号、通径、壁厚,接头的型号、规格等都要符合设计规定。油管有伤口裂痕、表面凹入、腐蚀或有剥离层的均不准使用。所用接头(包括软管接头),其接头体与螺母配合松动或卡涩的,螺纹或O形密封圈沟槽棱角有毛刺或断螺牙的均不准使用。

③仪器、仪表:应进行严格的调试,确保其灵敏、准确、可靠。

(2)元件的清洗与测试

对需要安装的液压元件,应用煤油将其整体清洗干净并进行认真的校验,必要时进行密封和压力实验,确保其达到性能要求。

①对液压泵和液压马达,应测试其在额定压力和额定流量时的容积效率。

②对液压缸,应测试其内、外泄漏,缓冲效果和最低启动压力。

③对方向控制阀,应测试其换向情况、压力损失和内外泄漏。

④对压力阀,应测试其调压状况、开启压力、闭合压力和外泄漏。

⑤对流量阀应测试其调节流量的状况和外泄漏。

⑥对冷却器要进行通水和通油检查。

每个被测试的元件均应达到规定的技术指标。已测试合格的元件要用金属或塑料堵头封住油口,整个元件外包塑料布。

二、液压系统的安装

1. 液压元件的安装与要求

液压系统安装时,一般先将各液压元件按照设计要求的安装位置固定好,并装好元件各油口的接头或法兰。

安装时应注意以下事项:

①安装各种泵和阀时,必须注意各油口的位置,不能接反或接错。

②液压泵输入轴与电动机驱动轴的同轴度偏差不应大于0.1 mm;两轴中心线的倾斜角不应大于1°。

③板式液压元件接合面处的密封圈应有一定的压缩量,各连接螺钉应按交叉顺序均匀拧紧,并使元件的安装平面与底板平面全部接触。

④方向控制阀一般应保持轴线水平安装;蓄能器应保持其轴线竖直安装。

⑤应保证液压缸的安装面与活塞杆(或柱塞)滑动面的平行度要求。

⑥各指示表的安装应便于观察和维修。

⑦各油口的接头及各元件的连接处应保证密封良好。

2. 液压管路的安装与管路的清洗

液压系统的全部管路在正式安装前要进行配管试装、酸洗、循环冲洗等工序,才转入正式安装。

(1)管路的安装应满足的要求

①管路的布置要整齐,油管长度应尽量短,管路的直角转弯应尽量少,各平行与交叉的油管之间应有10 mm以上的空隙。刚性差的油管应予以固定。系统的管路复杂时可将其高压油管、低压油管、回油管和吸油管等分别涂上不同的颜色或编号加以区别,以便于安装和维修。

②切割后的管子端面与其轴向中心线应尽量保持垂直。扩口管接头用油管端面要先钩平,油管扩口必须使用专门工具。为避免产生氧化皮,管子的弯曲一般是在弯管机上进行冷弯。如无冷弯设备,也可采用气焊或高频感应加热法对管子需弯曲的部位给予加热而进行热弯(弯前需在管内注满干河砂,用木塞封闭管口)。采用法兰连接时,法兰连接面要与油管中心线垂直。各油管接头要紧固可靠,密封良好,不得漏气。

③液压泵吸油管的高度一般不大于500 mm。吸油管路的接合处应涂以密封胶,保证密封良好。溢流阀的回油管口不应靠近泵的吸油管口,以免吸入温度较高的油液。

④回油管应伸到油箱液面以下,以防油液飞溅而混入气泡。回油管端应加工成45°斜面,并且斜面朝向油箱内壁,以使回油平稳。凡外部有泄油管的阀(如减压阀、顺序阀等),其泄油口与回油管路连通时不允许有背压,否则应单独设回油管。

⑤系统中的主要管路和过滤器、蓄能器、测压表、流量计等辅助元件应能自由拆装而不影响其他元件。布置活接头时,应保证其拆装方便。

⑥高压管路必须使用按其工作压力选定的无缝钢管,不许使用有缝钢管或有缺陷的钢管代替,其管路连接宜采用法兰连接。

(2)液压管路的安装与清洗

液压管路的安装、清洗按以下顺序进行:

①管路的安装先将加工完好的油管按各元件的位置安装好。需焊接的管路应先排管、点焊并编管号。当整个系统的管路全部定位、编号后,将其全部拆下,分节正式焊接。

②试压把油管连接好进行耐压实验,其实验压力应为最高工作压力的1.5~2倍。不合格时,应检查连接处的接头或焊接质量,并使其达到合格。

③管路的酸洗有槽式酸洗和循环酸洗两种方法。

槽式酸洗:将安装好的管路拆下来,分解后放入酸洗槽内浸泡,处理合格后再将其进行二次安装。该方法适合管径较大的短管、直管,以及容易拆卸、管路施工量小的场合,如泵站、阀站等液压装置内的配管及现场配管量小的液压系统。槽式酸洗一般按:“脱脂→水冲洗→酸洗→水冲洗→中和→钝化→水冲洗→干燥→喷涂防锈油(剂)→封口”的工序进行。

循环酸洗:在安装好的液压管路中,将液压元器件断开或拆除,用软管、接管、冲洗盖板连接,构成冲洗回路。用酸泵将酸液打入回路中进行循环酸洗。该法具有酸洗快、效果好、简便省力、污染小的特点,是近年来较为先进的方法,已在大型液压系统管路安装中广泛使用。循环酸洗一般按“水试漏→脱脂→水冲洗→酸洗→中和→钝化→水冲洗→干燥→涂防锈油(剂)”的工序进行。

注意:对涂有油漆的油管,酸洗前应用脱漆剂将漆除净;酸洗用水必须洁净;酸洗应掌握好时间,不得造成过酸洗;酸洗后,若用压缩空气喷油保护,所用压缩空气必须干燥、洁净。

酸洗质量检查:酸洗后管内壁应无附着异物;若用盐酸、硝酸或硫酸酸洗时,管内壁应呈灰白色;若用磷酸酸洗时,管内壁应呈灰黑色。

④管路的油循环清洗在管道酸洗和二次安装后的较短时间内应进行管路的油循环清洗。其目的是清除管内在酸洗及安装过程中产生的机械杂质和其他微粒,达到液压系统正常运行时所需要的清洁度。

为便于施工,通常采用泵外循环冲洗,即对泵站到主机间的管路进行油循环冲洗。循环冲洗可采用管路串联冲洗,也可以采用并联冲洗。

冲洗时所采用的参数为:

a. 冲洗流量——依据管径及回路形式计算,管内油流的流速应在 3 m/s 以上,呈湍流状态。

b. 冲洗压力——在 0.3 ~ 0.5 MPa 时,每隔 2 h 升压一次,压力升至 1.5 ~ 2 MPa 时,运行 15 ~ 30 min,再恢复低压冲洗。

c. 冲洗温度——用加热器将油箱内油加热至 40 ~ 60 ℃,冬季至 80 ℃,以缩短冲洗时间。

d. 振动——在清洗过程中,每隔 3 ~ 4 h 选用木槌、铜锤、橡胶锤或振动器任意一种工具沿管路从头至尾绕管壁敲打一遍,重点敲打焊口、法兰、变径、弯头及三通等部位,振动器的频率为 50 ~ 60 Hz,振幅为 1.5 ~ 3 mm。

e. 充气——每班可向管内充入经精过滤(压力为 0.4 ~ 0.5 MPa)的压缩空气两次(每次 8 ~ 10 min),造成管内油流形成湍流状态的涡流,充分搅起杂质,增强冲洗效果。

清洗时应注意:油循环清洗要三班连续作业;冲洗泵源应接在管径较粗的油路上,使杂物能顺利冲出;油箱的容量应大于泵流量的 5 倍,且注油时应由过滤器过滤;清洗油在回油箱之前需进行过滤,滤芯的精度可按不同的清洗阶段在 100 μm、50 μm、20 μm、10 μm、5 μm 等规格中更换;清洗油一般选用 N15 号液压油(普通液压系统也可使用工作油),冲洗合格后应立即向液压系统注入合格的工作油。

三、液压系统的清洗

整台设备的液压系统全部安装好后,在试车前必须再对整个系统进行清洗,要求高的系统可分两次进行。

第一次清洗前应先清洗油箱并用绸布擦净,然后注入油箱容量 60% ~ 70% 的工作油或试车油(不能用煤油、酒精或汽油)。再按如图 9-1(a)所示的方法将有溢流阀及其他阀的排油回路在阀的进口处临时切断;将液压缸两端的油管直接连通(使油液不流经液压缸),并使换向阀处于某换向位置(不处于中位);在主回油管处接一过滤器。此时,可使泵运转并接通加热装置,将油加热到 50 ~ 80 ℃进行清洗。加热可使具有可溶性的油垢更多地溶解在清洗油中。

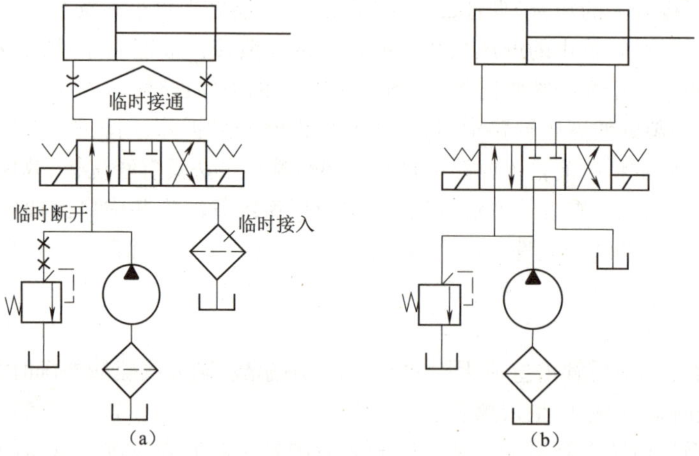

图 9-1　液压系统的清洗

清洗初期，回油管处的过滤器可用 50 μm 的滤芯；当达到清洗时间的 60% 时，换用 25 μm 的滤油网。对过滤精度要求高的液压系统可根据设备使用说明书要求换用精密过滤器。为提高清洗质量，应使泵间歇工作，并在清洗过程中不断轻轻敲击油管，使管路各处微粒都被冲洗干净。清洗时间视系统复杂程度、污染程度和系统要求的过滤精度等具体情况而定，一般为十几个小时到二十几个小时。第一次清洗结束后，应将系统中的油液全部排出，然后，再次清洗油箱并用绸布擦净。

第二次清洗前应先将油路按正式工作油路接好，如图 9-1(b)所示。然后向油箱内注入实际工作所用的油液并启动液压泵对系统进行清洗。清洗时间一般为 1 ~ 3 h。清洗结束时，回油管处的滤油网上应无杂质，这次清洗后的油液还可以继续使用。

任务2　液压系统的调试

微课

液压系统的调试

任务目标

1. 了解液压系统的调试过程。
2. 掌握液压系统的调试要求。

素质目标

通过学习液压系统的调试方法和注意事项，培养学生科学探索精神，提高其解决实际问题的能力。

任务导入

通过对本任务的学习，掌握液压系统的调试方法，保证液压系统能够正常运行。

任务实现

新设备及修理后的设备，在安装和几何精度检验合格后必须进行液压系统的调试，使其性能达到预定的要求，即使其具有可靠协调的工作循环并获得各参数所要求的准确数值。一般液压系统的调试分空载试车和负载试车两步。

试车之前，应先检查电动机和电磁阀电源的电压和频率，电压的变化应在 +10% ~ −15% 范围内。此外，还应将油箱中的油液加至规定的高度。将各控制手柄置于关闭或卸荷位置；将各压力阀的调压弹簧松开；将各行程挡块移至合适的位置；检查各仪表起始位置是否正确；检查各液压件的管路连接是否可靠；检查运动涉及的各空间大小，保证试车时不发生碰撞等。待各处按试车要求调整好之后，方可进行空载试车。

一、空运转

1. 空运转前的准备工作

①空运转前，系统中的液压缸、液压马达、比例阀、伺服阀应用短路过渡板从循环回路中隔离出去。

②蓄能器、压力传感器和压力继电器均应拆开接头而代以螺塞，使这些元件脱离循环回路。

③拧松溢流阀的调节螺杆，使其控制压力处于能维持油液循环时克服管路阻力的最低值；系

统中若有节流阀、减压阀,则应将其调整到较小开度。

④空运转应使用系统规定的工作介质,工作介质进入油箱时,应经过过滤。过滤精度应不低于设计规定的过滤精度。

⑤空运转前,先将液压泵油口及泄油口(如有)的油管拆下,按照泵工作时的旋转方向用手转动联轴器,并向泵的进油口灌油,直至泵的出油口出油不带气泡时为止。然后接上泵油口处的油管(如有可能可向进油管灌油)。还要通过漏油口处的油管将有泄油口的泵和液压马达壳体灌满油。

2. 启动液压泵电动机

接通电源,点动、断续直至连续启动液压泵电动机,观察泵的转向及工作情况。若泵不排油,应检查液压泵或液压泵电动机的接线;若在启动过程中压力急剧上升,应检查溢流阀失灵原因,排除故障后继续点动电动机直至正常运转。空运转时,应密切注意过滤器前后压差的变化,压差超过规定值时,应及时更换或冲洗滤芯。空运转的油温应在正常工作油温范围内。

二、压力试验

系统在空运转合格后进行压力试验,并应遵守空运转准备工作中的①④⑤项规定。对于工作压力低于16 MPa的系统,试验压力为工作压力的1.5倍;对于工作压力高于16 MPa的系统,试验压力为工作压力的1.25倍。

试验压力应逐级提高,每升高一级宜稳压2~3 min,达到试验压力后,持压10 min,然后降至工作压力,进行全面检查。以系统所有焊缝和连接口无漏油,管路无永久变形为合格。

注意:压力试验时,如有故障需要处理,必须先卸压;如有焊缝需要重焊,必须将该管卸下,并在除净油液后方可焊接;压力试验期间,不得锤击管路,且在试验区域5 m范围内不得同时进行明火作业。

压力试验应有试验规程,试验完毕后应填写"系统压力试验记录"。

三、液压系统的调试与试运转

1. 泵站调试

先空转10~20 min,再逐渐分挡升压(每挡3~5 MPa,每挡时间10 min)到溢流阀的调节值。泵站调试应在工作压力下运转2 h后进行检查和微调。要求泵壳温度不超过70 ℃,泵轴颈及泵体各结合面应无泄漏及异常的噪声和振动;如为变量泵,则其调节装置应灵活可靠。油箱的液位超过规定高度时,液位开关应能立即发出报警信号并实现规定的联锁动作。油温监控装置的调试,应使油温超过规定范围时,发出规定的报警信号。

2. 系统调试

(1)压力调整

各压力阀及压力继电器应按其在液压系统原理图上的位置,从泵源附近调整压力最高的主溢流阀开始,逐次调整各个分支回路的压力阀。调整应在运动部件处于"停"位或低速运动时,由低到高边观察压力表及油路工作情况边调整,直至调到其规定数值。这时,须检查系统各管路连接处、液压元件结合面处是否有漏油。若未发现异常情况,即可将压力阀的锁紧螺母拧紧并将相应的压力表油路关闭,以防压力数值变动使压力表损坏。

调整压力继电器时应先调整返回区间,然后调整主弹簧。否则,将会由于返回区间的调整而使接通压力值变化。对失压发信的压力继电器,其调整压力应低于回油路背压阀的调整压力。

(2)液压缸的排气

在液压缸排气时,应先将排气阀或排气塞打开,调节流量阀使流量逐渐加大(执行部件运动速度逐渐加快),同时调节行程挡块,使运动行程逐渐加大,直至达到其最大行程。然后使运动部件往复运动多次,即可使缸内空气排出。缸内空气排完后,应将排气阀或排气塞关闭。对压力高的液压系统,在液压缸排气时,应适当降低压力。

(3)流量阀的调整

当用于大批量生产的专用设备采用流量阀控制运动部件的速度时,阀口的开度应事先调好。系统中流量阀的调整应逐个回路进行。在调试一个回路时,其余回路应处于关闭(通油)状态;单个回路调试时,电磁换向阀宜用手动操作。流量阀的调试应在正常工作压力和工作温度下进行。

①液压马达转速的调整。液压马达在投入运转前应与工作机构脱开,在空载状态先点动,再从低速到高速逐步调节流量阀的开口,并注意空载排气,然后反向运转。同时应检查壳体温升和声音是否正常。待空载运转正常后,再停机将马达与工作机构连接,再次启动液压马达并从低速到高速运转。运转正常后,先将流量阀开至最大,然后逐渐关小,直至达到所要求的最低速度及平稳性要求。再按工作要求的速度调整流量阀。调好后,将流量阀的锁紧螺母拧紧。

微课

液压系统的维护和故障排除

②液压缸速度的调整。液压缸的速度调试与液压马达的速度方法相似,即与工作机构脱开后先点动,再从低速到高速逐步调节流量阀的开口,然后,反向运行。同时应检查缸体温升和声音是否正常。待空载运转正常后,再停机将液压缸与工作机构连接,使液压缸从低速到高速运行。运行正常后,先将流量阀开至最大,然后逐渐关小,直至达到所要求的最低速度及平稳性要求。对带缓冲装置的液压缸,在调速过程中应同时调整缓冲装置,直至达到该缸所带机构的运动平稳性要求。在这个过程中,若出现低速爬行现象,应检查工作机构的润滑是否充分,系统排气是否彻底,或有无其他机械干扰。一切正常后,再按工作要求的速度调整流量阀。调好后,将流量阀的锁紧螺母拧紧。

③润滑油量的调整。对调节润滑油流量的节流阀的调整要在工作部件运动中进行,调整要特别仔细。因润滑油量太少,达不到润滑的目的,润油量过多会使运动部件“漂浮”,而影响运动精度。

④其他用途流量阀的调整。对换向阀中用于调节换向时间的节流阀或液压缸中起缓冲作用的节流阀,也要按规定要求在工作部件运行中逐个仔细调整,并在调好后将锁紧螺母拧紧。

⑤同步回路的速度调整。对双缸同步回路调整时,应先将两缸调整到相同的起步位置,然后调整其中一个缸的流量阀,使运动部件的速度达到规定的要求,再调另一个缸的流量阀,使该缸运动部件的速度亦达到规定的要求。然后使两缸由起步位置同时运行,观测其运动速度的一致性。若发现有小的误差,再适当进行微调。

⑥伺服和比例控制系统在泵站调试和系统压力调整完毕后,宜先用模拟信号操纵伺服阀或比例阀试运行执行机构,并应先点动后联动。

速度调试完毕后,应再检查液压缸和液压马达的工作情况;要求在启动、换向及停止时平稳;在规定低速下运行时不爬行;运行速度符合设计要求。

3. 行程控制元件位置的调整

行程挡块常用于控制行程阀、行程开关、微动开关的动作,以使运动部件获得预定的运动行程或运动方向的自动转换。所以行程挡块的位置应按设计要求在试车时一一仔细调好并牢固地紧固在预定位置上。死挡铁的位置亦应按要求事先调好。死挡铁处若有延时继电器也应一并调好。

上述各项工作往往是互相联系、穿插进行的,常常需要反复地测试、调整。复杂的液压系统可能有多个液压泵、多个执行元件,各执行元件的运动常需按一定的顺序或重叠、交叉进行,需要花更多的时间进行仔细的调试。

各工作部件在空载条件下,按预定的工作循环或工作顺序连续运转 2 ~4 h 后,应再检查油温及液压系统所要求的各项精度,一切正常后,方可进入负载试车阶段。

四、负载试车

负载试车是在重载运转条件下,进一步检查系统的运行质量和存在的问题。例如,设备的工作情况;安全保护装置的工作效果;有无噪声、振动和外漏现象;系统的功率损耗和油液的温升等。

负载试车一般应先在低于最大负载(压力阀的调整压力低于规定的数值)和低于最大速度的情况下进行。如试车情况正常,再将负载和速度加至最大值(压力阀和流量阀调节到其规定值),进行最大负载试车。并按要求检查各处工作情况,检查油液在试车后的温升。特别要认真检查安全过载保护装置的工作是否可靠等,并作必要的记录。

调试结束,对设备和液压系统作出评价,符合要求后,将油箱的全部油液放出滤清并清洗油箱,清除一切沉淀污物,再灌入符合规定要求的液压油,即可交付使用。

每一台设备液压系统的调试应有调试规程和详尽的调试记录。

素养园地

素质目标:工匠精神、严谨细致、安全责任意识。

事件1:2023 年 10 月 19 日 15 时 30 分左右,广元市昭化区某建设项目在塔机安装作业过程中,发生一起一般坍塌事故,造成 1 人死亡,3 人受伤,直接经济损失约 320 万元。造成该事故的直接原因:一是螺栓螺母不匹配,螺母选型尺寸大,基础底座固定不可靠;二是作业工艺错误,一次安装标准节过多,导致倾覆力矩大。该事故反映出塔机出租和安装单位无安全责任意识,未落实规范管理要求。

事件2:从被"垄断"到交付全球最大吨位全地面起重机,龙卫国无一缺席。龙卫国是中联重科股份有限公司工程起重机分公司首席调试钳工,起重机涉及的所有技术,他都一一通晓,不仅要懂电气、懂液压、会驾驶大型汽车,还要具备特种设备的操作资格,涉及的面多、领域广。20 多年来,从 50 t 到交付全球最大吨位 2 400 t 全地面起重机,每一款新产品的试制过程,龙卫国无一缺席。在长期的钻研中,龙卫国还解决了当时长期困扰整个起重机行业的"吊臂旁弯""变幅抖动""卷扬小开口抖动"等 30 多项难题,提出小改小革 200 多项,为高端装备制造的快速发展做出了突出的贡献。2023 年,由于龙卫国调试班组的出色表现,班组被全国总工会评为"全国工人先锋号"荣誉称号。

作业与思考

9-1 液压系统安装前需要哪些技术准备?

9-2 液压系统安装时需要注意哪些事项?

9-3 试述液压系统空运转前的准备工作。

项目10 液压系统的使用、维护和故障排除

任务1 液压系统的使用和维护

任务目标

1. 掌握液压系统使用和维护要求。
2. 掌握液压系统的定期维护要求。

素质目标

引导学生认识正确使用和维护液压系统对于设备正常运行和生产安全的重要性，培养学生严谨认真、一丝不苟的工作习惯。

任务导入

通过学习液压系统使用和定期维护要求，合理使用液压系统，定期对液压系统进行维护，从而延长液压系统的使用寿命。

任务实现

液压传动具有许多优点，但液压系统的故障排除较为困难。因此，优良的设计与制造固然重要，正确使用与维护液压机械也是非常重要的。一台液压机械能否保持良好的工作状态，保证使用寿命，与正确使用和维护有关。必须重视使用和维护，掌握使用和维护技术，建立必要的维护制度。

一、液压设备合理使用应注意的事项

①操作者必须熟悉液压元件控制机构的操作要领；熟悉各液压元件调节旋钮的转动方向与压力、流量大小变化的关系，各种液压元件未经主管部门同意，任何人不准私自调节或更换，严防调节错误造成事故。

②泵启动前应检查油温。若油温低于 10 ℃,则应空载运转 20 min 以上才能加载运转。若室温在 0 ℃以下或高于 35 ℃,则应采取加热或冷却措施。冬季室内油温未达到 25 ℃时不准开始顺序动作。夏季油温高于 60 ℃要注意系统的工作状态,并通知有关技术部门进行处理。工作中应随时注意油液温升。正常工作时,一般液压系统油箱中油液的温度不应超过 60 ℃;高压系统或数控机床液压系统油箱中的油温不应超过 50 ℃;精密机床的温升应控制在 10~15 ℃以下。

③不准任意调整电控系统的互锁装置,不准损坏或任意移动各限位挡块的位置。

④停机 4 h 以上的设备,应先使泵空运转 5 min,再启动执行机构工作。

⑤液压油要定期检查更换。对于新投入使用的液压设备,使用三个月左右即应清洗油箱,更换新油。以后应按设备说明书的要求每隔半年或一年进行清洗和换油一次。

⑥使用中应注意过滤器的工作情况,滤芯应定期清理或更换。

⑦设备若长期不用,应将各调节旋钮全部放松,防止弹簧产生永久变形而影响元件的性能。

⑧液压系统出现故障时,不能擅自乱动,应立即通知有关技术部门分析原因,并采取措施排除故障。

二、液压系统的维护与保养

液压设备与其他机械设备一样需要维护,使其精度与性能保持最佳状态,充分发挥设备的功能。维护与保养应按使用说明书、操作规程或特定的要求进行,并对液压系统建立技术状况检查制度。对液压系统的检查维护可分为日常检查维护、定期检查维护和综合检查修理三个阶段进行。

1. 日常检查维护

日常维护是减少液压系统故障的最主要环节,正常工作时每天均应检查。检查的主要内容有:各连接处有无漏油现象,油箱油量是否充足,管道有否变形或损伤,紧固件和管接头有无松脱,油温是否合适,液压泵、液压马达的温度是否正常及有无不正常噪声,过滤器有无堵塞,系统中空气是否排尽等。

日常检查还应包括对液压泵启动前后、运转停止工作时的情况进行检查,具体如下:

①泵启动前检查油量与油温,在卸荷状态下启动,一般最好在 0 ℃以上启动,气温低于 0 ℃时必须按照要求小心启动,必要时加温启动。当温度低于 10 ℃时应在无负荷下运转 20 min 以上。检查压力表是否正常。

②用间歇法或点动法逐渐启动液压泵,使油温逐渐上升。在液压泵运转灵活后再进正常运转。在启动过程中如果发现泵无输出,应立即停止运转并检查原因。启动后噪声过大则要查明原因,排除后方可进行正常工作。

③液压泵工作在稳定工况下应随时注意油量、油温、压力及噪声,注意查看液压缸、液压马达、换向阀与溢流阀的工作情况,注意整个系统有无泄漏和松动。

2. 定期检查维护

为了保证液压系统正常工作,提高寿命与可靠性,必须进行定期检查维护,以便早日发现潜在的故障,及时排除或修复。

定期检查维护的内容主要有:测试泵的压力和流量;检查液压油污染情况,清洗或更换过滤器;检查油箱内脏污情况、定期清洗;测试液压缸的沉降量和工作速度;检查活塞杆有无损伤;检查多路阀的操作性能;检查液压马达的转矩大小;检查管道、胶管有无损伤及各部位紧固螺母的松紧情况,定期紧固;检查密封件老化、磨损情况(密封件的使用寿命一般为一年半左右)。

定期检查维护时应注意不要盲目拆卸各类元件，不能任意解体，不能把不同牌号的液压油混合使用，更换管类辅件必须在油压消失后进行。

液压工程机械重点检修项目及周期见表10-1。

表10-1 液压系统维护检修周期表

检修重点项目	周期	检修方法和内容
液压泵的声音异常	1天	听检。检查油中空气、滤网堵塞、异常磨损情况等
液压泵的吸入真空度	3个月	在靠近吸油口处安装真空计，检查滤网堵塞情况
泵壳温度	3个月	手感。检查内部机件有无异常磨损，轴承是否烧坏
液压泵的输出压力	3个月	压力表检查。液压泵异常磨损
联轴器声音异常	1个月	听检。检查异常磨损和同心度
清除过滤网上的附着物	3个月	用溶剂冲洗或从内侧吹风清除
液压马达的声音异常	3个月	听检。检查异常磨损
各个压力表的指示情况	6个月	检查并校正压力表异常摆动、零件异常磨损情况
液压执行元件的运行速度	6个月	检查工作部件动作是否正常及磨损引起的泄漏程度
轴承温度	6个月	轴承异常磨损
蓄能器的封入压力	3个月	压力不足时用肥皂水检查有无泄漏
压力表、温度计和计时器的校正	1年	与标准仪表进行比较校正
胶管类检查	6个月	观察胶管的破损情况
各元件、管道及密封件	3个月	检查各密封处的密封情况
液压泵的油封、液压缸活塞杆的密封漏油情况	6个月	检查各密封处的密封情况
各元件安装螺栓和管道支承松动情况	6个月	听检与视察各元件、管件支承连接处的松动情况
全部液压设备	1年	各元件的拆卸、清洗、维修，管道、油箱冲洗
工作油液的性能和污染状况	3个月	检查。如不合标准应予以更换
油温	1天	超出规定时应及时查明原因进行修理
油箱内液面位置	1个月	低于标记时应加油，并查明漏油情况
测定电源电压	3个月	电压有异常变动会烧坏电气元件，导致绝缘不良
测定电气系统的绝缘阻抗	1年	检查是否低于额定值。对电动机、电磁阀、压力继电器等逐项检查
泄漏	1天	观察与手摸各密封部位有无渗漏现象

液压工程机械在日常和定期维护过程中特别要注意以下要求：

①熟悉液压设备、系统工作原理与主要液压元件的作用。

②重点对液压系统的工作压力、流量和温度进行观察。

③开动液压设备前注意油箱的油位是否符合要求，电磁阀是否处于原始状态。

④在冬季，开机工作前，要使液压泵空运转一会，使油箱内油液温度达到要求。

⑤保持设备清洁，防止灰尘、金属磨粒和棉纱等杂质进入油箱。

⑥保证定期检查维护内容的进行，将故障排除在萌芽状态。

3. 综合检查修理

综合检查修理如同整机的全面检修(大修)，内容比较全面。部件、零件、管件及其他辅助装置等都要一一拆卸分解检查,分别鉴定各元件的磨损情况、精度及性能,重新估算寿命。根据检查鉴定进行必要的修理和更换。

任务2　液压系统的故障排除

任务目标

1. 掌握液压系统的故障诊断注意事项。

2. 掌握常见的液压系统故障处理方法。

素质目标

在面对液压系统故障时,引导学生运用所学知识和技能,分析故障产生的原因,培养学生勇于担当的品质和解决实际问题的能力。

任务导入

通过学习液压系统的故障诊断法,能够通过望、闻、问、切来处理常见的液压系统故障。

任务实现

液压设备是由机械、液压、电气等装置组合而成的,故出现的故障也是多种多样的。某一种故障现象可能由许多因素影响后造成的,因此分析液压故障必须能看懂液压系统原理图,对原理图中各个元件的作用有一个大体的了解,然后根据故障现象进行分析、判断,针对许多因素引起的故障原因需逐一分析,抓住主要矛盾,才能较好地解决和排除故障。

一、故障排除的注意事项

目前工程实际中应用较多的液压系统故障排除方法是简易故障排除法,它是凭使用或维修人员个人的经验,利用简单仪表,客观地按"望→闻→问→切"的步骤来进行。此法可以在液压设备工作状态下进行,也可在不工作状态下进行。

故障排除中的一般注意事项如下:

1. 全面正确了解液压系统

为了准确、快速地进行故障排除,一般应首先通过观察和询问现场工作人员全面了解主机及液压系统的功能、构成、主要技术参数(如液压泵和液压马达的转速、转矩、压力、流量)、电源情况、正确的动作循环及状态等,并清楚地了解每个液压元件的结构、工作特性和技术参数。特别要询问故障现象。应索取液压系统原理图和有关技术文件,并结合故障现象认真研究。并对上述工作做好记录和标记,以备参考。倾听液压系统启动、运转、制动和停机过程中系统的声音及管内流动的声响或感觉管子的温热,往往可以查明流动情况。不能在上述工作不够充分、毫无分析和把握的情况下,随意拆卸或打开某个元件。

2. 充分注意系统污染

由于液压系统出现故障的 80% 与液压油液的污染有关，所以，在故障诊断和排除中应当首先从检查和分析液压油的污染情况着手，然后再考虑其他可能因素，并采取相应的措施。

3. 容易忽视的细节

在液压系统故障排除中，容易忽视的细节有：系统中的每个元件必须与系统适应并形成系统的一个整体部分。例如，泵进口装一个尺寸不正确的过滤器可能引起气蚀使泵损坏；所有管子必须有适当的口径，并且不能有扁弯管，口径不够或扁管可能造成管路本身的压降。某些元件必须装在相对于其他元件或管路的指定位置，例如柱塞泵壳体必须保持充满油液，以提供润滑；足够的测压点对系统工作来说虽然并不重要，但却便于故障诊断。

4. 重新启动的步骤

液压系统的故障排除之后，不能操之过急，盲目启动，而应遵照一定的要求和程序启动。以免旧的故障排除了，新的故障会相继产生。

5. 安全

在进行液压系统故障排除时，应遵循安全第一的原则。

二、液压系统常见故障及消除方法

1. 系统压力不正常的排除方法（见表 10-2）

表 10-2　系统压力不正常的排除方法

故障现象	故障原因	排除方法
没有压力	1. 液压泵吸不进油液 2. 油液全部从溢流阀溢回油箱 3. 液压泵装配不当，泵不工作 4. 泵的定向控制装置位置错误 5. 液压泵损坏 6. 泵的驱动装置扭断	1. 油箱加油、换过滤器等 2. 调整溢流阀 3. 修理或更换 4. 检查控制装置线路 5. 更换或修理 6. 更换、调整联轴器
压力不足	1. 溢流阀旁通阀损坏 2. 减压阀或溢流阀设定值过低 3. 集成通道块设计有误 4. 减压阀损坏 5. 泵、马达或缸损坏，内泄大 6. 泵转速过低 7. 油箱液面低	1. 修理或更换 2. 重新设定 3. 重新设计 4. 修理或更换 5. 修理或更换 6. 检查原动机及控制 7. 加油至标定高度
压力不稳定	1. 油中混有空气 2. 溢流阀磨损、弹簧刚性差 3. 油液污染、堵塞阀阻尼孔 4. 蓄能器或充气阀失效 5. 泵、马达或缸磨损	1. 堵漏、加油、排气 2. 修理或更换 3. 清洗、换油 4. 修理或更换 5. 修理或更换

续表

故障现象	故障原因	排除方法
压力过高	1. 减压阀、溢流阀或卸荷阀设定值不对 2. 泵变量机构不工作 3. 减压阀、溢流阀或卸荷阀堵塞或损坏	1. 重新设定 2. 修理或更换 3. 清洗或更换

2. 系统流量不正常的排除方法(见表 10-3)

表 10-3　流量不正常的排除方法

故障现象	故障原因	排除方法
没有流量	1. 没有压力 2. 换向阀的电磁铁松动、线圈短路 3. 油液被污染,阀芯卡住 4. M、H 型机能滑阀未换向	1. 参考表 10-2 没有压力时的分析 2. 更换或修理 3. 更换或修理 4. 冲洗、换油
流量过小	1. 流量控制装置调整太低 2. 溢流阀或卸荷阀压力调得太低 3. 旁路控制阀关闭不严 4. 泵的容积效率下降 5. 系统内泄漏严重 6. 变量泵正常调节无效 7. 管路沿程损失过大 8. 泵、阀及其他元件磨损	1. 调高 2. 调高 3. 更换阀、查控制线路 4. 换新泵、排气 5. 紧连接、换密封 6. 修理或更换 7. 增大管径、提高压力 8. 更换或修理
流量过大	1. 流量控制装置调整过高 2. 变量泵正常调节无效 3. 检查泵的型号和电动机转速是否正确	1. 调低 2. 修理或更换 3. 修理或更换

3. 系统噪声、振动大的排除方法(见表 10-4)

表 10-4　系统噪声、振动大的排除方法

故障现象	故障原因		排除方法
泵噪声、振动大	泵内产生气穴	1. 油液温度太低或黏度太高 2. 吸入管太长、太细、弯头太多 3. 进油过滤器过小或堵塞 4. 泵离液面太高 5. 辅助泵故障 6. 泵转速太快	1. 加热油液或更换 2. 更改管道设计 3. 更换或清洗 4. 更改泵安装位置 5. 修理或更换 6. 减小到合理转速
	油液中有气泡	1. 油液选用不合适 2. 油箱中回油管在液面上 3. 油箱液面太低 4. 进油管接头进入空气 5. 泵轴油封损坏 6. 系统排气不好	1. 更换油液 2. 管伸到液面下 3. 油加至规定范围 4. 更换或紧固接头 5. 更换油封 6. 重新排气
	1. 泵磨损或损坏 2. 泵与原动机同轴度低		1. 更换或修理 2. 系统调整

续表

故障现象	故障原因	排除方法
液压马达噪声大	1. 管接头密封件不良 2. 马达磨损或损坏 3. 马达与工作机同轴度低	1. 换密封件 2. 更换或修理 3. 重新调整
液压缸振动大	空气进入液压缸	充分排出空气 可对液压缸活塞、密封衬垫涂上二硫化钼润滑脂
溢流阀尖叫	1. 压力调整过低或与其他阀太近 2. 锥阀、阀座磨损	1. 重新调节、组装或更换 2. 更换或修理
管道噪声大	油流剧烈流动	1. 加粗管道，使流速控制在允许范围内 2. 少用弯头多的管子采用曲率小的弯管 3. 采用胶管 4. 油流紊乱处不采用直角弯头或三通 5. 采用消声器、蓄能器等
管道振动大	1. 管道长、固定不良 2. 溢流阀、卸荷阀、液控单向阀、平衡阀、方向阀等工作不良引起的管道振动和噪声	1. 增加管夹，加防振垫并安装压板 2. 适当处装上节流阀改为外泄型对回路进行改造增设管夹
油箱振动	1. 油箱结构不良 2. 泵安装在油箱上 3. 没有防振措施	1. 增厚箱板在侧板、底板上增设肋板改变回油管末端的形状或位置 2. 泵和电动机单独装在油箱外底座上，并用软管与油箱连接 3. 在油箱脚下、泵的底座下增加防振垫

4. 系统液压冲击大的排除方法（见表10-5）

表10-5　系统液压冲击大的排除方法

故障现象	故障原因	排除方法
换向时产生冲击	换向时瞬时关闭、开启，造成动能或势能相互转换时产生的液压冲击	1. 延长换向时间 2. 设计带缓冲的阀芯 3. 加粗管径、缩短管路 4. 降低电液阀换向的控制压力 5. 在控制管路或回油管路上增设节流阀 6. 选用带先导卸荷功能的元件 7. 采用电气控制方法，使两个以上的阀不能同时换向
液压缸在运动中突然被制动所产生的液压冲击	液压缸运动时，具有很大的动量和惯性，突然被制动，会引起较大的压力增值故产生液压冲击	1. 液压缸进、出油口处分别设置反应快、灵敏度高的小型安全阀 2. 在满足驱动力时尽量减少系统工作压力，或适当提高系统背压 3. 液压缸附近安装囊式蓄能器

续表

故 障 现 象	故 障 原 因	排 除 方 法
液压缸到达终点时产生的液压冲击	液压缸运动时产生的动量和惯性与缸体发生碰撞,引起的冲击	1. 在液压缸两端设缓冲装置 2. 液压缸进出油口处分别设置反应快、灵敏度高的小型溢流阀 3. 设置行程(开关)阀

5. 系统油温过高的排除方法(见表 10-6)

表 10-6　系统油温过高的排除方法

故 障 现 象	故 障 原 因	排 除 方 法
油液温度过高	1. 系统压力太高 2. 卸荷回路动作不良,当系统不需要压力油时,而油仍在溢流阀的设定压力下溢回油箱 3. 油液冷却不足: a. 电磁水阀失灵或风扇失灵 b. 冷却水管道中有沉淀或水垢 c. 油箱的散热面积不足 4. 泵、马达、阀、缸及其他元件磨损 5. 蓄能器容量不足或有故障 6. 油液脏或供油不足 7. 油液黏度不对 8. 油液的阻力过大,如:管道的内径和需要的流量不相适应或者由于阀规格过小,能量损失太大 9. 附近有热源影响,辐射热大	1. 在满足工作要求条件下,尽量调低至合适的压力 2. 改进卸荷回路设计;检查电控回路及相应各阀动作;调低卸荷压力;高压小流量、低压大流量时,采用变量泵 3. a. 检查冷却水系统,更换、修理电磁水阀;更换、修理风扇 b. 清洗、修理或更换冷却器 c. 改装冷却系统或加大油箱容量 4. 更换已磨损的元件 5. 换大蓄能器,修理蓄能器 6. 清洗或更换过滤器;加油至规定油位 7. 更换合适黏度的油液 8. 装置适宜尺寸的管道和阀 9. 采用隔热材料反射板或变更布置场所;设置通风、冷却装置等,选用合适的工作油液
液压泵过热	1. 油液温度过高 2. 溢流阀或卸荷阀压力调得太高 3. 油液黏度过低或过高 4. 过载 5. 泵磨损或损坏 6. 有气穴现象 7. 油液中有空气	1. 见"油液温度过高"故障排除 2. 调整至合适压力 3. 选择适合本系统黏度的油 4. 检查支承与密封状况,检查超出设计要求的载荷 5. 修理或更换 6. 见表 10-4 7. 见表 10-4
液压马达过热	1. 油液温度过高 2. 过载 3. 马达磨损或损坏 4. 溢流阀、卸荷阀压力调得太高	1. 见"油液温度过高"故障排除 2. 检查支承与密封状况,检查超出设计要求的载荷 3. 修理或更换 4. 调至正确压力

素养园地

素质目标：培养精益求精的精神、严谨细致的工作态度和团队合作精神。

事件：在某次从俄亥俄州哥伦布市起飞后爬升到巡航阶段，当时的美西北航空一架 DC-9 的机组人员报告说，右侧液压系统液压油量低。着陆前机组报告了空管和公司机务与签派，寻求必要的地面支持。期间放轮等似乎一切正常，落地过程也顺利，在明尼阿波利斯圣保罗国际机场降落后，机组继续滑行前往廊桥位。此后不久，机组人员报告说，转向和制动完全失效。很快，这架飞机撞上了本公司的另一架刚离开登机口的 A319 的右翼。DC-9 上的两名机组人员都受了重伤。两架飞机上的乘客均未受伤。事故可能原因是：在地面滑行期间，DC-9 机长在右侧液压系统没有液压的情况下，错误决定关闭左侧发动机滑行，从而导致不能有效操作刹车制动，前轮转弯或反推。另一个促成因素是舵机关闭阀的疲劳断裂，使飞机右侧液压损失。

作业与思考

10-1 液压系统定期维护的内容有哪些？

10-2 液压系统故障排除中有哪些注意事项？

10-3 液压设备合理使用应注意哪些事项？

附录A　常用液压元件职能符号(摘自 GB/T 786.1—2021)

1. 阀

(1)控制机构

图　形	描　　述	图　形	描　　述
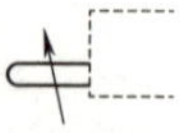	带有可调行程限位的推杆	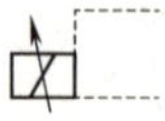	带有一个线圈的电磁铁(动作指向阀芯,连续控制)
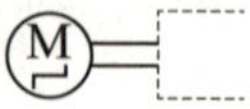	使用步进电动机的控制机构	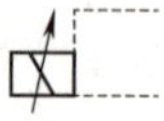	带有一个线圈的电磁铁(动作背离阀芯,连续控制)
	带有一个线圈的电磁铁(动作指向阀芯)	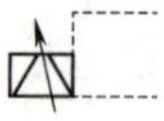	带有两个线圈的电气控制装置(一个动作指向阀芯,另一个动作背离阀芯,连续控制)
	带有一个线圈的电磁铁(动作背离阀芯)	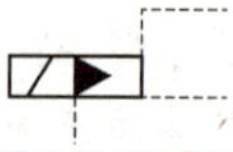	外部供油的电液先导控制机构
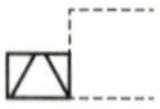	带有两个线圈的电气控制装置(一个动作指向阀芯,另一个动作背离阀芯)		

(2)方向控制阀

图　形	描　　述	图　形	描　　述
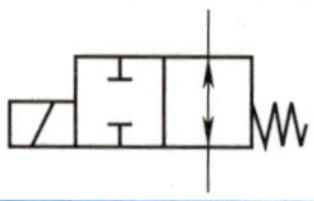	二位二通方向控制阀(电磁铁控制,弹簧复位,常开)	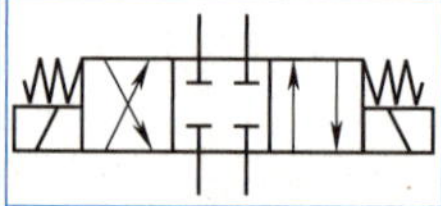	三位四通方向控制阀(双电磁铁控制,弹簧对中)
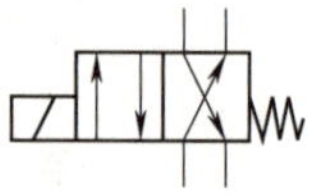	二位四通方向控制阀(电磁铁控制,弹簧复位)	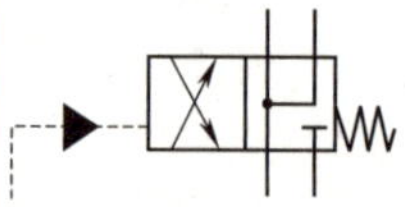	二位四通方向控制阀(液压控制,弹簧复位)
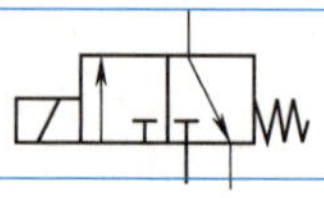	二位三通方向控制阀(单电磁铁控制,弹簧复位)	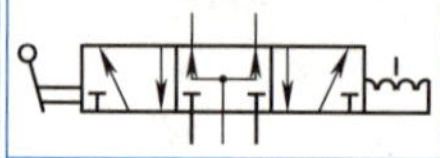	三位五通方向控制阀(手柄控制,带有定位机构)
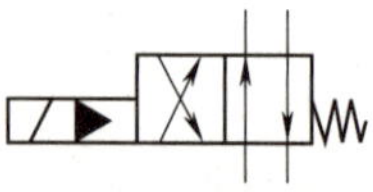	二位四通方向控制阀(电液先导控制,弹簧复位)	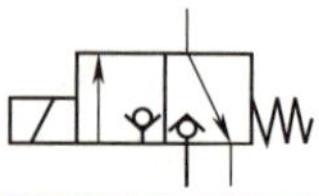	二位三通方向控制阀(电磁控制,无泄漏)
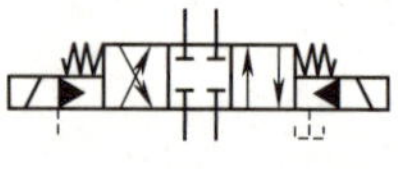	三位四通方向控制阀(电液先导控制,先导级电气控制,主级液压控制,先导级和主级弹簧对中,外部先导供油,外部先导回油)		

(3)压力控制阀

图　形	描　　述	图　形	描　　述
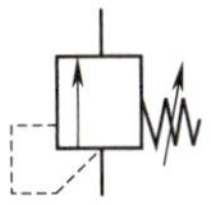	溢流阀(直动式,开启压力由弹簧调节)	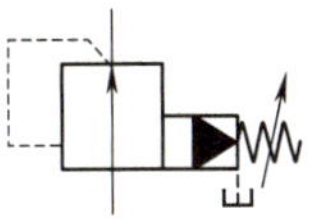	二通减压阀(先导式,外泄型)
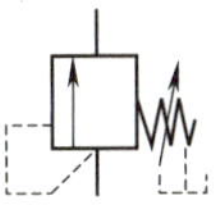	顺序阀(直动式,手动调节设定值)	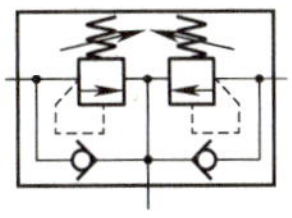	防气蚀溢流阀(用来保护两条供压管路)
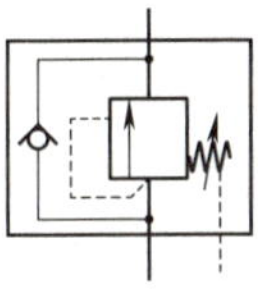	顺序阀(带有旁通单向阀)	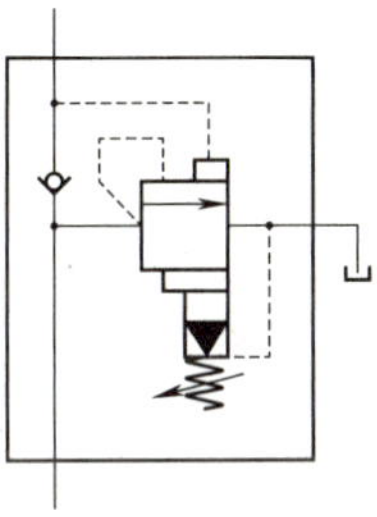	蓄能器充液阀
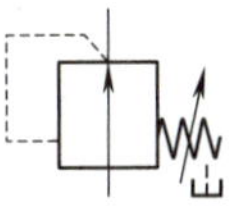	二通减压阀(直动式,外泄型)	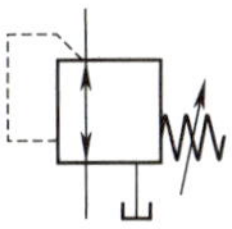	三通减压阀(超过设定压力时,通向油箱的出口开启)

(4)流量控制阀

图　形	描　　述	图　形	描　　述
	节流阀	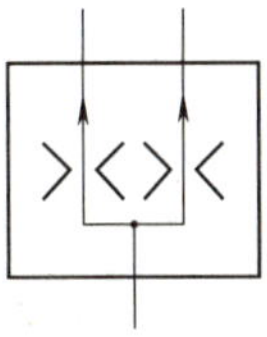	分流阀(将输入流量分成两路输出流量)
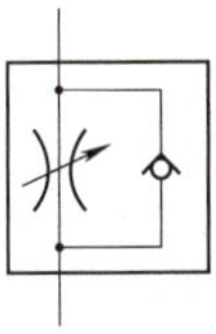	单向节流阀	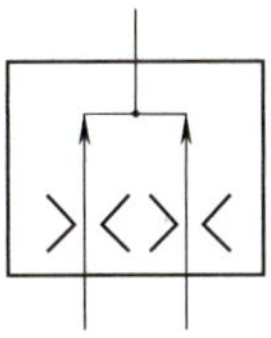	集流阀(将两路输入流量合成一路输出流量)
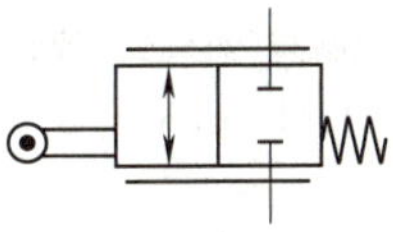	流量控制阀(滚轮连杆控制,弹簧复位)		

(5)单向阀和梭阀

图　形	描　　述	图　形	描　　述
	单向阀(只能在一个方向自由流动)	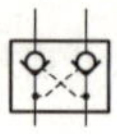	双液控单向阀
	单向阀(带有弹簧,只能在一个方向自由流动,常闭)	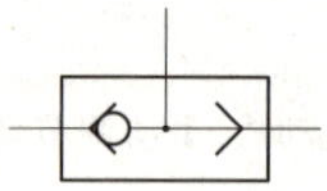	梭阀(逻辑为“或”,压力高的入口自动与出口接通)
	液控单向阀(带有弹簧,先导压力控制,双向流动)		

(6)比例方向控制阀

图　形	描　　述	图　形	描　　述
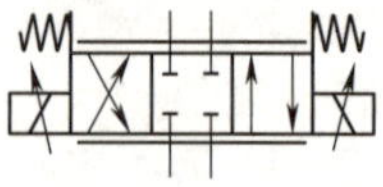	比例方向控制阀(直动式)	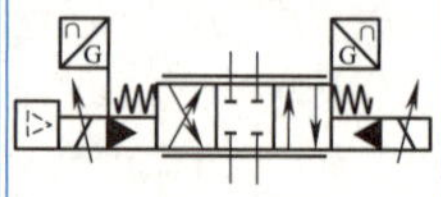	伺服阀(主级和先导级位置闭环控制,集成电子器件)
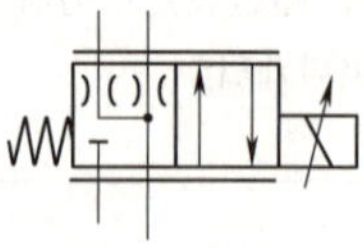	比例方向控制阀(直动式)	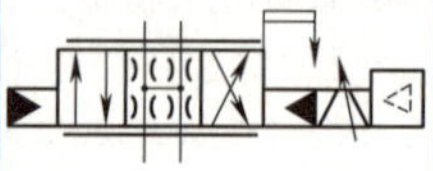	伺服阀(先导级带双线圈电气控制机构,双向连续控制,阀芯位置机械反馈到先导级,集成电子器件)

(7)比例压力控制阀

图　形	描　　述	图　形	描　　述
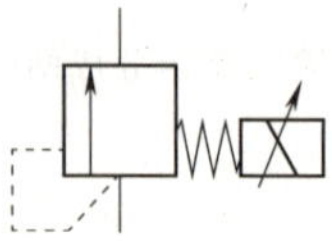	比例溢流阀(直动式,通过电磁铁控制弹簧来控制)	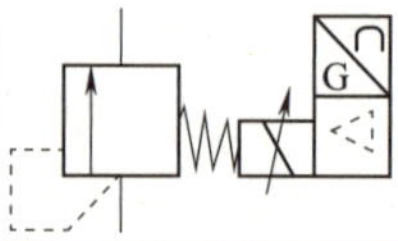	比例溢流阀(直动式,带有电磁铁位置闭环控制,集成电子器件)
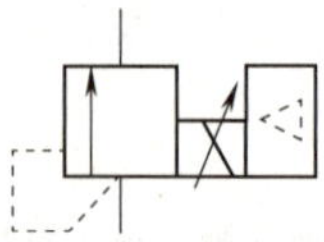	比例溢流阀(直动式,电磁铁直接控制,集成电子器件)		

(8)比例流量控制阀

图　形	描　　述	图　形	描　　述
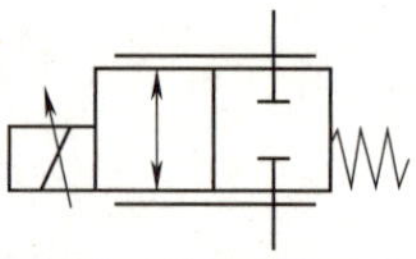	比例流量控制阀(直动式)	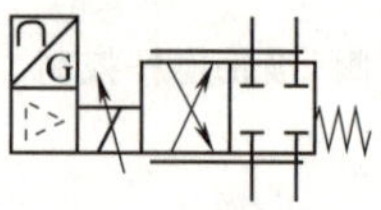	比例流量控制阀(直动式,带有电磁铁位置闭环控制,集成电子器件)

(9)二通盖板式插装阀

图　形	描　　述	图　形	描　　述
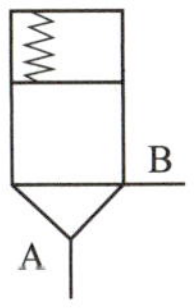	压力控制和方向控制插装阀插件(锥阀结构,面积比 1:1)	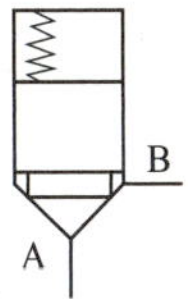	方向控制插装阀插件(锥阀结构,面积比 ＞0.7)
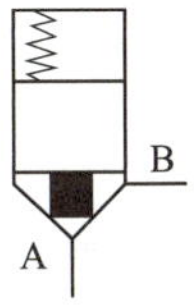	方向控制插装阀插件（带节流端的锥阀结构，面积比≤0.7）		

2. 泵和马达

图　形	描　　述	图　形	描　　述
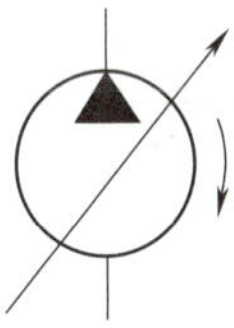	变量泵(顺时针单向旋转)	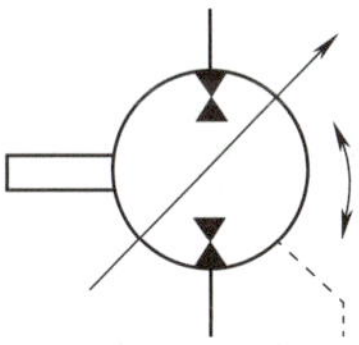	变量泵/马达(双向流动,带有外泄油路,双向旋转)
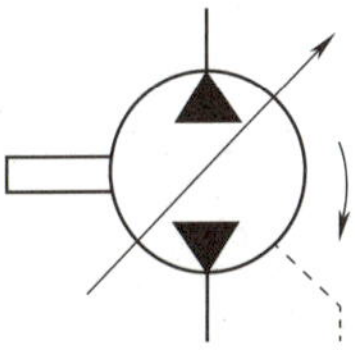	变量泵(双向流动,带有外泄油路,顺时针单向旋转)	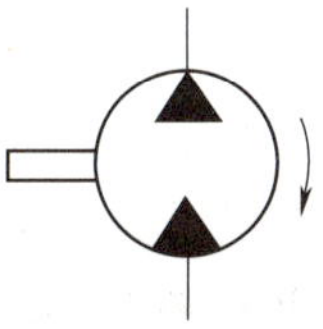	定量泵/马达(顺时针单向旋转)

3. 缸

图　形	描　　述	图　形	描　　述
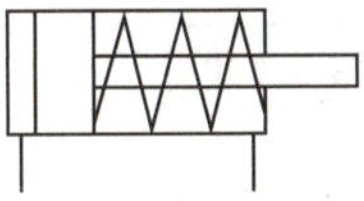	单作用单杆缸(靠弹簧力回程,弹簧腔带连接油口)	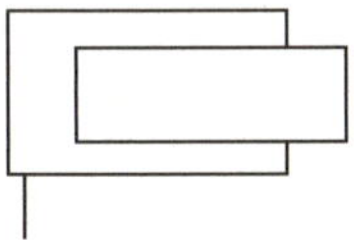	单作用柱塞缸
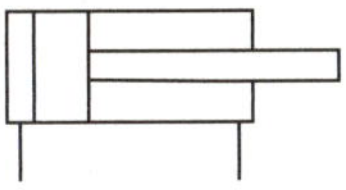	双作用单杆缸	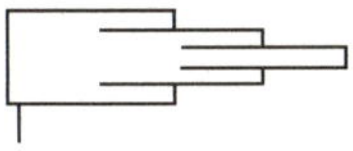	单作用多级缸
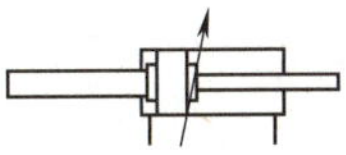	双作用双杆缸(活塞杆直径不同,双侧缓冲,右侧缓冲带调节)	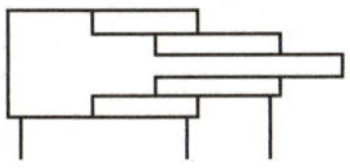	双作用多级缸

4. 附件

(1)连接和管接头

图　形	描　　述	图　形	描　　述
	软管总成		快换接头(不带单向阀,连接状态)
	快换接头(带有一个单向阀,断开状态)		快换接头(带有两个单向阀,连接状态)

(2)电气装置

图　形	描　　述	图　形	描　　述
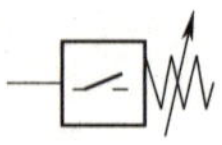	压力开关(机械电子控制,可调节)	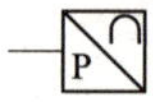	压力传感器(输出模拟信号)
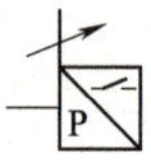	电调节压力开关(输出开关信号)		

(3)测量仪和指示器

图　形	描　　述	图　形	描　　述
	压力表		流量指示器
	温度计	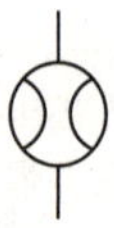	流量计

(4)过滤器和分离器

图　形	描　　述	图　形	描　　述
	过滤器	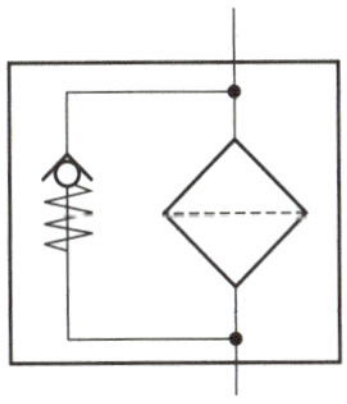	带有旁路单向阀的过滤器
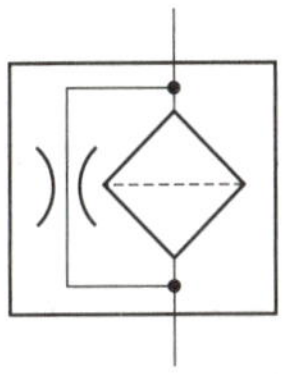	带有旁路节流的过滤器		

(5)热交换器

图　形	描　　述	图　形	描　　述
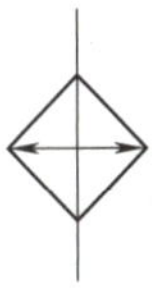	不带有冷却方式指示的冷却器		囊式蓄能器
	加热器		活塞式蓄能器

参考文献

[1]闻邦椿.机械设计手册[M].北京:机械工业出版社,2012.

[2]李芝.液压传动[M].北京:机械工业出版社,2019.

[3]张宏友.液压与气动技术[M].大连:大连理工大学出版社,2016.

[4]陆全龙.液压技术[M].北京:清华大学出版社,2011.

[5]李壮云.液压元件与系统[M].3版.北京:机械工业出版社,2018.

[6]孙立峰,吕枫.工程机械液压系统分析及故障诊断与排除[M].北京:机械工业出版社,2018.

[7]刘忠.工程机械液压传动原理、故障诊断与排除[M].2版.北京:机械工业出版社,2018.

[8]杨华勇,赵静一.土压平衡盾构电液控制技术[M].北京:科学出版社,2013.

[9]吴博.液压系统使用与维护手册[M].北京:机械工业出版社,2012.

[10]丁问司,丁树模.液压传动[M].4版.北京:机械工业出版社,2020.

[11]郑钢.液压与气动技术[M].西安:西安电子科技大学出版社,2019.